華杉講透孫子兵法

目錄

第二章　作戰第二

第三章　謀攻第三

第四章　軍形第四

第五章　兵勢第五

第六章　虛實第六

第八章　九變第八

第九章　行軍第九

第十章　地形第十

第十一章　九地第十一

第十二章 火攻第十二

第十三章 用間第十三

後記 最後總結：《孫子兵法》的九條思想精要／523

自序

這是一本讓你輕鬆讀懂《孫子兵法》每一句話、每一個字的書。

本書每一條兵法後面，都有戰例。其中一些戰例，在兵法的不同篇章反覆出現，也就幫助讀者從不同的角度，反覆去看同一場戰役，真正把仗是怎麼打的看懂了，也就把兵法的思想理念、戰略戰術看懂了。就好像我們坐著直升飛機，飛到古代戰場上空，而孫子坐在旁邊給你做解說員，講這戰鬥雙方，一步一步是怎麼打的。

在其中一些篇章，由於作者的工作背景，也夾雜一些關於企業管理和商業競爭的感悟議論，但那只是隨想而至的議論而已，本書並不是一本「從《孫子兵法》看企業管理或商戰」的書，而是一本真正講透《孫子兵法》原意的書。

歷代為孫子繼絕學，注解孫子，被後世承認的，有十一人，就是宋本《十一家注孫子》，本書在《十一家注孫子》基礎上，首先繼承這十一位注家的研究成果，再做深入的講解。

哪十一位呢？曹操、孟氏、李筌、賈林、杜佑、杜牧、陳皞、王皙、梅堯臣、何氏、張預。

曹操是第一個注孫子的，他說：「吾觀兵書戰策多矣，孫武所著深矣……但世人未之深亮訓說，況文繁複，行於世者失其旨要，故撰為略解焉。」

「我看了那麼多兵書戰策，孫子是最深刻的，但世人並不掌握他的思想本質，所以我寫了注解。」

曹操一生征戰，文治武功都是千古英傑，所以他的注解是最準確、最受重視的，本書也大量遵從他的注解。可惜的是，他注得太簡略了。因為他是專業人士嘛，不是為普通人寫的注解，他還說孫子太繁複呢。我們希望他多寫點，但他寫得比孫子還少。

孟氏名字及籍貫身世均不詳，甚至朝代也不確定，可能是南朝梁人。他的注解傳下來不多，但畢竟傳下來了，也有可取之處。

李筌是唐朝人，大概在唐玄宗時期，曾經在少林寺旁邊那個少室山隱居修道，後來由「少室布衣」升任荊南節度判官，最後官至刺史。他口氣很大，說曹操注的錯誤太多，所以他重注一遍。曹操注的，我真沒發現有什麼錯的地方，不過李筌注得也挺好。

賈林，唐德宗時昭義軍節度使李抱真的幕僚，曾為李抱真遊說王武俊而破朱泚，封武威郡王，拜神策統軍。所以他本身也是一個軍事家。他的注，也很簡略，看來是忙著打仗，抽空注幾筆。

杜佑，這是個了不起的大人物，唐朝中葉的宰相，他經歷了安史之亂，痛定思痛，以「富國安人之術為己任」，以三十六年的功力博覽古今典籍和歷代名賢論議，考溯各種典章制度的源流，以「往昔是非」，「為來今龜鏡」，撰成二百卷的巨著《通典》，為典章制度專史的先河，史稱《杜佑通典》。《通典》收錄了《孫子兵法》，也對之有「訓解」。十一家注中的杜佑注，就是從《通典》中來。

杜佑的注，當然是高屋建瓴，相當權威了。

杜牧，杜牧是杜佑的孫子，是曹操之後成就最大、影響也最大的注家。他的注最豐富，而且引用了很多的戰史戰例，本書選譯最多的，也是他的注。

杜牧是唐代大詩人，咱們從小就會背誦他的詩：

清明時節雨紛紛，路上行人欲斷魂。
借問酒家何處有，牧童遙指杏花村。

還有：

遠上寒山石徑斜，白雲深處有人家。
停車坐愛楓林晚，霜葉紅於二月花。

還有一首，一般人不太熟悉，寫他自己家世的：

舊第開朱門，長安城中央。
第中無一物，萬卷書滿堂。
家集二百編，上下馳皇王。

這「家集二百編」，就是指他祖父杜佑編撰的《通典》二百卷。他家世豪富，又才華橫溢，再好談兵，難免恃才狂傲。他的注，往往上來就是四個字：「曹說非也！」曹操說得不對！然後他上來說一通。

咱們兩相比較，當然都願意信曹操，而不是信杜牧，畢竟人家曹操才是帶兵的。不過大多數情況下，杜牧說曹操不對，他又寫一通的，也不是杜牧寫的不對。他跟人家曹操說的不是一個事兒。杜牧詩比曹操寫得好，打仗他沒打過，才情有餘，學力不足，又無實戰經驗，所以他理解不了曹操說的話。

孔子說：「恭則不侮」，你態度恭敬，就沒有人來侮辱你。你態度不恭敬，就要被人侮辱了。《大學》說：「言悖而出者亦悖而入」，你說別人難聽，就有人拿難聽話說你。杜牧老說曹操不對，後面就有人專門說他不對。

這個人就是陳皞，杜牧到處說曹操不對，陳皞就覺得他流毒甚廣，有必要正本清源，他的注解裡，就大量出現「杜說非也，曹說是」，要「撥亂反正」了。

陳皞是晚唐人，史書說，「陳皞以曹公注隱微，杜牧注疏闊，更為之注。」他也是要為往聖繼絕學，孫子留下這麼了不起一本書，曹操注了，但曹注比較簡略，而且太專業，普通人看不懂，看不懂《孫子》的，也看不懂曹注。杜牧注得倒是詳細，也豐富也通俗，但有的地方又不準確、不嚴謹。所以他在前面兩人基礎上，再注解一遍。

曹操、杜牧、陳皞，這三個人的注合起來，史稱「三家注」，三家注結合起來學習，收穫就比較可觀了。

以上李筌、賈林、杜佑、杜牧、陳皞五人，都是唐朝人。十一家注《孫子》裡，唐朝的就占了五家。因為安史之亂之後，天下大亂，年年征戰，所以大家都研究兵法。杜牧出生在宰相之家，又是大詩人，他也要談兵，這就是時代特色了。

第二個重視兵法的朝代，是宋朝，開國後是休養生息，天下承平日久之後，從面臨西夏李元昊叛亂開始，之後又面臨北方少數民族的軍事壓力，朝中卻已經沒有能征之將，國內無慣戰之兵。

怎麼辦，找書看。

於是大家都研究兵法，最後政府編輯成《武經七書》，作為軍事教科書。《孫子兵法》成為武經之首，也是在宋朝由政府確立的。

王皙注《孫子兵法》，就是在這個時代背景下。不過王皙的具體籍貫生平，已不可考據了。

再一個是梅堯臣，這也是個大詩人，跟歐陽修是好朋友。他的注簡切嚴整，質量很高，本書也選譯了不少。

何氏，具體名字、什麼時代人，都不清楚，留下的注文也不多，但至少有資格留下來。最後一位是張預，南宋時人，他不僅注了《孫子兵法》，還寫了一本《百將傳》，他的工夫下得深，注解質量很高，本書也選用不少。

以上是《十一家注孫子》的十一位往聖先賢。但畢竟都是古人古文，有個別的地方，反覆研究各家注解，還是不能準確辨析，我就找現代人的注本。

各種注解研究《孫子兵法》的專家著作很多，但大多是當「學術研究」，不是真正的「軍事研究」，就是說他研究是為了做學問，為了講說，不是為了打仗。這出發點不同，看到的東西就不一樣，有時候甚至南轅北轍。

後來終於找到一本，就是上海古籍出版社出版的郭化若《孫子兵法譯注》。

郭化若，中國人民解放軍中將，黃埔軍校畢業，參加過北伐戰爭，做過南京軍區副司令員、中國軍事科學院副院長，他的孫子兵法譯注，非常精確，所以若古人說法不一，我也拿不準的地方，就參照他的解讀。

中國讀書人的最高追求，宋儒張載說的：「為天地立心，為生民立命，為往聖繼絕學，為萬世開太平。」這本小書，希望能幫助讀者，繼孫子之絕學。

是為序。

二〇一四年十二月二十八日於上海

華與華書房

第一章

計篇第一

《孫子兵法》的價值觀

我們讀《孫子兵法》，往往第一個字就讀偏了，偏得很深刻，是價值觀的偏差。這第一個字，就是第一篇的篇名，《計篇》的「計」字。

人們常常把《孫子兵法》和三十六計並列，甚至並為一本書，叫《〈孫子兵法〉與三十六計》。不過，《孫子兵法》和三十六計不是一回事，三十六計的「計」，是奇謀巧計，陰謀詭計；《孫子兵法》的計，不是用計，不是奇謀巧計，而是計算的計，是講計算，不是講計謀。

為什麼說把「計」理解為奇謀巧計，是價值觀問題？因為那是人性的弱點，貪巧求速，總想設個奇謀巧計就搞定了。這恰恰是孫子反對的。《孫子兵法》不是講奇計得勝的書，是講實力決勝的書。

孫子的「計」，是基本面，不是操作面。是最拙的，不是最巧的，「計」，是計算實力對比，對比計算的科目有五項，叫「五事七計」。

五事，是道、天、地、將、法。七計，是主孰有道、將孰有能、天地孰得、法令孰行、兵眾孰強、士卒孰練、賞罰孰明。就是比較敵我雙方的政治、天時、地利、人才和法治。

所以孫子的計，相當於咱們現代管理學講的ＳＷＯＴ分析，比較敵我雙方的優勢（Strength）、劣勢（Weakness）、機會（Opportunity）和威脅（Threat）。

計的目的是什麼呢？是為了知勝。比較這五個方面，七個科目，在戰前就能判斷勝負。計算比較後，就知道有沒有「勝算」。

杜牧注解說：

計，算也。曰：計算何事？曰：下之五事，所謂道、天、地、將、法也。於廟堂之上，先以彼我之五事計算優劣，然後定勝負。勝負既定，然後興師動眾。用兵之道，莫先此五事，故為篇首耳。

杜牧此注，高屋建瓴，精準明白。

通過計算定勝負，勝了才打，這就叫勝算。沒有勝算，那就不要興師動眾。這就是孫子的核心思想：先勝後戰。我稱之為「贏了再打」。

中國歷史上誰最會用計呢？一說計，就想到諸葛亮。不過諸葛亮的計，恰恰是奇謀巧計的計，不是「五事七計」的計。用孫子的「五事七計」去衡量，諸葛亮就不及格了。道、天、地、將、法，他哪一條SWOT分析能勝過魏國？但他為了一個夢想，一個情結，興師動眾，六出祁山，九伐中原，勞民傷財，屍橫遍野。他要做的事，是唯有冒險，以僥倖才能成功的事，偏他又是天下第一謹慎之人，不打無把握之仗，一看不行就撤兵。那當初又何必發兵呢？

所以諸葛亮之計，計得糊塗。

那為什麼在民間諸葛亮那麼有名，人人喜愛呢？因為有故事。奇謀巧計，就有精彩的故事，人民群眾喜聞樂見、津津樂道。

而真正的戰略，真正的勝戰，看上去往往平淡無奇，是沒有故事的。

《孫子兵法》也專文強調了這一點，所謂「善戰者，無智名，無勇功」，諸葛亮是上下五千年智名第一，不過在他出生之前七百年，孫子就說了，「善戰者無智名」，有智名的都不是善戰者。善戰者打的仗，都是看似平淡無奇，沒故事，這也是我們學習《孫子兵法》，重點要學的。於外行看上去，一點熱鬧也沒有的地方，看到內行的大門道，學到內行的真本事。

孫子的敬畏心

孫子兵法不是戰法，是不戰之法；不是戰勝之法，是不戰而勝之法；不是戰而後勝之法，是先勝而後戰之法。

原文

計篇

孫子曰：兵者，國之大事，死生之地，存亡之道，不可不察也。①

華杉詳解

孫子說，軍事是國家的大事，生死存亡係於此，不可輕舉，一定要仔細省察呀！

孫子和孔子，都把敬畏心提到了首要的高度。儒家中庸之道，講究「戒慎恐懼」：戒慎不睹，恐懼不聞，隨時警醒省察自己，還有自己不知道的地方，沒注意的地方。孫子則把軍事關係國家生死存亡的本質提到兵法之首。

《孫子兵法》講究的是「不戰」，而不是戰。把孫子說的都做到了，就沒有戰了，就「不戰而屈人之兵」了。

所以，與其說《孫子兵法》研究的是戰法，不如說他研究的是不戰之法。孫子與伍子胥同朝為將，伍子胥留下很多精彩的故事，而孫子的經歷卻很模糊。

《孫子兵法》有言：「善戰者，無智名，無勇功，勝於易勝也。」孫子之勝，都是先勝於廟堂，而不是奪勝於戰場，從出發點上，就輕視可歌可泣的戰鬥故事，而追求兵不血刃，未戰先勝，不戰而勝。

「死生之地，存亡之道」的敬畏心，僅對手握重兵的軍事家有警示意義嗎？非也，對我們每個人都有意義。

比如企業的經營活動，可以說一舉一動都是「筆下有財產萬千，筆下有人命關天，筆下有是非曲直，筆下有毀譽忠奸」。一個舉措下去的時候，短期可能看不出什麼影響，但只要你錯了，它總會反映出來懲罰你。

如果我們每個人，都能有這一份敬畏心、責任心，認識到自己的一舉一動，都可能是對自己，對家庭，對公司，對客戶，對他人，對社會的「死生之地，存亡之道」，那可挽救多少財產和生命！

我的崗位，就是死生之地。我的舉措，關係存亡之道。希望每個人都有這個敬畏心和責任心。

---

① 本書中引用的《孫子兵法》原文和十一家注解文，本於《十一家注孫子兵法校理》，中華書局二〇一二年版。

孫子的優劣勢分析法：「五事七計」之五事

原文

故經之以五事，校之以計，而索其情：一曰道，二曰天，三曰地，四曰將，五曰法。

華杉詳解

前面說到《孫子兵法》的「計」，是計算敵我雙方，進行優劣勢比較，就像我們企業戰略用的SWOT分析（優劣勢分析）模型，分析優勢、劣勢、機會、威脅。

比較哪些科目呢？就這五個科目：道、天、地、將、法。

「道」，是恩信使民，你的人民聽不聽你的。你的君主是有道明君，還是無道昏君。所以道是比較雙方的政治，比較雙方君主的領導力。

「天」，是上順天時，「地」是下知地利。同樣一件事，有時機才幹得成，時機不對就不能幹。

「將」，是委任賢能。比較了政治、君主、天時、地利，再比較雙方的軍隊統帥，看誰的將帥厲害。所以戰爭中，常常需要間諜去賄賂敵國寵臣，使離間計，讓他去國君那兒說壞話，把能打仗的那位將軍召回，換一個笨蛋來，我們才動手。

最後是「法」，這個「法」，不是國內的法治，是軍法。國內法治屬於道，在最前面。

王晳注解說，這就是「經之以五事」。「用兵之道，人和為本，天時地利則其助也」，人和、天時、地利三者都齊備了，然後才能舉兵。決定舉兵了，再選將，選誰做主帥。主帥定了，然後修法，他有領導力，能法令嚴明，令行禁止。所以是道、天、地、將、法，這個次序。

張預的注，也特意強調了這個次序：將與法放在五事之末，是因為但凡舉兵伐罪，廟堂之上，要先省察雙方君主恩信之厚薄，他的人會不會為他死心塌地。然後度天時之逆順，審地形之險易。這三條都省察成熟了，然後拜將出征。兵一出境，法令就是大將的事了，所以是這個次序。

「經之以五事，校之以計，而索其情」。用五事校計彼我之優劣，探索勝負之情狀。

上下同欲者勝

原文

道者，令民與上同意也，故可以與之死，可以與之生，而不畏危。

華杉詳解

孫子的道，定義非常明確，「令民與上同意也」，讓人民與君上，士兵與大將，意見一致，就是我們常說的「上下同欲者勝」。

上下同心同德同欲，是戰爭的國內政治基礎，在於人民支不支持戰爭。全國人民支持你，你才打；不支持，就不要輕舉妄動。

所以這裡甚至不是戰爭的正義性，就是人民支不支持。比如日本發動侵華戰爭，如果道是戰爭的正義性，那當然是日本無道。但是，如果從「民與上同意」這個標準來說，日本軍國主義的宣傳，已經讓日本全國人民都狂熱地支持戰爭，「故可以與之死，可以與之生，而不畏危」，生死都置之度外，所以最後登峰造極弄出神風特攻隊來。

反觀中國，自己還沒統一，軍閥混戰，國共爭鋒，人民盼望和平安寧，哪有戰心？也沒有共同效忠的天皇。所以這第一條——「令民與上同意也」——中國就輸了八年。

兵家的道，不是宇宙的真理，就是問人民支不支持戰爭、效不效忠君主、能不能為國捐軀。所以道甚至也不是戰爭的正義性，到底誰正義？都說自己正義。「正義」，是要過幾年、十幾年才看得出來，過幾十年、一百年才能有一致結論的。要在道上勝出，關鍵是抓政策、抓宣傳、抓軍隊的思想工作，大家都願意跟你作戰。

把道列在第一條，也就能明白，在戰爭中，宣傳機器和戰爭機器一樣重要，甚至更重要。林彪說，槍桿子、筆桿子，奪取政權靠這兩桿子，鞏固政權也靠這兩桿子，就是這道理。

有的傳播學史家，把孫子列為第一個提出戰爭宣傳的人，而戰爭宣傳，也是傳播學的重要起點。一戰後，拉斯韋爾所著的《世界大戰中的宣傳技巧》，成為傳播學經典巨著，其中很多思想，也與《孫子兵法》相同。

天時，就是軍事氣象學

原文

天者，陰陽、寒暑、時制也。

華杉詳解

曹操注：「順天行誅，因陰陽四時之制。故司馬法曰，『冬夏不興師，所以兼愛民也。』」

那曹操本人有沒有遵守他自己說的順天之「陰陽寒暑時制」，冬夏不興師呢？

沒有。

而且他還輸了著名的一仗在這上面，就是赤壁之戰。正如周瑜與孫權計於廟堂時做的SWOT分析，分析曹操的劣勢：「今盛寒，馬無藁草，驅中國士眾，遠涉江湖，不習水土，必生疾病，此用兵之忌也。」寒冬天氣，馬都沒有草料吃，曹操帶著北方士兵遠涉江湖，水土不服，容易患流感，正是用兵之忌。

「陰陽」、「寒暑」、「時制」，是遞進關係。天有陰陽二氣，互為消長，形成寒暑。寒暑四分，形成春夏秋冬，就是時制。

兵家講天，應說有三層含義。

一，是天下大勢，順天應人；二，是所謂夜觀星相，望雲望氣，龜灼占卜；三，是寒暑四時，天氣預報，利用氣象條件作戰。

第一層是大形勢、大戰略，舉兵前已經定了。

第三層如吳起兵法講的疾風、大寒、盛夏、炎熱之類，因其利害而制宜，利用氣象為武器作戰。比如火攻要靠風，這就要靠天。

第二層說得最多，但都是宣傳給別人聽，「以惑下愚」，自己從來不信，如姜太公所言：「智者不法，愚者拘之。」

周武王伐紂，布陣於汜水共頭山，當天狂風暴雨驚雷，軍旗戰鼓都吹斷吹毀了，武王戰車上的衛士都嚇得要死。姜太公說：「夫用兵者，順天道未必吉，逆之未必凶，若失人事，則三軍敗亡。且天道鬼神，視之不見，聽之不聞，故智者不法，愚者拘之。今好賢任能，舉事而得時，此則不看時日而事利，不假卜筮而事吉，不待禱祠而福從。」遂下令驅兵前進。

周公反對，說：「今時逆太歲，龜灼言凶，卜筮不吉，星凶為災，請還師。」

姜太公大怒，說：「今紂剖比干，囚箕子，以飛廉為政，伐之有何不可？枯草朽骨，安可知乎？」姜太公把算卦的籤罵為枯草，占卜吉凶的龜背罵為朽骨，喝令都拿來燒了，自己率隊先行，武王從之，滅了紂。

劉裕圍慕容超於廣固，將攻城，諸將一翻黃曆，當天是「往亡」之日，不吉，紛紛固諫：「去不得！」劉裕說：「往亡往亡，我往他亡，大吉，去得。」於是攻下廣固。

所以中國人說天時地利人和，天時裡面主要也是人和。人和是自己人的和。天時是天下人之和。兵家的天，是軍事氣象學。至於觀星、望雲、望氣、占卜、燒烏龜背，那是宣傳工作，為政主事者從未迷信過。

行軍必是無人之境，交火必是有利地形

原文

地者，遠近、險易、廣狹、死生也。

華杉詳解

曹操注解說：「言以九地形勢不同，因時制利也。論在《九地篇》中。」

《孫子兵法》後面有個《九地篇》，詳細分析九種地形的特點和運用，所以此處說得簡略。

張預注解說：「凡用兵，貴先知地形。知遠近，則能為迂直之計。」是直走還是迂迴。知險易，則能審步騎之利，哪用步兵，哪用騎兵。「知廣狹，則能度眾寡之用」，哪裡可以展開兵力，哪裡可以一夫當關扼住咽喉。「知死生，則能識戰散之勢」，**置之死地則兵士必戰，置之生地則容易逃散。**

解放軍將領，最能打仗的是粟裕。林彪也佩服他，說他打的是神仙仗，總是從天而降。他靠什麼打呢？一靠地圖，二靠行軍。地圖就是對地形滾瓜爛熟。打仗前戰區的地圖，幾乎都要被他嚼爛了。

行軍呢，打仗關鍵靠行軍，行軍是戰鬥的一部分，甚至是比交火戰鬥更重要的部分。很多人認為交火了，開炮了，才是「打起來了」，實際上，開炮的時候，勝負已定了。**行軍，在正確的時間、正確的地點，出現正確的兵力，這才是決定勝負的關鍵。**

這就是運動戰。說粟裕最能打仗，其實就是他最能行軍，說他最能行軍，是他在地形上下的工夫比誰都深都透。一個淮海戰役，他的部隊在戰區穿來插去，**行軍必是無人之境，交火必是有利地形、**

優勢兵力。靠地形和行軍，他能把一支部隊用成十支部隊。他的戰刀總是如庖丁解牛，遊刃有餘，神出鬼沒，從天而降。

不僅強調行軍是戰鬥的一部分，宿營也是戰鬥的一部分，要按戰鬥的規畫來選擇宿營地。宿營既是戰鬥地形問題，也是士氣問題、戰鬥力問題。拿破崙說，戰場上流再多血，也沒有宿營地不衛生對軍隊的打擊更大。

可見對於戰鬥而言，交火開打只是最後見分曉的那一步，主要工夫全在詩外。我們的工作不也是一樣嗎？

心裡裝著對方的利益，並讓對方知道

原文

將者，智、信、仁、勇、嚴也。

華杉詳解

這是孫子對「將」的人格排序，他把「智」排在了第一位，而「勇」則屈居第四。孫子是強調智將而非勇將。因為孫子的價值觀，是先勝後戰，是不戰而屈人之兵，首先是強調用智。人們常說智勇雙全，孫子則在智勇之間，又加上了信和仁。怎麼解呢？

什麼是「智」？

杜牧注解說：「先王之道，以仁為首。兵家者流，用智為先。」智能識權變，識變通。

申包胥說：「不智，則不能知民之極，無以詮度天下之眾寡。」了解自己的力量極限，衡量天下大勢，謀計於廟堂，變通於戰場，都要靠智。

但智信仁勇嚴不是簡單的排序，更不是獨立的存在，必須五德俱備。

賈林注解說：「專任智則賊，遍施仁則懦，固守信則愚，恃勇力則暴，令過嚴則殘。五者兼備，各適其用，方可為將帥。」

梅堯臣說：「智能發謀，信能賞罰，仁能附眾，勇能果斷，嚴能立威。」

王晳說：「智者，先見而不惑，能謀慮，通權變也；信者，號令一也；仁者，專撫惻隱，得人心也；勇者，循義不懼，能果毅也；嚴者，以威嚴肅眾心也。五者相須，闕一不可。」

這是各家對「智信仁勇嚴」的注解。

什麼是「信」呢？

杜牧注得準確：「信者，使人不惑於刑賞也。」信，就是賞罰分明，每個人都非常清楚，犯什麼錯受什麼刑，立什麼功受什麼賞。

秦滅六國，就靠一個「信」字。這個信，不是對六國之信，而是對秦人、秦軍之信，就是完全以軍功封爵。什麼叫取敵人「首級」，就是取敵一首，升爵一級！從詞語上把賞罰標準植入了，一顆人頭不叫一顆人頭，叫一級爵位。秦國人誰不奮勇爭先呢？

商鞅變法，就是從立信開始，所謂立木取信，在都城南門豎一根木頭，貼一張告示，誰把這根木頭背到北門，賞十兩金子。沒人信。提到五十兩！有人試一試，真得了五十兩黃金。從此政府說啥，人民都信。

信，則民心民力可用。不信，則民心民力皆不可用。

信，有賞罰分明之信，也有默契之信。因為很多時候你不是最高統帥，不是國君，不掌握賞罰的全部權力。但是你也是一級領導，也要帶兵打仗。這種情況，西點軍校有一條對領導力的要求——**心裡裝著對方的利益，並有能力讓對方清楚這一點**。

所以信不僅是一種機制，更是一種人格力量。首先你心裡要裝著對方，這點很本質。心裡沒裝著，就沒法真信。其次你要有能力讓對方知道。別你裝著他，他卻不知道，他跑了。

第三講「仁」。

杜牧注解說：「仁者，愛人憫物，知勤勞也。」

「愛人憫物」，四個字很本質，要愛人，還要憫物。**愛惜公物也是仁，用什麼東西不愛惜，隨意浪費，也是不仁**。你加班最後一個離開辦公室，不關電腦，不關空調，甚至忘了關燈，這也是不憫物，不仁。

仁，還要勤勞。申包胥說：「不仁，則不能與三軍共飢勞之殃。」領導者不能跟大家同吃同住同勞動，也是不仁。

仁，就是愛兵如子。吳起那個著名的故事：一個士兵腳上長瘡化膿了，吳起埋下頭就去用嘴給他吸。士兵的母親聽說後大哭。有人問：「將軍對你兒子那麼好，你哭什麼呀？」母親回答說：「當初我丈夫就是腳上長瘡，吳將軍用嘴給他吸，他就感動戰死了。現在我兒子肯定也不要命了呀！」

「勇」，杜牧注解說：「勇者，決勝乘勢，不逡巡也。」

勇，就是決謀合戰，當機立斷，勇往直前。逡巡，是遲疑，退讓。兵家說某人「好謀無斷」，老是在謀畫，就是決斷不了，為什麼？沒有勇！這個在實際工作中也常見。我們有時候說某人「定不了事兒」，他瞻前顧後，遲疑不決，跟他的人都著急，這就是沒有勇。

沒有勇，一是決斷不了；二是好不容易決定了，執行又不堅決，老想縮回來，最後真把自己縮沒了。無論做什麼事，要有犧牲精神，向死而生。雖然我們的立意是先勝而後戰，但世上從來沒有百分百必勝之事，沒有勇，就做不成事。

「嚴」，杜牧注解說：「嚴者，以威刑肅三軍也。」

這就是為什麼古來名將一出兵就老是找碴兒殺人立威，最好是殺皇上的親信，殺那些自以為「有靠山」的人。孫子殺吳王寵妃，司馬穰苴殺皇上親信莊賈，都是這個套路。而每次出兵總有人要被殺，就是因為這些人不讀書啊！

認為自己有靠山的人，在變革整頓，或打仗出師的時候，最容易被拉出來祭旗，因為整肅這種萬眾矚目、地位顯赫，對國家又沒有實際價值的人，既能立威，又對國家沒損失。所以做人，靠什麼不要靠靠山。你的靠山跟別的山稍微磕碰一下，你就粉身碎骨。你以為你是山的一部分，但一陣風就會把你颳下山崖。如果靠山倒了，那更可怕，靠在那山上的人全被活埋。所以君子行中道，靠自己的獨立人格、獨立價值安身立命，遵紀、守法、知止。**找靠山，是小人之心，也就只能是小人的命。**

「智信仁勇嚴」，說來容易做來難。怎麼辦呢？

曾國藩書生帶兵，每天翻《孫子兵法》，「智信仁勇嚴」，對照自己，從來沒打過仗，哪有什麼智！信、仁，能湊合。勇，自己倒也不貪生怕死，但文弱書生，手無縛雞之力，再勇也猛不起來。嚴，他做到了，他認為天下大亂，是積了「幾十年該殺未殺之人」，「殺人如麻，仁義行天下」，殺他們就是對人民最大的仁義，最後得了個「曾剃頭」的綽號。

那智和勇怎麼補呢？怎麼看自己都差得遠，手下的農民將領，更是不行，他後來總結出兩個字：廉、明。

孫子的將道是「智信仁勇嚴」，曾國藩加了「廉明」二字。他說，士兵對將領是否足智多謀、能征善戰沒法要求。但是人人都盯著自己的利益，對將官在銀錢上是否乾淨，對下屬保舉提拔是否公平，就十分在意。你不貪錢，他就服你。所以「廉」就是帳目公開透明。清廉服眾，腐敗的軍隊打不了仗。自己清正廉明，但對下屬的小款小賞，又常常放寬，讓大家時常得點好處，這就人人都服你，願意跟你。

「明」，就是要把下屬的表現一一看明。臨陣之際，是誰衝鋒陷陣，是誰隨後助勢，是誰拚死阻擊，又是誰見危先避，全部看明記清。在平時，每個人辦事的勤惰虛實也逐細考核。這樣獎懲就能及時準確恰當。

作為將領，是否身先士卒倒在其次。因為你往往是在後面指揮，不是在前面衝殺。最重要的甚至也不是計謀高超，指揮若定，而是分配公平，誰有什麼功勞你都清楚，都能準確衡量賞罰，則個個放心，人人奮勇，都給你賣命。

所以做領導的，不要只關注事，要關注人。不要事情辦好了就萬事大吉了，要對在辦這事的過程中，你手下每個人發揮了什麼作用都非常清楚，並能作出獎懲，你的事才能越辦越好。

有一個說法，說共軍將領是喊：「跟我上！」國軍將領喊：「給我上！」這是傳說，是誤區。你衝最前面，死掉了，誰指揮呀？大家找誰論功行賞呀？下一步跟誰呀？這都是講故事。

項羽是衝鋒陷陣、身先士卒，劉邦就是只管論功行賞、論過處罰。作為領導者來說，站在後面把每個人的功勞過錯看得分明，並賞罰準確，比身先士卒，要重要得多得多。

曾國藩說，以「廉明」二字為基礎，「智信仁勇嚴」可以積累而得。沒有「廉明」的基礎，自己不能服眾，賞罰又不準確，「智信仁勇嚴」也是空的。

為將者的大半工作，是制定軍法

原文

法者，曲制、官道、主用也。

凡此五者，將莫不聞，知之者勝，不知者不勝。

華杉詳解

「道、天、地、將、法」五事，「法」在末位，一般人不太重視，簡單以軍法嚴明視之。事實上，這一條技術含量太高了，為將者大半工作都在這兒，交戰倒是就那一下子。

曹操注解說：「曲制者，部曲、幡幟、金鼓之制也；官者，百官之分也；道者，糧路也；主者，主軍費用也。」

「曲制」是組織架構、部隊編制、指揮系統。「官道」是人事制度。「主用」是物資管理和財務制度。

「法」，是管理，是管理辦法。管理在現代社會成為一個專業詞彙，而現代管理學，就脫胎於軍隊的管理。

一個組織架構，技術含量就太高了，就像搞企業，一個公司大了，管理跟不上，就一定會崩潰。業務發展速度快了，組織架構就經常整不明白，到處都是些莫名其妙的編制。每隔一段時間，就要搞一次組織變革，搞成功了，活力迸發，搞不成功，就又趴下了。

今天中國改革成立這麼多小組，就是「曲制、官道、主用」都有變化，用跨部門的組織協調機制，來推進變革。

我們常說一個英雄是「雄才大略」。張學良評價他爸爸和蔣介石，他說：「我爸爸是有雄才無大略，蔣公是有大略無雄才。」

此言準確！張作霖一代雄才，但沒有政治高度。蔣介石有綱領，但才幹又弱一些。

「道、天、地」，是大略；「將」和「法」，則是雄才，能組織、動員、駕御、推動。

我們看成功的企業家，都是雄才大略兼備。而雄才又比大略重要。因為大略可以問別人，可以請顧問，而雄才只能在自己身上。只有雄才，沒有大略，也可成為大企業家。只有大略，沒有雄才，在古代就做謀士幕僚，在今天就開諮詢公司吧。

歷代開國者，都是雄才君主和大略謀士的黃金搭檔，如劉備與諸葛亮，朱元璋與劉伯溫，劉邦與蕭何。

所謂「道」，就是軟實力

原文

故校之以計，而索其情，曰：主孰有道……

華杉詳解

對以上五事，「道、天、地、將、法」，進行比較，比較七個方面，第一是「主孰有道」，哪一方的君主有道。

「主孰有道」，前面說的是「令民與上同意也」。要上下一心同欲，就要共享勝利果實，對民眾政策得當，對部下捨得封賞。

歷代注家都拿韓信在劉邦和項羽之間作的選擇作這一條的注解。

劉邦問韓信，你怎麼不跟項羽跟我呢？韓信說，項羽對人民殘酷，對部下不捨得封賞，大印刻好了，在手裡摸來搓去，邊角都磨圓了，還不捨得拿出去，恨不得再收起來。主公您就不一樣了，對民眾約法三章，對手下封賞放權。

劉邦捨得花錢是沒說的。這鬧革命，天下本是別人的，怎麼開支票，都是別人出錢。不過劉邦對已經到自己手的錢也不含糊。陳平幫他幹髒活收買敵方將領，劉邦向來是隨便花錢沒預算的，取得最後勝利時也一樣。宣布政策時說得項羽首級者封萬戶侯。項羽烏江自刎的時候，看見包圍他的人裡有一個改投劉邦的老部下呂馬童，說：「呂馬童，老朋友哈！我的人頭送給你了！」說罷抹了脖子。呂馬童旁邊的人可不聽他的，上去就搶屍。最後有五個人一人割了一塊，到劉邦那兒爭功。劉邦根本不問到底是誰，五個人都封萬戶，結了。

劉邦的「道」，是對手下，激勵機制上有道，對民眾，政治上有道。在政治上，他更是甩開項羽幾條街。劉邦最先攻下秦國，他財寶無所取，婦女無所幸，沒有住秦國宮殿，而是封存府庫，還軍霸上，給秦地人民約法三章，法令就三條：「殺人者死，傷人者刑，及盜抵罪。」其他秦國嚴刑峻法，一概廢除。所以秦地人民愛戴他，愛得不得了。在以後楚漢相爭的歲月中，他始終得到關中大後方的全力支持。

項羽呢，他趕走劉邦後，引兵屠戮咸陽，之前投降的秦王子嬰，劉邦沒有殺，項羽把他殺了，財寶美女裝車運走，還一把火燒了秦國公室，大火燒了三個月才熄滅。那地方已經平定了，還殺人幹什麼呢？就是為了搶人家的子女金帛。所以項羽一開始，就不懂得要天下，他就是要財寶，要美女。

項羽搶了秦國的財寶美女，把秦國一封為三，封了三個人在秦國稱王，這就是今天還說陝西是「三秦大地」的由來。他封了哪三個人呢？就是三位投降他的秦將：章邯、司馬欣、董翳。這三個人有什麼事蹟呢？他們帶了二十萬秦軍投降項羽，項羽把二十萬秦兵全部活埋，只留了他們三個。所以秦國人對這三個出賣了二十萬家鄉子弟，自己取得榮華富貴的傢伙，是恨之入骨。項羽封在秦國的人，應該承擔帶領秦國軍民，把劉邦擋在漢中的戰略重任，他們怎麼能勝任呢？

所以在「主孰有道」這一條上，項羽一開始就遠遠地輸給劉邦了。

歷史再往上，第一個有道的是商湯。他蓋房子挖到一具無名屍骨，莊重地禮葬了。天下人都知道了，紛紛傳說：商湯對死人都那麼尊重，何況活人？他看見農民捕鳥，四面圍網，就下令只能圍一面，不要趕盡殺絕，留三面生路。天下人又傳說：商湯對動物都那麼好，何況對人！

這樣當他開始征伐，伐東邊之國，西邊的人民就有意見了：怎麼不打我們啊?!伐西邊之國，東邊的人民又有意見了，人人盼著他來統治。

所以有道，是軟實力。劉邦有軟實力，項羽全是硬實力。有道就是儒家的王道，是巨大的號召力。孟子講王道和霸道的區別，說霸道需要大國，需要地盤實力，地方千里，帶甲十萬，有多大實力，就霸多大地盤；王道則不需要，小國也可行王道，得天下。湯以七十里，文王以百里，都是諸侯小國，行王道而天下歸心。

孟子之言，對我們事業小的人很有啟示。王道不是王者之道，是如何成為王者之道。「主孰有道」，你有沒有道？你的老闆有沒有道？

「五事七計」，而後知勝負。知勝負，而後舉兵決戰

原文

曰：主孰有道？將孰有能？天地孰得？法令孰行？兵眾孰強？士卒孰練？賞罰孰明？吾以此知勝負矣。

將聽吾計，用之必勝，留之；將不聽吾計，用之必敗，去之。

華杉詳解

「將孰有能」，就是比較雙方將領本事。所以打仗經常有這種情況，知道對方大將厲害，就堅決不出戰，派間諜去買通對方寵臣，離間他君臣關係，把這大將調走，換個笨蛋來，然後一戰而勝。

「天地孰得」，看誰得天時地利。就像俄羅斯吞併克里米亞，俄羅斯占盡天時地利，美國、歐盟只能乾瞪眼。

「法令孰行」，曹操注解說：「設而不犯，犯而必誅。」設了法令，就不會有人犯，犯了就一定誅殺。所以他留下了一個「麥田割鬚」的故事。行軍路上正是麥熟之時，他下令：踩壞麥田者斬。結果他自己的馬受驚衝到麥田裡去了。怎麼辦，不能把自己斬了吧？他拔劍把自己鬍子割了，以鬚代頭。

「法令」，法是法律條款，令是行政命令。梅堯臣注：「齊眾以法，一眾以令。」

「兵眾孰強」，杜牧注：「上下和同，勇於戰為強，卒眾車多為強。」張預注：「車堅、馬良、

士勇、兵利，聞鼓而喜，聞金而怒。」聽到擂鼓衝殺就高興，聽到鳴金收兵就氣憤。

「士卒孰練」。這一條和「兵眾孰強」分開講，很有意義。人的可塑性很強，正常人經過訓練，都能從事專業工作，如果一輩子只練一件事，就能成為世界級專家。所以只要訓練好，每個人都能成為世界頂級專家，要有這個意識。

平時多流汗，戰時少流血。所謂特種部隊，不是超人，而是訓練，投入巨大的資源給他們訓練，要去哪兒執行任務，能找個地方把任務執行地模擬出來，提前幾個月反覆演練各種情況。

熟練熟練，幹什麼事都靠練，練成熟手。

「賞罰孰明」。賞罰是個大學問。可以說賞罰決定戰鬥力。**賞罰的關鍵，主要是兩條，一是及時，二是恰當。**

《司馬法》說：「賞不逾時，欲民速得為善之利也。罰不遷列，欲民速睹為不善之害也。」這是講賞罰要及時，做好事的利益，讓他馬上得到；做壞事的懲罰，讓大家馬上看到。如果不能及時，效果就要大打折扣。

王子（《孫子兵法》早期注家）注說：「賞無度，則費而無恩；罰無度，則戮而無威。」這是講賞罰要適度，濫賞無度，大家拿了還不感激你；濫罰無度呢，人人憤恨，你也沒有威信。

正道與詭道

原文

計利以聽，乃為之勢，以佐其外。勢者，因利而制權也。兵者，詭道也。

華杉詳解

曹操注：「常法之外也。」

李筌注：「計利既定，乃乘形勢之變也，佐其外者，常法之外也。」

杜牧注：「計算利害，是軍事根本。利害已見聽用，然後於常法之外，更求兵勢，以助佐其事也。」

前面說了孫子的「計」，不是陰謀詭計、奇謀巧計，而是計算比較的計。不過孫子也不是不講陰謀詭計。「兵者，詭道也」，他下面就要開始講詭計了。

廟算的SWOT分析是根本，是基本面，「計利以聽」，就是算下來有勝算了，可以戰了。「乃為之勢，以佐其外」，在基本面之外，常法之外，造勢以相佐。

勢是什麼呢？「因利而制權也。」

杜牧注：「夫勢者，不可先見，或因敵之害見我之利，或因敵之利見我之害，然後始可制權而取勝也。」

王晳注：「勢者，乘其變者也。」

所以「勢」，是形勢的勢，到了戰場上，根據形勢的變化，如何趨利避害，如何化不利為有利、相機行事，如何借勢，如何造勢。《孫子兵法》十三篇裡專門有《形篇》和《勢篇》，詳細講這個問題，是孫子思想的精華。

不能等待，是巨大的性格缺陷

原文

兵者，詭道也。故能而示之不能，用而示之不用，近而示之遠，遠而示之近。利而誘之，亂而取之，實而備之，強而避之，怒而撓之，卑而驕之，佚而勞之，親而離之。攻其無備，出其不意。此兵家之勝，不可先傳也。

華杉詳解

孫子在這裡一口氣講了十二條詭道，大多數詭道的出發點是造成對方的錯誤判斷，引誘對方失誤。

對方不上當，不失誤，怎麼辦呢？等待，跟他熬，派間諜，各種布置安排。總之，一定要等到平衡打破，勝算已見，才能出戰。

孫子的觀念是先勝後戰，不勝不戰。沒有勝算就等。不能等待，是巨大的性格缺陷。總覺得要戰鬥才是英雄男子漢，不懂得**等待是戰鬥的一部分，而且是非常重要的組成部分**。

《唐太宗李衛公問對》中記載，李世民說：「我讀古今兵書，發現關鍵就四個字，『多方以誤』，就是想盡各種辦法引對方誤判，做出錯誤舉動，把破綻露出來。」

李靖說：「對，打仗就像下棋，一著失誤，滿盤皆輸，撈都撈不回來。」

到了唐玄宗李隆基，就沒了他爺爺的智慧。安史之亂，哥舒翰鎮守潼關，死守不戰。李隆基急於平叛，下令哥舒翰出戰。由於之前玄宗已斬殺了他認為作戰不力的名將封常清、高仙芝。哥舒翰知道出戰必敗，但不出戰必死不說，還得換一個大將來出戰，沒辦法，被逼率軍出關，結果二十萬大軍全軍覆沒，潼關失守，眼見長安不保，玄宗倉皇棄城逃往四川。

十二條詭道，十一家注解戰例頗多，我們逐條來學習。

一戰而定是真名將

原文

能而示之不能。

華杉詳解

張預曰：「實強而示之弱，實勇而示之怯，李牧敗匈奴，孫臏斬龐涓之類也。」

李牧是戰國四大名將之一，趙國將領。另外三位是白起、廉頗、王翦。

李牧駐守於代郡、雁門郡，以防匈奴。李牧優待兵士，嚴格訓練，頻繁偵察，但軍令就一條：不許出戰！膽敢出戰者一律斬首。

這免戰牌一掛就是好幾年。由於李牧把全部人縮入營壘，堅壁清野，匈奴來襲擾也都無功而返。

李牧幾年不戰，不光匈奴受不了，他自己的士兵都受不了，趙王也受不了了，認為李牧膽怯，把他撤換。

新將一改李牧堅壁清野的策略，頻頻出擊，結果敗多勝少，損失極大。趙王不得已請李牧官復原職，但李牧稱病不出。趙王無奈，答應不再干涉他的軍事策略。

李牧回去後，又是幾年不出戰。但他可沒閒著，練兵抓得很緊，比打仗還忙。經過數年的經營，李牧的邊防軍兵精馬壯，軍隊士氣高漲，士兵憋足了勁，寧可不要賞賜也情願與匈奴決一死戰。而匈奴則鬆懈了。

李牧決定決戰。精選戰車一千三百輛、戰馬一萬三千匹、勇於衝鋒陷陣的步兵五萬人、善射的弓兵十萬人，出兵。採用誘敵深入的戰術，先派大批牧民驅趕牲畜放牧。匈奴遣小股人馬進行劫掠，李牧佯裝戰敗，故意將幾千人丟棄給匈奴。獲得小勝後的匈奴開始輕敵，單于率領大批軍隊入侵。李牧廣布奇兵，從左右兩翼包抄匈奴，一舉擊破匈奴十萬騎兵。李牧乘勝攻滅襜襤，擊破東胡，降服林胡，匈奴單于落荒而逃。此後十餘年，匈奴再也不敢靠近趙國邊境。

兵家的思想，講究一戰而定。戰爭不是打過來打過去，而是積蓄力量，等待時機，一戰而定。十年戍邊，換一個大將，可能百戰百勝、戰功赫赫，但一將功成萬骨枯，他退休了，什麼問題也沒解決，換一個大將來接著打。李牧十年不戰，憋到時候打一仗，就解決了問題。

所以一戰而定是真名將。百戰百勝，那是打了一百次勝仗了，還沒解決問題，還要接著打！那要勝仗來幹什麼呢？所以百戰百勝，是兵法沒入門，不會打仗。再說世間哪有百戰百勝這回事，那是把敗仗藏起來不說。

做任何事都是這個道理，不該動作時什麼也不做，做一次就解決問題。多少事，都誤在頻頻動作。為什麼頻頻動作，無非是一種焦慮情緒。李牧不出戰，損失了什麼呢？什麼損失也沒有，但兵士們焦慮了，匈奴焦慮了，趙王焦慮了，他動作了，把李牧撤換了。其實他給李牧的任務就是邊防。這邊防根本沒出問題，他有什麼意見呢？他就是要幹點什麼，才能緩解自己的焦慮。

小心你的「焦慮性動作」，那是最能毀你的。

真正最重要的工作有兩項：一是準備，二是等待。

準備是自己的事，積蓄實力，操練兵馬，鼓舞士氣。等待，是等待敵人犯錯，等待時機出現。敵人如果不犯錯，我們就很難贏。兵法的詭道，如李世民言，多方以誤，就是想方設法引誘對方失誤。「能而示之不能」，是其中一個方法，也是最主要的，使用最頻繁，而且屢試不爽的方法。

李牧的案例比較極端，熬了十年。不過他不是最極端的。勾踐臥薪嘗膽滅夫差，前後共用十八年。

計策都很簡單，就那幾個，關鍵是戲怎麼演

原文

用而示之不用。

華杉詳解

「用而示之不用」和「能而示之不能」是一個意思。

白登之圍是典型戰例。

劉邦征匈奴，開始時一路節節勝利，大家都有些志得意滿。劉邦便想發起總攻，把匈奴老巢端了。派了十幾撥使臣去刺探虛實，回來都說匈奴人馬都沒了，可以攻擊。又派了婁敬去。婁敬回來說不能打。問他為什麼。他說兩國交戰，都是相互耀武揚威。我到匈奴所見，全是羸馬弱兵、老弱病殘，顯然是刻意演戲給我看，引誘我們去。

劉邦本來戰意已決，聽婁敬之言，大怒，把婁敬下獄，說亂我軍心！我得勝回來再收拾你。

劉邦傾巢出動，結果在白登中了單于埋伏。匈奴哪裡沒人！四十萬大軍把劉邦圍個嚴嚴實實。匈奴哪裡沒馬！東南西北的部隊，馬的顏色全部統一，東邊全是白馬，西邊全是黑馬，北邊全是紅馬。要知道劉邦登基的時候，儀仗隊都找不齊一樣顏色的白馬來拉車！

漢軍被困了七天七夜，數次激戰突圍也突不出來，凍餓交加，士卒手指被凍掉的十之二三。

劉邦知道中計，找他專負責陰謀詭計間諜策反的陳平商量。陳平設了個計策，去行賄單于的閼

氏（匈奴皇后），說：「漢王斬白蛇起義，不是凡人，有神助。這樣打下去，對匈奴未必是福是禍，但對您肯定是禍。」閼氏問：「我有何禍？」答：「匈奴人不習慣南方生活，奪了漢地也沒用，跟漢人作戰，所圖無非是女子金帛。漢人美女極多，男人有錢就變壞，單于得了金帛，又得了美女，他就不親熱您了。金帛我們直接給您，您別讓單于得了美女。」

閼氏一聽，這才是本質啊！老公的事業再大，於我何用？關鍵老公要為我所用啊！便在枕邊向單于鼓吹「漢王神助論」，不能把事做絕了。

劉邦的光環本來就強大，光環就是權力，單于也頗為不踏實，不知道明天會發生什麼，再加上約好的兩路盟軍沒按時到，擔心他們是不是被劉邦策反了。要說這可能性很大，畢竟他老婆都被策反了。於是單于決定見好就收，議和收錢，讓開一條路，放劉邦回去了。

可見這計策都很簡單，根本用不了三十六計，有三計六計就夠套用了。但執行就很重要，演戲的人要能撓到對方癢處。看戲的人呢，就像足球比賽罰自由球，守門員看那射門的，不管他什麼假動作，反正不是射左邊就是射右邊，這就是你能作出的判斷。至於這回是左是右，你永遠不知道。所以這回中計，不等於下回不中同樣的計。匈奴的羸馬弱兵，可能是真的，也可能是裝的，就像射門的左右，劉邦綜合判斷認為是真的，這不能說他中計。如果使臣看到的是強兵壯馬，他反而可能認為是裝的，還是要打。

至於閼氏和單于的決策，則更是理性選擇。你也不能說單于上了劉邦的當。

劉邦有個好處，他回軍後把婁敬放出來，封侯。這是勇於承認錯誤。但是他把前面說匈奴可擊的十幾個使臣全斬了，沒有自己承擔決策責任。

關於自己承擔決策責任，曾國藩有過總結，他說我是決策者，決策責任在我，不在幕僚，萬事結果不一定，不能簡單地以結果去看，不能怪幕僚。他在日記中檢討自己說：「我雖然明白這個道理，但是如果聽了誰的把事情辦糟了，下次跟他見面時，臉上難免有點難看。這是我的問題，我要注意。」

劉邦如果有曾國藩這份心的一半，又可挽救十幾個幸福的家庭。

成敗無定，領導者要自己負決策責任

劉邦從白登回軍，把之前勸諫他不能打的婁敬從監獄裡放出來，封了侯。

這一點他比袁紹強。

官渡之戰前，田豐勸諫說宜守不宜戰。袁紹說：「亂我軍心，把你下獄，得勝回來再處置你！」袁紹戰敗。消息傳來，獄吏向田豐說：「這回您沒事了。」田豐說：「你不了解主公，他若得勝，一高興，就不跟我計較了。他若戰敗，必羞於見我，殺我便是不再面對我的辦法。」袁紹果然誣田豐「幸災樂禍」，殺了他。

劉邦自然非袁紹可比。但是，劉邦斬殺了十幾個告訴他匈奴可擊的使者，也沒有承擔決策責任，把責任推給了那十幾個幕僚。

曾國藩專門說過領導者要獨立承擔決策責任的問題。因為成敗無定，不光是定計的問題。

他舉了五個案例，前三個都是一個課題：削藩。

漢朝晁錯建議削藩，結果六國叛亂，要「誅晁錯，清君側」。景帝慌忙把晁錯殺了。吳王照樣反，但最後景帝勝利了，削藩成功。

明朝齊泰、黃子澄建議建文帝削藩，燕王反，也是要求誅齊、黃，建文帝也是把齊、黃二人殺了。燕王當然也不會收兵，最後燕王成功，建文帝削藩失敗。

清朝米思翰建議康熙帝削藩。吳三桂反，康熙帝沒有誅米思翰，最後平定了吳三桂，削藩成功。

這三件事，背景、形勢，都差不多，處理各有參差，結果也不同。所以處大事，決大疑，要熟思是非，不要拘於往事成敗，不可遷就一時之利害，更不可歸罪於謀臣。

還有兩個案例：

唐朝末年，唐昭宗憤於皇室不尊，意圖討伐軍閥李茂貞，要宰相杜能主兵。杜能苦諫堅拒，說：「他日我受晁錯之誅，也不能弭六國之禍！」昭宗不允。

結果戰事一開，朝廷打不過李茂貞，李茂貞上表請誅杜能，杜能跟昭宗說：「我可是有言在先啊！」昭宗這時候沒了英雄氣概，只能哭鼻子，說：「與卿決矣！」先下詔貶杜能為梧州刺史，接著就賜他自盡了。

所以這杜能，比晁錯、齊泰、黃子澄都冤！

曾國藩罵唐昭宗強迫杜能在前，又翻臉誅之於後，其作為正是一個亡國之君。他也檢討自己。他說：「我在軍打仗的時候，有時聽了幕僚一個定計，之後敗挫。我或許並沒有歸咎於他。但是見面的時候，卻難免露出臉色來，還是我自己不懂道理，修為不夠。」

關於這「露出臉色」來的，他又講了一個案例：

後唐末帝李從珂擔心石敬瑭謀反。李崧、呂琦進言說，石敬瑭若反，必需契丹之援，您若與契丹和親，石敬瑭就沒機會了。本來計議已定，薛文遇卻說天子之尊，豈能侍奉夷狄，還引用了昭君詩「社稷依明主，安危托婦人」來諷刺。李從珂改了主意，把李崧、呂琦罵了一頓，說你們要把我女兒往火坑裡送！二人跪地謝罪。呂琦腿腳不好，跪拜得慢些，李從珂還罵：「你給我擺架子麼？」呂琦說：「您曉得我腿腳不靈便啊。」李從珂不罷休，還是把他降職。

後來石敬瑭果然引契丹打破唐兵。這回李從珂曉得是不該聽薛文遇的，又恨薛文遇，一見到薛文遇就罵：「我見此物肉顫！」幾欲抽刀刺之。李從珂後來為石敬瑭所滅。

曾國藩總結說：「大抵失敗而歸咎於謀主者，庸人之恒情也。」成敗不一定，過去的案例不等於可以照做，也不等於不可以照做。領導者要自己負決策責任。事情搞糟了，怪誰出的主意，那是「庸人之恒情也」，庸人都這樣。

踢球每一步都有假動作，但那不是贏球的本質

原文

近而示之遠，遠而示之近。

華杉詳解

這叫「戰略欺騙」，核心就是「使敵無備也」，讓他沒防備。因為他若有防備，我就沒勝算；他若沒防備，而我把全部力量投擲過去，他就垮了。

著名案例是韓信木罌渡江。

楚漢相爭，劉邦形勢不太好，魏王豹就想轉會。他以母親生病為由向劉邦請假回家，然後就投了項羽。劉邦派韓信去打，在臨晉與魏王豹隔河相拒。韓信只搜得一百多條船，在江邊一字排開，每天作勢要渡河。魏王豹嚴陣以待。韓信則偷偷安排人採買製作木罌，就是一種腹大口小的裝水的木罐或瓦罐。帶大部隊轉到夏陽，用木罌紮成筏，從夏陽渡河襲安邑，打了魏王豹一個側翼，最後俘虜了魏王豹。

魏王豹聽說韓信在夏陽登陸時驚問：「夏陽沒船啊！他哪來的船？」這是他沒有以「替代品」解決問題的思維方式。沒有船，不等於沒有渡河工具。

韓信這是「遠而示之近」，要從遠處進攻，就在近處演戲。

「近而示之遠」的案例也有，春秋末年吳越爭霸，吳與越夾水相拒，越派士卒分別於上下游相距五里，夜裡鳴鼓而進，吳只得兩邊分兵去救。而實際越人之所以要晚上演戲，就是因為派去的鼓多人少，是虛張聲勢。等吳人分兵去了，越軍主力從正面渡河，直取吳中軍，大敗吳國。

這是虛張聲勢、聲東擊西之計，雙方都明白，但是聲勢也不一定是虛張的，聲東也不一定擊西，也可能真的擊東。就像罰自由球，守門員知道，你肯定要用假動作晃我，而那假動作，又可能是真動作，是你假裝是假動作。那麼這真真假假，到底誰能贏呢？對於射門的人來說，要射得穩、準、狠，如果自己打飛了，人家怎麼守你也進不了。對於守門員來說，反應要快，還得有些運氣。而且守門員也可以用假動作去騙射門的。

那前鋒和守門員平時訓練練什麼呢？練假動作嗎？當然不是，一練體能，二練技術，三練戰術配合，這才是戰鬥的本質。

說韓信能打仗，載諸史冊的都是奇謀巧計，給人很大誤區，以為打仗就是打這個。而本質上，大將就像總經理，運營管理才是本質。所以韓信說劉邦只能帶十萬兵，多了他就不會玩兒，而韓信帶兵，是多多益善，給他一百萬，他也能像運用自己的手臂一樣指揮自如。這才是韓信的真本事。

所以三十六計，只能當個故事聽，別把那當成戰爭。

曾國藩甚至對韓信木罌渡江的真實性表示懷疑。他說拿瓦罐紮成筏子能讓大部隊渡河，基本不可能。他還懷疑韓信的另一個壯舉，就是拿土袋子在上游攔一個臨時水庫，下游水淺了，讓敵軍渡河，渡一半的時候，把土袋子一下子拿開，潰壩放水下來把敵軍淹死。曾國藩說這水庫大壩可不是一人扔一袋土就能建起來，更不可能一下子又把它撤掉，誰去撤？怎麼撤？根本不可能。

曾國藩說：「我們湘軍打的一些勝仗，我看到文人們寫的報導，我都拍案叫絕，不知道這仗原來是這麼打的！太神奇了，那肯定不是我！」

他總結說：「我還在，這戰報就已經面目全非到我都不敢相信了。那太史公也是文人，他去尋訪韓信的故事，也難免有獵奇渲染之事。」

計策就那兩下子，雙方都讀過兵書，每次接仗都必然要用那些計策，比如我要打哪兒，我一定想方設法騙你是別的地方。你也曉得我肯定要騙你，你也曉得我可能要讓你誤以為我騙你，其實我沒騙你，我真的就打這裡。

那又如何？

踢球每一步都有假動作，但那不是贏球的本質。

成大事者有三戒，戒貪是第一

原文

利而誘之，亂而取之。

華杉詳解

李筌注解：「敵貪利必亂也，亂而取之之義也。」

戰例還是前面說的李牧敗匈奴的事。堅壁清野，閉門十年不戰，把敵我雙方都憋壞了。我方將士憋壞了，每天好吃好喝好訓練，都想上戰場報效國家。敵方將士也憋壞了，這堅壁清野啥也沒有，已經十年沒搶到東西，都窮死了。

這時候李牧覺得可以出戰了。他這一戰，是不戰則已、一戰而定的戰，是傾巢出動的決戰，是他選擇的決戰，對方根本不曉得是決戰。

李牧先是大縱畜牧，放牧的人滿山遍野。匈奴小股人馬入侵，李牧就假裝失敗，故意把幾千人丟棄給匈奴。匈奴搶東西搶紅了眼，單于聞之大喜，率眾大至。李牧布下奇陣，左右夾擊，大破匈奴十餘萬騎。滅了襜襤，打敗了東胡，收降了林胡，單于逃跑。此後十多年，匈奴不敢接近趙國邊境。

貪是人性的大弱點。春秋時，秦穆公問蹇叔，我怎樣才能稱霸天下呢？蹇叔說：「夫霸天下者有三戒：毋貪，毋忿，毋急。貪則多失，忿則多難，急則多蹶。夫審大小而圖之，烏用貪？衡彼己而施之，烏用忿？酌緩急而布之，烏用急？君能戒此三者，於霸也近矣。」

霸天下的人有三戒：戒貪，戒忿，戒急。貪心，就會失去越多；忿怒，就容易有難；急躁，就會摔跟頭。審查利害大小而圖之，哪需要貪呢？將心比心，換位思考，衡量彼己，哪需要生對方的氣呢？斟酌事情的緩急，從容計畫安排，哪需要急躁呢？您能持這三條戒，霸業就近了。

下判斷、做事業，要把握兩條：趨利、避害。趨利和避害的權重，應該至少是相當的，五十對五十。但是，往往都成了七比三，甚至九比一。為什麼，因為利往往在明處，在眼前，讓人激動；而害在暗處，在遠處，讓人心生僥倖。我們經常看到人，去做一些利益極小，而隱患極大的事情。為什麼呢？因為那利馬上可以得到。而那害，那明明白白的害，他卻不可救藥地認為「不一定」。

不貪心，就不會上當。所有的騙局，都是從「貪」字入手。這騙局，可不是別人來騙你說工地上挖到寶，是你自己會騙自己。

人哪，只要一看到利，就會開足馬力拚命騙自己：拿吧！沒事的！

不要讓你的欲望來左右你對利害的判斷。

不能勝利，就要能等待

原文

實而備之，強而避之。

華杉詳解

「實而備之」，如果敵人兵勢既實，則我當為不可勝之計以待之，不要輕舉妄動。李靖說：「觀其虛則進，見其實則止。」

「強而避之」，梅堯臣注：「彼強，則我當避其銳。」

杜佑注：「彼府庫充實，士卒銳盛，則當退避以伺其虛懈，觀變而應之。」

人們往往有一個誤區，認為行動才有機會。卻忘了事物的另一面：**行動必有代價**。就像那句常說的話：不作死，就不會死。

《孫子兵法》開篇說了：「兵者，國之大事，死生之地，存亡之道。」一動作就是生死存亡，不僅是戰士們的生死存亡，而且是國家的生死存亡，所以一定要慎之又慎。

第二個觀念，勝可知而不可為。探查敵我，便知道有沒有勝算。如果沒有勝算，你想上了戰場再強取其勝，那是不可為。因為敵人也是身經百戰，不是我們喊幾句口號就能打敗了。更何況口號人家也沒比我們少喊。

第三個觀念，不要百戰百勝，要一戰而定。打過來打過去，沒什麼結果，還要接著打，白白流血，浪費錢糧。那是為將之罪。要看準時機，穩準狠一戰而定，解決問題。

所以當敵方實而強，我們一要防備避戰；二要耐心忍耐；三要外交協調；四要伺其虛懈，等他犯錯，引他失誤，如李世民言：「多方以誤」；五則看準時機，一鼓而下。

典型戰例是呂蒙取關羽。

關羽在荊州，兵勢強盛，百戰百勝，甚至收降了魏軍猛將于禁，北方多處反叛曹操的民間武裝都響應他，受他遙控。關羽威震華夏，以至於曹操都想遷都以避其鋒芒。司馬懿獻計，東吳必不願關羽得志，於是聯絡東吳，共同對付關羽。

劉備的荊州本是跟孫權借的，借了賴著不還，雙方談判，各分了一半。所以東吳在此事上心裡是不平衡的。偏偏此時關羽驕傲自大，無所顧忌，因新得于禁三萬人馬，糧草不夠，竟恃強搶了東吳糧倉。新仇舊恨，孫權就下了決心。

孫劉是聯盟，關羽在荊州，本來只是對魏作戰，此時一心要取魏樊城。但他也並未放鬆對東吳的警惕，怕東吳大將呂蒙抄他後路，所以留了大量備兵留守荊州。

所以對此時如日中天的關羽，曹操是恨不得強而避之，呂蒙則是實而備之。呂蒙要取荊州，須得讓他撤去荊州守備，讓荊州由實變虛。

關羽有調動荊州兵馬的需求，因為他要取樊城，北方前線缺人。荊州的部隊是留下防呂蒙的。呂蒙於是想了一招：裝病。

呂蒙裝病倒是容易，因為人人都知道他本來多病，而且還真在此戰之後病死了。呂蒙稱病回建業，換來陸遜鎮守陸口。

陸遜此時，還是一個默默無聞的年輕人。他一到，就以超級粉絲的身分，給關羽寫了一封表達無限仰慕的信，向偶像報到：「能和您的防區接臨，這是我一生的榮幸，希望關叔叔多多關心愛護年輕人，我絕不敢，也不會與您為敵。」

關羽放了心，就把荊州兵馬調到樊城前線去了。這邊呂蒙即刻率大軍殺回來，取了荊州，抄了關羽後路。到此戰結束，關羽被俘斬首。

劉備之敗，實敗於關羽。荊州一失，就決定了劉備在統一天下的競爭中已經出局。因為荊州才是他逐鹿中原的門票。之後諸葛亮六出祁山，九伐中原，在蜀北漢中那「蜀道難，難於上青天」的萬山叢中，他哪裡殺得出來？運糧還得靠木牛流馬的神話。至於關羽之死直接導致張飛、劉備的相繼死去，三兄弟時代結束，也是令人扼腕。

關羽是典型的百戰百勝，一敗而亡。《孫子兵法》說，真正的善戰者，無智名，無勇功，因為善戰者不打那麼多仗，只打容易的仗，不打跌宕起伏的仗，沒有那麼多可歌可泣的故事。故事都是講給老百姓聽的，關羽則恰恰和孫子的勝將標準相反，他威名赫赫，在民間是集道德、智慧、武功於一身的千古第一人，而在專業人士看來，關羽實誤國之臣也。

忘了本謀，是每個人常犯的毛病

原文

怒而撓之。

華杉詳解

杜牧注解說：「大將剛戾者，可激之令怒，則逞志快意，志氣撓亂，不顧本謀也。」

對剛烈易怒的敵將，激怒他，給他施以衝動的魔法，他為解一時之恨，逞志快意，就會不顧本謀，本來要幹的、最重要的事也不顧了，一定要馬上解恨。結果恨沒解，把自己的命搭進去了。

這種詭計，主要是針對性格剛烈的敵將。《尉繚子》說：「寬不可激而怒。」那性格寬厚者，他本來就不容易衝動，你沒法激怒他，引他上鉤。

典型戰例，是楚漢相爭時漢兵擊曹咎的「氾水之戰」。

項羽在成皋與劉邦對峙，誰也拿不下誰。劉邦就打了項羽一個後腰，派遣盧綰、劉賈率領兩萬多人渡過白馬津，協助建成侯彭越襲擊楚軍的後方梁地，攻下十多座城池，切斷楚軍的補給線。項羽被迫親自率領軍隊，分兵去攻彭越，委任曹咎守成皋，臨行前仔細叮囑：「謹守成皋，則漢軍挑戰，慎勿與戰，毋令得東而已，我十五日必誅彭越，定梁地，復從將軍。」

項羽走後，曹咎遵照項羽的命令堅守不出，劉邦就施了「怒而撓之」之計，在成皋城邊專門築了一個高台，每日在台上罵喊羞辱楚軍，一連罵了五六天，楚軍受不了了，曹咎也沉不住氣了，忘了他在這兒的「本謀」是幹什麼的，要出城教訓教訓這幫混蛋！曹咎率軍出戰，渡氾水，渡到一半時，漢軍來了個標準戰術，半渡而擊，楚軍大敗，成皋失陷，戰局平衡打破。

曹咎自知將命喪於此，又愧見項羽，於是在河邊自刎而死。

「怒而撓之」之計，諸葛亮對司馬懿也使過，不過沒成功。

由於關羽丟了荊州，蜀漢只能從北線漢中的崇山峻嶺出發去伐曹魏，他的問題是糧食運不上去，為什麼六出祁山、九伐中原，每次都半途而廢，核心原因是沒糧。每次差不多一個月時間，過了一個月還沒打贏，就得撤兵，否則回去路上吃的糧食都不夠。所以諸葛亮必須速戰，最好是野戰。曹魏也知道了規律，熬你一個月，就把你餓回去了，我不戰則必勝，戰則不一定，所以不出戰，已成為曹魏君臣上下高度一致的策略。

諸葛亮最後一次北伐，雙方在五丈原對峙，司馬懿照例高掛免戰牌。諸葛亮百般挑戰不得，也施了「怒而撓之」之計，給司馬懿送去女人衣服侮辱他。司馬懿根本不上當，還是不出戰。結果諸葛亮心力交瘁，病逝軍中，蜀漢的北伐事業就結束了。

司馬懿這是很強的「本謀意識」，始終不忘自己的根本目的、基本策略。**忘了本謀，這是我們**

每個人常犯的毛病，不僅僅是因為憤怒，任何的干擾都會令我們越來越遠離本質的目的，而自己完全意識不到，追求枝節，而忘了本質。

所以佛經說：不忘初心，方得始終。

本謀和初心，是我們每天、每事，要對照檢核的，要拒絕衝動，拒絕誘惑，排除干擾，堅持本謀，不忘初心。

示弱不是羞恥，爭什麼不要爭氣，特別是不要爭一時之氣

原文

卑而驕之。

華杉詳解

假裝謙卑，讓對方驕傲，讓對方輕視自己。輕視就不會防備，不防備就可以發動突然襲擊。典型戰例是冒頓襲東胡。

秦末，匈奴冒頓單于初立。東胡強，派使者來說，你父親頭曼在時那匹千里馬不錯，給我行不？冒頓問群臣，給不給？群臣都說東胡無禮，先君的千里馬是我們的國寶，怎麼無緣無故給他？

冒頓說，與鄰為善，還愛惜一匹馬麼，給他！

過一陣子，東胡使者又來了，說你老婆那麼多，送一個給我吧。

群臣皆怒，說東胡無道，竟然找我們單于要閼氏！發兵打他！

冒頓說，與鄰為善，還捨不得一女子麼，給他！

又過一陣子，東胡使者又來了，說你們有棄地千里，你們也沒用，送給我吧。

冒頓又問群臣。大家看單于連老婆都可以送人，也不知道這回該說給還是不給。於是只能含含糊糊地說，給也行，不給也行。

冒頓大怒，說土地是國本，國本能給人嗎？把說給的人全部斬首，發兵攻打東胡。東胡輕視冒頓，根本沒有防備，冒頓就滅了東胡。並一口氣西擊月氏，南併樓煩、白羊、河南（指內蒙古河套地區），北侵燕、代，一舉收復了秦朝時蒙恬侵奪的匈奴土地。後來圍漢高祖劉邦於白登，之後議和約為兄弟的，就是這位冒頓單于。

劉邦死後，冒頓又開始打漢朝的主意。

剛死去閼氏的冒頓單于遣使者送來一封言辭極為不敬的國書給呂后，上面寫道：「孤僨之君……願遊中國。陛下獨立，孤僨獨居。兩主不樂，無以自虞，願以所有，易其所無。」

他說我老婆死了，你老公沒了，不如咱倆成親如何？

呂后當然大怒，群臣激憤，樊噲說：「我願意帶著十萬精兵，橫掃匈奴。」

中郎將季布喝道：「樊噲可斬也！當初高帝將兵四十餘萬眾，還被困於平城，今噲如何以十萬眾橫行匈奴中，這是當面欺君！」

呂后決策，還是繼續和親政策，不與冒頓作戰。給冒頓回信說：「感謝單于還惦記著我們哪。不過我們這兒有什麼可以招待單于您呢？想來只有雄關萬山、兵馬甲士可供一觀吧。單于一定想來遊玩，詩書雅頌都沒啥意思，只有將士們陪您『遊獵』。我年老氣衰，髮齒脫落，但是要打獵，還是樂意跟大家一起娛樂娛樂！」

冒頓本是試探一下，看劉邦死了，漢朝是否有機會攻取，故意發書刺激一下，看呂后大局在握，也就作罷，賠禮修好。

疲勞戰

原文

佚而勞之。

華杉詳解

我們要以逸待勞。敵人如果也很「逸」，就騷擾他，折騰他，讓他疲於奔命。

典型戰例是春秋時吳楚之戰。

吳伐楚，公子光問計於伍子胥。伍子胥說：「可以把軍隊分成三師。先以一師出擊，他肯定盡眾而出，我們則馬上撤退。等他也撤退了，再換一師上去。他出來，我再撤退。就這樣反覆調動他，多方以誤之，讓他疲於奔命，然後我們三師盡出，一舉克之。」

公子光依計而行，結果楚軍統帥子重「一歲而七奔命」，一年給折騰了七回。吳軍最終發動總攻，攻陷了楚國都城郢。

三國時期，曹操和袁紹相爭，官渡之戰前，田豐給袁紹獻的也是此計，但袁紹沒聽。田豐的戰略是：

> 操善用兵，不可輕舉，不如以久持之。將軍據山河之固，有四州之地，外結英豪，內修農戰，然後揀其精銳，分為奇兵，乘虛迭出，以擾河南，救右則擊其左，救左則擊其右，使敵疲於奔命，人不安業，我未勞而彼已困矣。不及三年，可坐克也。今釋廟勝之策，而決成敗於一戰，悔無及也。

毛澤東總結紅軍的戰術：「敵進我退，敵駐我擾，敵疲我打，敵退我追。」也是這個意思。兵法都很簡單，難的是判斷。比如那敵軍來，你怎麼知道他是來騷擾的，還是來總攻的呢？實際上我們無法知道。所以，毛澤東說：「一上戰場，兵法全忘了。」隨時有緊急情況要你處理決策，哪顧得上兵法。

怎麼辦，就要胸中有全域，是你調動敵人，不是敵人調動你。

對自己，立於不敗之地，保護好自己，不輕易出戰。如李牧防匈奴，堅壁清野，城門一關，任你如何挑釁，我沒準備好，我就不出戰。一年沒準備好，就一年不戰。十年沒準備好，就十年不戰。哪天準備好了，時機到了，就一戰而定。

對敵人呢，就像李世民說的，觀古今兵法，就一句話：「多方以誤之。」想方設法引他失誤。

大家讀的都是同一本兵法，都會背，但差距怎麼這麼大呢？原因在於判斷，你判斷不了現在發生的是什麼情況。是判斷不了敵情嗎？**表面上是對敵情沒判斷，本質上是對自己沒判斷。**你只要對自己判斷清楚了，任他什麼敵情，你自然知道該怎麼辦。

我們為什麼會中「離間計」？

原文

親而離之。

華杉詳解

李筌注解說：「破其行約，間其君臣，而後改也。」就是破壞他的外交盟友，離間他的君臣關係。

戰國時秦趙長平之戰，廉頗打了幾次敗仗，於是堅守不出。秦國派間諜到趙國散布流言，說廉頗容易對付，秦軍怕的是趙括。趙王果然上當，不顧藺相如和趙括之母的勸阻，由趙括替下廉頗，最終造成長平被坑四十萬卒的悲劇。

趙王為什麼會上這個當？是因為他對廉頗打敗仗和之後不出戰，已經非常不滿，正找不到機會換他，秦國間諜的工作，實際上是幫了他的忙，還替他想好了替換人選。

楚漢相爭，劉邦被項羽困在滎陽一年之久，斷絕了外援和糧草通道。陳平獻計說，項王的能臣，不過范增、鍾離昧、龍且、周殷幾人，如能施離間計，除去這幾人，項王就好對付了。

劉邦給了陳平四萬斤黃金，買通楚軍的一些將領，散布謠言說：「在項王的部下裡，范亞父和鍾離昧的功勞最大，但卻不能裂土稱王。他們已經和漢王約定好了，共同消滅項羽，分占項羽的國土。」這些話傳到霸王的耳朵裡，使他起了疑心，果然對鍾離昧產生了懷疑，以後有重大的事情也就不再跟鍾離昧商量了。他甚至懷疑范增私通漢王，對他很不客氣。

陳平為徹底除去范增，還演了一場戲。有一天，項羽派使者到劉邦營中，陳平讓侍者準備好十分精緻的餐具，好酒好肉好招待，問：「亞父范增有什麼吩咐？」使者不解地問道：「我是項王使者，不是亞父使者。」陳平說：「我們以為你是亞父使者呢！」即刻變臉，撤去上等酒席，隨後把使者領至另一間簡陋客房，改用粗茶淡飯招待，陳平則拂袖而去。使者沒想到會受此羞辱，大為氣憤。

使者回到楚營後將情況告訴了項羽，項羽更加確信范增私通漢王了。這時，范增向項羽建議應該加緊攻城，但是項羽卻一反常態，拒不聽從。范增也知道了外面說他暗通漢王的謠言，知道項羽中了離間計，便告老還鄉。項羽毫不挽留，讓他走了。

陳平那麼拙劣的表演，項羽怎麼也會中計？還是因為他本來就多疑。而間諜散布的流言大部分是事實。比如范增、鍾離昧功勞最大，卻不能封王。項羽本來就不捨得給人封賞，韓信說他給人封王封侯，大印刻好了，還抓在手上摩來挲去，不捨得給人，恨不得再收回去。他自己心裡有鬼，謠言又正好撓到他癢處，不由得他不信。

范增有沒有問題呢？也有問題。鴻門宴上，項羽沒聽他的，把劉邦放走了。他衝著項莊大罵：「豎子不足與之謀！」實際上，人人都知道他是罵項羽。范增什麼智慧都有，就是沒有和項羽相處的智慧，而這恰恰是他欲得志於天下最需要的基本素質。

他為什麼會這樣呢？還是**人性的弱點：親人間的恩恩怨怨**。

恩怨恩怨，沒有恩就沒有怨，有多大恩，就有多大怨。我們和敵人的關係很簡單，就是利益之爭，打打談談。親人之間的關係則比較複雜，成了愛恨情仇。再說和敵人是競爭關係，是社會的競爭機制。團隊內部成員之間也有競爭關係，因為組織本身也是一個競爭和分配機制。離間計，就是外部競爭者，打破競爭的邊界，參與到敵方的內部競爭中去，那就四兩撥千斤了。

堡壘都是從內部攻破的，要想不中離間計，還是靠領導者自己的人格和胸懷。

要保持緊張，不可懈怠

原文

攻其無備，出其不意。

華杉詳解

攻打他沒有防備的地方，從他意想不到的地方出擊。

曹操注：「擊其懈怠，出其空虛。」

吳起講將道，有一句話叫「出門如見敵」，就是隨時保持警覺。

儒家講君子之道，講「戒慎恐懼」，戒慎不睹，恐懼不聞。隨時警醒，有自己沒見過的地方，不知道的事情，要注意。《詩經》說：「戰戰兢兢，如臨深淵，如履薄冰」，都是這個道理。

我們上中小學的時候，教學樓上都刷著「團結、緊張、嚴肅、活潑」的標語。小孩子怎麼知道緊張呢？只道是學習緊張。其實那標語是延安時期毛澤東給抗大的題詞，是軍校的校訓。

領導者要隨時注意，保持團隊的緊張狀態，看他鬆懈了，就要把發條給他緊一緊，因為鬆懈就會失敗。特別是在戰場上，敵人挖空心思都在研究你什麼地方會鬆懈。你認為沒問題，可以放鬆一下的地方，差不多就是他的研究結論。

下面是攻其無備的戰例。

曹操征烏桓，郭嘉獻計說：「胡恃其遠，必不設備。因其無備，卒然襲之，可破滅也。」軍隊走到易北，郭嘉又說：「兵貴神速，今千里襲人，輜重多，難以趨利，不如輕兵間道以出，掩其不意。」於是曹操輕騎出盧龍塞，直指單于庭，突襲烏桓，大破之。

出其不意的戰例是鄧艾取成都。三國末期，魏國大將鍾會、鄧艾伐蜀。蜀將姜維守劍閣，久攻不下。鄧艾對鍾會說：「我從陰平由邪徑出劍閣，西入成都。奇兵衝其腹心，劍閣之軍若還赴涪，您可攻下劍閣。劍閣之兵如不回，那守涪陵的兵就少，我可一鼓而下之。」

冬十月，鄧艾率軍自陰平行無人之地七百里，鑿山通道，遇水搭橋，山高谷深，至為艱險，糧食也沒了，瀕於危殆。最後鄧艾是自己裹著一條毯子從山上出溜（滑行）下去，將士們攀木緣崖，魚貫而下，真是神兵天降，鄧艾一路突破的都是蜀軍防備薄弱的大後方，進軍到成都城下，姜維主力在劍閣還沒動，蜀主劉禪已經降了。

事以密成，語以洩敗

原文

此兵家之勝，不可先傳也。

華杉詳解

曹操注：「傳，猶洩也。」前面講了那麼多詭道。陰謀詭計要成功，最重要的是不能讓人知道。人家知道了，詭計就沒用了。不能讓敵人知道，也不能讓自己人知道。因為知道的人多了，祕密就容易洩漏。

《韓非子》說：「事以密成，語以洩敗。」殘酷的鬥爭，保密工作是第一位的。

中國歷史上，保密的極致案例是誰呢，還是前面說的那位向呂后求婚的冒頓單于。冒頓當初要幹的祕密事是什麼呢？是謀反，是弒父自立。

冒頓本來是太子，但他的父親愛上了別的閼氏（這裡指愛妃），就想立小兒子即位。於是先和月氏結盟，再把冒頓派到月氏做人質，之後又發兵攻打月氏，目的就是借月氏之手把冒頓殺掉。

但是冒頓居然偷了一匹寶馬逃了回來。父親愛他勇敢，打消了殺他的念頭。他卻知道了父親的陰謀，下了弒父殺弟殺繼母之決心。

謀反這樣的大事，一個人是幹不來的，必須有入夥的同謀，必須跟人商量。而失敗的風險就在這兒。你去跟人商量，就把人逼上了絕路，他要麼死心塌地跟你玩命，要麼立即出賣你，絕沒有置身事外的選擇。戊戌變法時，譚嗣同去找袁世凱，就把袁世凱逼到了慈禧太后陣營。

冒頓是中國歷史上唯一一個不跟任何人商量，一個人把謀反這大事幹成的。

他的辦法，是給部下「馴練」一個條件反射。您沒看錯，是「馴」，不是「訓」，是馴獸的馴。沒有道理，就是條件反射。我給條件，你做出反射。

這個條件反射的機制是什麼呢，冒頓製作一種鳴鏑，就是響箭。給他的部下規定，他的響箭射向哪，所有人必須立刻射向哪。猶豫晚射者斬！

這麼練了一陣子，有一天他突然把響箭射向自己最喜愛的一匹馬。部下有人擔心是不是命令搞錯了，遲疑未射，他立即將沒射的斬首。大家才知道這是玩真的。

又一天，他突然把響箭射向他最寵愛的閼氏。又有部下遲疑了。遲疑的又被他斬首。

第三次，他把響箭射向父親頭曼單于的馬，這次沒有人動腦筋思考了，全部亂箭齊發。冒頓知道條件反射「馴練」完成，可以動手了。

在一次和父親一起打獵的時候，他突然將響箭射向父親。他的所有部下，在沒有任何知曉和猶豫的情況下，就全部參與了謀反這樣滅門的大事，所有的箭全部射向頭曼單于。冒頓謀反成功，成了匈奴歷史上第一位最強盛的單于。漢朝對匈奴的和親政策，都是為了避他的鋒芒。

三十六計技術含量很低，但一聽就讓人興奮；「五事七計」技術含量很高，但一聽就讓人打瞌睡

原文

夫未戰而廟算勝者，得算多也；未戰而廟算不勝者，得算少也。多算勝，少算不勝，而況於無算乎！吾以此觀之，勝負見矣。

華杉詳解

李筌注：「太一遁甲置算之法，因六十算以上為多算，六十算以下為少算。」如果我方多算，敵方少算，則我方勝。如我方少算，敵方多算，則敵方勝。所以戰前計算於廟堂，勝負是容易預測的。多算勝，少算敗。多算就可以打，少算就要小心，多想想，多準備準備，如果根本一點勝算都沒有，就不要打了。

以上是《孫子兵法》第一篇，《計篇》。《計篇》的內容，概括說就是「五事七計，十二詭道」。「五事七計」，是基本面、實力面、戰略面。「五事」，是道、天、地、將、法，計算比較敵我雙方這五個方面，得到「七計」，七個計算比較的結果：主孰有道？將孰有能？天地孰得？法令孰行？兵眾孰強？士卒孰練？賞罰孰明？

兵法講廟算，算的就是這「五事七計」，算下來就知道勝負。勝了才打，沒有勝算就不打，就韜光養晦，繼續準備。準備什麼？還是準備「五事七計」，把自己那七個方面的分數打上去。

分曉。

所以這「五事七計」才是兵法的根本。贏了再打，廟算算贏了，再興師動眾，到戰場上去見個

上了戰場，「兵者，詭道也」，才開始陰謀詭計的發揮，「多方以誤之」，想辦法引對方失誤，這就有「十二詭道」：能而示之不能；用而示之不用；近而示之遠，遠而示之近；利而誘之；亂而取之；實而備之；強而避之；怒而撓之；卑而驕之；佚而勞之；親而離之；攻其無備，出其不意。

這「十二詭道」，就和三十六計差不多，都是奇謀巧計，都是「招」，最能讓人津津樂道，引發無數四兩撥千斤、花小錢辦大事、貪巧求速的遐思。

但是做任何事業，奇謀巧計都不是本質。劉邦贏了項羽，每一步都有奇謀詭道，但本質還是「五事七計」的全面領先，從入關秋毫無犯，「約法三章」開始，劉邦在政治上就已經甩開項羽幾條街。

中國歷史上奇謀詭道第一人，諸葛亮，他的故事已成為中國文化的重要組成部分，但他怎麼打也贏不了。因為他的廟算、「五事七計」根本都沒有勝算。所以我非常同意司馬懿罵他逆天而行。「天」是什麼，就是「五事七計」。

我們經營也是一樣，你踏踏實實把產品、把服務做好，別老想著有什麼「招」。實際上，奇謀詭道很容易，就那幾招，其實技術含量很低，主要技術要點在於演戲要演得像而已。但是「五事七計」技術含量就太高了，全是真工夫，是人格，是智慧，是汗水，是時間，是積累。所以人們愛聽三十六計，不愛聽「五事七計」。

附錄：《計篇》全文

孫子曰：兵者，國之大事，死生之地，存亡之道，不可不察也。

故經之以五事，校之以計，而索其情：一曰道，二曰天，三曰地，四曰將，五曰法。道者，令民與上同意也，故可以與之死，可以與之生，而不畏危。天者，陰陽、寒暑、時制也。地者，遠近、險易、廣狹、死生也。將者，智、信、仁、勇、嚴也。法者，曲制、官道、主用也。凡此五者，將莫不聞，知之者勝，不知者不勝。故校之以計，而索其情，曰：主孰有道？將孰有能？天地孰得？法令孰行？兵眾孰強？士卒孰練？賞罰孰明？吾以此知勝負矣。

將聽吾計，用之必勝，留之；將不聽吾計，用之必敗，去之。

計利以聽，乃為之勢，以佐其外。勢者，因利而制權也。兵者，詭道也。故能而示之不能，用而示之不用，近而示之遠，遠而示之近。利而誘之，亂而取之，實而備之，強而避之，怒而撓之，卑而驕之，佚而勞之，親而離之。攻其無備，出其不意。此兵家之勝，不可先傳也。

夫未戰而廟算勝者，得算多也；未戰而廟算不勝者，得算少也。多算勝，少算不勝，而況於無算乎！吾以此觀之，勝負見矣。

第二章

作戰第二

打仗不是打兵馬，是打錢糧

原文

作戰篇

孫子曰：凡用兵之法，馳車千駟，革車千乘，帶甲十萬，千里饋糧，則內外之費，賓客之用，膠漆之材，車甲之奉，日費千金，然後十萬之師舉矣。

華杉詳解

《作戰篇》，曹操注：「欲戰，必先算其費，務因糧於敵也。」要打仗，先算算要花多少錢，想想能不能從敵人那裡搞到糧食。

張預注：「計算已定，然後完車馬，利器械，運糧草，約費用，以作戰備，故次計。」他這裡是講《孫子兵法》的邏輯順序，先是廟算、「五事七計」，看有沒有勝算。勝算在握，決定打了，接著算，算什麼呢？費用預算，算要花多少錢。

孫子開始算了，要多少兵馬，多少錢。

「馳車千駟」，馳車，是輕車、戰車。「駟」，一輛車四匹馬拉，跑得快。孫子的時代，馬蹬還沒有發明，人騎馬上廝殺還不穩當，所以沒有騎兵，都是戰車。《司馬法》說，一車，車上配備甲士三人，跟著步卒七十二人，跟後來的坦克戰術差不多，步兵跟在戰車後面。

所以一輛戰車是七十五人，我們讀史常讀到「千乘之國」，就是有一千輛戰車，七萬五千人的部隊，這就是他的軍事實力。

「革車千乘」。革車，是輜重車，裝糧食、戰具、炊具、衣服等物資的。《司馬法》說，一輛革車配十個炊事員，五個保管員，五個管養馬的，五個管砍柴打水的，共二十五人。所以一千輛革車是兩萬五千人。這加起來就是「帶甲十萬」，一千輛四匹馬拉的戰車，配備七萬五千人，一千輛輜重車，配備二萬五千人，加起來就是十萬人的軍隊。

這麼大的部隊，還要「千里饋糧」，你得給他運糧呀！古代打仗，運糧是個大事，若遠征匈奴，出發時十車糧食，運到前線部隊只能給他兩車。為啥？因為有四車被運糧部隊在去的路上吃掉了，還要留四車給他們在回來的路上吃，因為還有好幾個月返程呢。若糧不夠，他們在路上餓死了。我說這個比例還是比較高的。李筌注解說，千里之外運糧，得二十人奉一人，費二十人的口糧才能運一個士兵吃的上去！

還有迎來送往的使者賓客，車甲器械的修繕，膠漆之材，都是錢！兵馬未動，糧草先行，日費千金，十萬之師才能運轉。

所以《孫子兵法》第一篇講實力對比，風險評估，勝算幾何，第二篇就講費用預算，資源保障，這和我們經營的道理，真是一模一樣。

漢武大帝，一世英名，毀於軍費

原文

其用戰也勝，久則鈍兵挫銳，攻城則力屈，久暴師則國用不足。

華杉詳解

賈林注：「戰雖勝人，久則無利。兵貴全勝，鈍兵挫鋭，士傷馬疲，則屈。」

戰爭是為了獲利，如果打的時間太長，消耗太大，就得不償失了。

「久暴師則國用不足」，長期征戰，國家就拖垮了。所謂「漢武大帝」，就是深刻教訓。在咱們的歷史教材和電影電視裡，漢武帝的形象，是相當的高大上。而事實上，像他那麼窮兵黷武，多大國家也得被他拖垮，他不僅把政府搞破產，而且把全國人民都逼破產了。

所以孫子的偉大，就在於不是因為他是兵家，就拚命忽悠主公打仗，好讓他建功立業。恰恰相反，他拚命勸你別打。因為他是真正的智者，而且是真正的仁者，是負責任的人！

人性的弱點，就是好大喜功，不光統治者好大喜功，小老百姓做了炮灰填了萬人坑，被搞得家破人亡，他還是崇拜迷戀那好大喜功的統治者。

漢武帝之世，被稱為「盛世」。他繼承的，是文景之治，是「治世」。中國歷史上的好日子，就是治世和盛世。人們都津津樂道盛世，卻不知道治世才是人間天堂，盛世你可能就會家破人亡，做了盛世讚歌中的炮灰。

治世是什麼呢？就是休養生息，稅收極低，達到三十稅一差不多。貿易關稅、過路費、過橋費全部沒有。民營企業投資自由，別說負面清單管理，根本沒有負面清單。煮海造鹽，開礦煉鐵，甚至開銅礦鑄錢，全部自由。就和現在的自由經濟國家一樣，發鈔票的銀行也可以是民營。

文景之治，和唐太宗的貞觀之治，就是這樣的治世。簡單說治世就是自由和自治社會。小政府，不干預民間文化經濟和生活。法無禁止皆可為。而那法禁止的東西極少，比劉邦的「約法三章」多不了幾條。

這樣休養生息，民間活力空前釋放，社會財富迅猛增加。

文景治世下來，到漢武帝即位的時候，國庫的錢財、糧食堆得裝不下，史書上說拴錢的繩子都爛了，錢還沒地方花。他就開始找地方花了。

「明犯強漢者，雖遠必誅。」現在憤青們說起這句話，還飽含熱淚和激情。可不知道，這句話的背後，是從政府到民間的全國破產。

漢武帝年年窮兵黷武，開疆拓土，國庫很快空了。他就開始搞國營企業，所謂鹽鐵論。鹽家家要吃吧，由央企壟斷，民間不許經營。農業社會，家家都要鐮刀鋤頭吧，央企壟斷開礦煉鐵，民間不許經營。

中國由央企壟斷國計民生，形成第二稅務局的制度，發端於春秋時齊國的管子，固化於漢武帝，一直到今天，吃鹽還是央企壟斷。

央企的錢很快也不夠漢武帝花了，他開始隨意加稅。加稅也加到頭了，他開始對社會財富存量收稅，要求全國中產以上人家向政府申報財產，課以財產稅。

大家當然不願意申報，或者少報。漢武帝就下令全國人民相互舉報，有虛報的，鄰居或朋友向政府舉報，舉報者可得到被舉報者財產的一半！

這一下子，潘朵拉的魔盒打開了，官吏乘機勒索，沒虛報的也被誣成了虛報。所有中產以上人家，全部破產。

到漢武帝晚年，國家快玩不下去了。空前巨大的政治壓力，讓他給全國人民寫了檢討：

朕即位以來，所為狂悖，使天下愁苦，不可追悔。自今事有傷害百姓，靡費天下者，悉罷之。

這就是中國歷史上第一份帝王罪己詔：《輪台罪己詔》。

「拙速」，就是準備要慢、動手要快

原文

夫鈍兵挫銳，屈力殫貨，則諸侯乘其弊而起，雖有智者，不能善其後矣。故兵聞拙速，未睹巧之久也。

華杉詳解

打仗拖得時間長了，後方和外交都會出問題。如果兵疲氣挫，力盡財竭，列國諸侯就會乘你的危機而起兵進攻。到那時，再有智謀的人，也束手無策，所以用兵只聽說過老老實實的速決，沒見過弄巧的持久。

典型歷史教訓是隋煬帝楊廣，他的性格和漢武帝差不多，能力也很強，也是絕頂聰明，文武雙全。能者多勞，他就取個年號叫「大業」，要做一番大事業。

開挖大運河是他澤被子孫的大事業。如果只做這一件，他就名垂青史了。但人生苦短，他要集中力量把大事都幹完，於是遷都洛陽，營建東都，又親征吐谷渾，三伐高句麗，搞得民窮財盡，天下愁苦。為他造船工期之緊，弄得工匠腳一直泡水裡都生蛆了。

於是楊玄感、李密等英雄乘弊而起，天下大亂，楊廣就丟了腦袋。

孫子這篇兵法是寫給吳王闔閭的。不過闔閭後來也成了這一條的反面案例，就是吳楚桑葉戰爭。

桑葉戰爭名字是我取的。就是吳楚接壤地，兩個小姑娘爭一棵樹上的桑葉，吵了一架，或許還動了手。結果雙方家長都比較火爆，就抄傢伙打殺起來。死了人，雙方邊防官就動了軍隊，最後發展成兩國大戰。

大戰的結果，是吳軍攻陷了楚國首都郢都，楚昭王逃亡了。這是春秋戰史上第一次有諸侯國國都被攻陷。

吳王興奮啊，就待在郢都作威作福。時間長了，越國看他軍隊待在楚國，國內空虛，就「乘其弊而起」，發兵攻吳。楚昭王又從秦國搬來救兵。闔閭和秦軍作戰不利，他的弟弟夫概起了異心，也「乘其弊而起」，偷偷溜回國自立為王了。

闔閭趕忙回國平叛。好歹應付過去了，夫概率本部投降了楚國。

所以闔閭打了個空前的大勝仗，不能見好就收，反而差點覆滅，大傷元氣，什麼利益沒撈到。這沒有利益，當初為什麼要開仗呢？人們做事總是會忘了目的，就是這樣。

「兵聞拙速，未睹巧之久也」。巧的東西長久不了，就那一下。就像時尚服裝就能穿一季，最時尚的只能穿一次，標準襯衣能穿十年。

「拙速」，曾國藩把它體會為「不疾而速」。從戰略來說，從人生道路來說，老老實實做事，踏踏實實積累，每天進步一點點，二十年你就超過所有人。工夫都在平時，都在基本面。

從打仗來說，拙速，就是準備要慢，動手要快。這就是林彪著名的「四快一慢」戰術。

「四快」是指：

一、向敵軍前進要快。進攻時要善於出其不意，長途奔襲，以抓住敵軍。

二、攻擊準備要快。抓住敵軍後，看地形、選突破口、調動兵力、布置火力、構築工事、戰鬥動員等各項準備都要快。

三、擴張戰果要快。突破「一點」後，堅決擴張戰果，使敵軍無法恢復防禦。

四、追擊要快。敵軍潰退後，要猛追到底，使敵軍無法逃跑和重新組織抵抗。

「一慢」是指發起總攻擊要慢。要在查清敵情、地形，選好突破口，布置好兵力、火力，做好準備後再發起進攻。

林彪的「四快一慢」，就是孫子兵貴拙速的最好注解了。

利害關係：先考慮避害，再考慮趨利

原文

夫兵久而國利者，未之有也。故不盡知用兵之害者，則不能盡知用兵之利也。

華杉詳解

賈林注：「兵久無功，諸侯生心。」

杜佑注：「兵者凶器，久者生變。若智伯圍趙，逾年不歸，卒為襄子所擒，身死國分。」

他說的這個智伯，是春秋時晉國四大家族，智、韓、趙、魏的智氏。四大家族，智氏最強，智伯做了晉國執政。先後找韓、魏兩家索要土地，兩家都給他用了「卑而驕之」之計，痛痛快快給了。因為不給，打不過他。給了，好讓他再去惹別人。

智伯志得意滿，又找趙襄子要。這回要的，是趙家最好的地，關鍵是趙家祖先宗廟所在，無論如何不能給。於是就開仗了。

智伯裹挾韓、魏兩家一起伐趙，許諾滅了趙氏，分土地給他們。這仗打了三年，趙家支持不住了。派使者找韓、魏兩家，說智伯怎麼回事你們都知道，哪會分土地給你們，不過是各個擊破罷了。不如我們三家聯手滅了智氏，分了他家土地。

韓、魏兩家早等著這一天，就差一個人來捅破窗戶紙。於是陣前倒戈，突襲殺了智伯。不僅分了智伯土地，而且之後滅了國君，三家分晉，把整個晉國瓜分了，在後來的戰國七雄裡，韓、趙、魏就占了三國。

智伯也是文武全才的人，而且作為晉國執政，他的政治、經濟實力都遠超另外三家。攻打趙氏，如果能等待時機，周密準備，一鼓而下，三家可能就真被他一鼓而下了，晉國可能就成了智國，沒有後來三家分晉的韓、魏、趙了。但夜長夢多，兵久弊生，反為三家所害。趙襄子對智伯是刻骨仇恨，把他的人頭骨上了漆做酒器，每天端著喝酒才解恨。這就是智伯的下場。

「故不盡知用兵之害者，則不能盡知用兵之利也。」李筌注：「利害相依之所生，先知其害，然後知其利也。」

不完全了解用兵有害方面的人，就不能完全了解用兵的有利方面。

李嘉誠說，做任何事情先考慮失敗。

經營和打仗一樣，是九死一生的事情。其實比打仗的勝算還低十倍。因為打仗就是兩方打，不是你勝就是我勝，經營是你不知道跟誰在打。任何事情都可能發生，我們不要一臉無辜：「怎麼會這樣？」不能「成功了都是自己偉大，失敗了那是環境變化」。環境本來沒義務等我，先能避害，然後才可趨利。因為利今天沒有，明天還可以再圖。而害卻可能讓我輸掉老本，徹底出局。所以避害比趨利重要得多。

為什麼我們的趨利意識總是百倍於避害意識呢？主要是因為僥倖心理，賭一把。有人說，大不了重新來過！不是每個人都有史玉柱的命，出局了就沒法重來了，因為那牌局裡的人都不白給，你手裡沒牌了，拿什麼入局？

把戰爭成本降低，就能提高勝算

原文

善用兵者，役不再籍，糧不三載。取用於國，因糧於敵，故軍食可足也。國之貧於師者遠輸，遠輸則百姓貧。近於師者貴賣，貴賣則百姓財竭，財竭則急於丘役。

華杉詳解

善用兵者，役不再籍，糧不三載。

「役不再籍」，就是一次徵兵就解決問題，不要仗打了一半，人打沒了，又回國徵兵。

「糧不三載」，這要求更高了。「不三載」，就是兩載。去的時候帶一次糧食，回來的時候再送一次糧食給軍隊路上吃。中間吃什麼呢？「因糧於敵」，吃敵人的，能克敵拔城，得了他的儲積，就不用國內運糧了。楚漢相爭，劉邦就是先占了秦朝留下來的中央糧庫——敖倉。楚軍餓得嗷嗷叫，他始終不愁吃不愁穿。

一次把事情做對，一定搞定，不返工，就是最高效率。看來做任何事的道理都一樣。

國之貧於師則遠輸，遠輸則百姓貧。

杜牧注解說，糧食是重物。要運糧食，就要人去運，牛拉車，則農夫耕牛都離開了農田，沒人耕地，百姓不得不貧。

管子說：「粟行三百里，則國無一年之積。粟行四百里，則國無二年之積。粟行五百里，則眾有飢色。」運糧行程三百里，則一年的存糧沒了；行程四百里，則兩年的存糧沒了；五百里，則全國人民都要餓肚子。所以諸葛亮北伐，他得攢三年糧食才能伐一回，魏國也把他這糧食帳算得一清二楚，知道他下回什麼時候來。每次他來，堅壁高壘，不跟他打，時間一到，他糧食吃完了，自己就回去了。所以諸葛亮哪有什麼計，別人把他計得一清二楚。最後一次在五丈原，他送女人衣服羞辱司馬懿，司馬懿也不出戰，活活把諸葛亮耗死了。

近於師者貴賣，貴賣則百姓財竭。

部隊駐紮所在，一下子來了那麼多人，周圍的物價「騰」地就飛漲上去了，特別是圍城。太平天國，清軍在金陵周圍設江北、江南兩個大營，一圍就是好幾年。那周圍茶樓酒肆、煙館妓院，繁榮得不得了。物價飛漲，周圍的老百姓也得跟著忍受那麼高的物價，他們的錢就不夠用了。

財竭則急於丘役。

「丘役」，是春秋時魯成公的丘甲制。張預注云：「國用急迫，乃使丘出甸賦」，相當於稅收翻了四倍！這帳是怎麼算的呢？

古代徵兵制度，按土地和人家來，《司馬法》說：「六尺為一步，一百步為一畝。一百畝為一夫，三夫為一屋，三屋為一井，四井為一邑，四邑為一丘，四丘為一甸。」

征兵役以甸為單位，每一個甸，出一輛戰車，也就是四匹戰馬，甲士三人，步卒七十二人，還要出牛十六頭。

這樣我們也可從軍隊規模折算出國力。比如我們前面說千乘之國，是有一千輛戰車，七萬五千人軍隊。根據徵兵制度，就可算出他的地盤是一千甸，有一千個鎮子吧。

魯成公幹了什麼事呢？他一繼位，就推出「丘甲制度」，還是一輛戰車，四匹戰馬，甲士三人，七十二步卒，十六頭牛。但不是一個甸出這麼多，是改為一個丘出這麼多。四個丘才是一甸，這等於翻了四倍。所以大家都說他亂來，非把國家整垮不可。

《孫子兵法》反覆算這些帳，就是強調戰爭很貴，人很貴，馬很貴，牛很貴，糧很貴。戰爭成本很高，打不起！

那我們反過來想，如果有一個辦法，能把某一項成本大幅降低，不就天下無敵了嗎？這跟經營一樣，低成本總會打敗高成本。

想到這個革命性辦法的人，拿破崙開創了一個新的戰爭時代，叫人民戰爭。人民戰爭降低了哪項成本？主要是人命的成本，不怕死人，沒什麼「役不再籍」之類考慮。不光是可以無限徵兵，兒童團、婦女隊，全都可以投入戰爭。所以拿破崙得意洋洋地說：「現在人命比塵土還便宜！」並誇口他可以經得起一個月犧牲三萬人的消耗。而歐洲其他各國君主的貴族軍隊和雇傭軍，成本就比他的人民軍隊高太多了。人民戰爭還降低了資源的成本，把國家的一切資源都投入戰爭。

毛澤東，就把孫子和拿破崙的思想，都發揮到了極致。

不當家不知柴米油鹽貴，不知柴米油鹽貴者不可當家

原文

力屈、財殫，中原內虛於家。百姓之費，十去其七；公家之費，破車罷馬，甲胄矢弩，戟楯蔽櫓，丘牛大車，十去其六。故智將務食於敵，食敵一鍾，當吾二十鍾；萁稈一石，當吾二十石。

華杉詳解

戰事拖久了，就力屈財竭，從政府到百姓都要破產了。原野之民要運糧輸餉，以財糧力役供軍之費，家產內虛，十去其七。

政府要供應軍火物資，戰車戰馬、甲胄弓弩、戟和戈是一類，是殺敵的武器；「楯」和「蔽櫓」，都是可以遮住全身的大盾牌；「丘牛大車」，輜重車和拉大車的牛；這些物資，十去其六。

所以智將一定想到要吃敵人的。食敵一鍾，相當於自己的二十鍾。

鍾和石都是古代計量單位。石，一石，是十斗，張預注解說是一百二十斤，這麼算一斗是十二斤。鍾，杜牧注解說六石四斗為一鍾，那就是七百七十八斤。

為什麼食敵一鍾，相當於自己二十鍾呢？因為二十鍾，是我們運一鍾糧食到前線的成本！千里運糧，靠牛車拉著，比人走得還慢，要勞伕力役，要運糧部隊保護。出發時運兩萬一千鍾糧食，運糧部隊去的路上一路吃掉一萬三千鍾，到前線交割一千鍾，再帶七千鍾回來路上吃，不然就餓死在半路

回不來了。就這麼一筆帳！

人要吃，牛馬也要吃，運糧的牛馬，也得拖著自己路上來回要吃的草料，這就是萁稈。萁是豆稈，曹植七步詩「煮豆燃豆萁」便是。稈是禾藁，都是牛馬吃的草料。也就是食敵萁稈一石，相當於自己二十石。

秦攻匈奴，使天下運糧，從山東開始運，三十鐘才能運到一石，這麼算成本不是二十倍，是二百倍！因為運糧靠人力畜力，效率低，時間長。漢武帝通西南夷，數萬人運糧，也是十幾鐘才能運上去一石，一百倍的成本。所以孫子說的二十倍，還只是春秋時期國家之間開仗，都是平地，已開發地區。後來征匈奴，征西南夷，翻山越嶺，不毛之地，運糧成本就更高了。

日本侵略中國，先拿下東北，再拿下江浙，就獲得了給養基地，如果在華日軍全部要從日本運糧運物資，他就支持不下去。所以中國堅決不投降，拖住他，也使中國有資格成為四大戰勝國之一。

成吉思汗征服世界，在糧食上的成本領先也是關鍵。游牧民族，在草原上趕著牛羊走，每天羊奶牛奶，羊肉牛肉，牛羊一邊走一邊生小牛小羊，所以他部隊一開拔，就不需要後方運輸。到了前線，打下城池，就吃敵人的，這是他的戰鞭能揮那麼遠的關鍵因素。

孫子的要求：「善用兵者，役不再籍，糧不三載。」成吉思汗做到了。

激怒與利誘，讓士兵變成亡命徒

原文

故殺敵者，怒也；取敵之利者，貨也。

華杉詳解

殺敵靠憤怒，奪敵靠獎賞。

軍隊開出去，必須給士兵一個殺敵的理由，讓每個人都成為「激情殺人」的亡命徒。這就要利用人的感情。有兩種感情可以讓人忘記生命危險，一是憤怒，怒氣上來，就什麼也不顧；二是貪婪，人為財死，鳥為食亡。

先講怒。

杜牧注：「萬人非能同心皆怒，在我激之以勢使然也。」什麼意思呢？千萬人的軍隊，你要他們都恨同一個人、同一件事，所謂同仇敵愾，就要想辦法去激他。

典型戰例是燕國攻打齊國，圍了即墨。田單守城。當時燕軍把齊軍俘虜鼻子都割了，齊國人非常憤怒，更加堅守。田單就想把這憤怒放大，化悲憤為力量，去殺破燕軍。

他派出間諜，到燕軍中散布謠言，說齊國人最怕燕軍掘他們城外的祖墳，如果辱及他們的祖先，他們肯定崩潰了，投降求燕軍停手。

燕軍上了鉤，就在城外掘祖墳，燒死人。齊國人在城牆上看見了，每個人眼睛都恨得噴出火來。田單見士卒可用，率軍出城作戰，齊國人殺紅了眼，大破燕師。

毛澤東是把利用仇恨發揮到極致的大師。在解放戰爭和解放後社會主義改造時期，整個宣傳戰略和文化藝術，就是圍繞仇恨展開，仇恨和憤怒，不僅是軍人，而且擴展到普通民眾，甚至搞人人過關，仇恨考核，每個人必須對階級敵人恨起來，怒起來。於是就出現了演《白毛女》，小戰士端起槍要殺「黃世仁」的情況。這樣深入每一個人心的仇恨戰略，不僅軍隊同仇敵愾，敵人的間諜也沒法滲透到我們的後方來。

再講賞。

曹操注解說：「軍無財，士不來；軍無賞，士不往。」

杜牧注：「使士見取敵之利者，貨財也。謂得敵之貨財，必以賞之，使人皆有欲，各自為戰。」

杜佑注：「人知勝敵以厚賞之利，則冒白刃、當矢石而樂以進戰者，皆貨財酬勳賞勞之誘也。」

我們常說什麼部隊軍紀好，什麼部隊軍紀不好。其實這軍紀好與不好，都在於主帥的戰略目的。軍紀好，秋毫無犯，那是有政治目的的。軍紀不好，燒殺搶掠姦淫，那是激勵機制。往往一個城久攻不下，城裡人死守不投降，對敵人秋毫無犯的必要也沒了，主帥就會作激勵動員：「破城之後，大掠三日，或七日，城裡東西隨便搶，姑娘也隨便搶，搶到都歸自己。」

這士兵們就瘋狂了。

湘軍攻破金陵，啥軍紀都沒了，燒殺搶掠，姦淫婦女。搶光了財物，為毀滅證據，一把火把天王府燒了。之後給太后彙報說：南京什麼財物也沒有！

敢情這洪秀全是個清廉模範！

曾國藩是當世大儒，他的部隊怎麼會這樣呢？這顯然是之前的承諾。朝廷也沒什麼錢給我們，我們湖南人民自願來為朝廷打仗，那打下來，土地城池歸太后皇上，錢財歸兄弟們，這就是潛規則。慈禧太后怎麼樣呢？沒有就沒有，根本不問財物的事，睜隻眼閉隻眼，知道你們都運回湖南老家了。

有時候皇上自己就會公開宣布這樣的政策，宋太祖將伐蜀，攻打四川的時候，趙匡胤就下令：所得州縣都歸我，倉庫財貨全部賞給士卒，「國家所欲，惟土疆耳」。

古今名將，都有一個共同點，就是捨得給大家分錢。最典型的，就是凡是搶得敵人或民間財物，全部分給兄弟們，自己分文不取。我只要皇上賞賜的，搶來的都歸你們。因為他自己不參與分，覺得分得不公平的人也沒話說。這樣大家都願意跟他打仗，他的勝仗就多，升官就快了。

要看清楚誰第一個登上城牆

原文

故車戰，得車十乘以上，賞其先得者，而更其旌旗，車雜而乘之，卒善而養之，是謂勝敵而益強。

故兵貴勝，不貴久。故知兵之將，民之司命，國家安危之主也。

華杉詳解

「故車戰，得車十乘以上，賞其先得者。」為什麼呢？要繳獲俘虜對方十輛戰車，我們知道一輛車的編制是七十五人。陣車之法，五車為隊，設僕射一人，十車為官，設卒長一人。所以十車是一個七百七十人的戰鬥編制。要把他們全俘虜了，我方投入的至少上千人。這一千人如果全部封賞，那濫賞無度，不能真正起到激勵作用，國家也沒那麼多錢。

所以「賞其先得者」，就是奪得第一輛戰車的士卒。因為先得者，往往是倡謀者。他先發動，大家才跟著一哄而上。

攻城也是一樣，第一個登上敵方城牆的人，一定中大獎，這樣才能人人奮勇爭先。**所以對於站在後面指揮的主帥來說，看清楚誰第一個登上去的，是和指揮戰鬥同樣重要的事情。**因為你如果搞不清楚該賞誰，下回就沒人奮勇爭先了，那啥指揮也白搭。

交戰本身是相互搶掠軍火物資，以敵益己。電視劇《亮劍》裡，李雲龍每次打勝仗，總是高興地說「發財了！」就是這道理。

古人用兵，必使車奪車，騎奪騎，步奪步。吳起與秦軍作戰，號令三軍說：「若車不得車，騎不得騎，徒不得徒，雖破軍，皆無功！」這就是一個考核標準，不是殺敵戰勝就行。戰車部隊一定要奪得對方的戰車，騎兵要奪對方騎兵的馬和裝備，步兵要繳獲敵方步兵武器，這才能記功領賞。

奪了敵方戰車，馬上拔了他的軍旗，插上我方旗幟，混編到我們的車陣裡投入戰鬥。

俘虜了敵方士卒呢？孫子說卒善而養之，要對他們好，講清楚我們的政策，爭取他們加入我軍，為我所用。

孫子能這麼想可不容易，古代戰爭，殺降很普遍。因為你俘虜了幾十萬人，不好控制，不敢信任，還得管他們吃喝，所以往往一坑了之。長平坑趙卒四十萬，就是典型戰例。項羽作戰，更是遍地萬人坑，一次坑秦軍二十萬，秦人對項羽恨之入骨。

優待俘虜，為我所用，最典型戰例是漢光武帝劉秀。劉秀破銅馬賊於南陽，俘虜了十幾萬人，整編到自己的部隊裡。但是人心未安，因為銅馬賊之前降過一次，又叛，又被打敗，最後又降的，所以賊帥們覺得劉秀不會信任自己。

劉秀也知道他們的心思，說你們各歸本營，我來慰勞將士們。之後劉秀僅率十餘騎，親探銅馬大營，展示了以命相托的絕對誠意。賊帥們感激涕零，說：「蕭王推赤心置人腹中，安得不投死乎！」把自己的一顆赤心放到別人肚子裡，那麼大的誠意！這就是「推心置腹」這個成語的由來。劉秀得了銅馬，兵勢大振。這就叫「勝敵而益強」。

如果殺敵一千，自傷八百，那不是勝，是兩敗俱傷，只不過對方敗得更慘而已。

所以孫子的思想是「求全」，先保全自己，再追求全勝，最好把敵人也保全。他的整個軍事思想，是慎戰的思想，不戰的思想，和速戰的思想。

「兵不可玩，武不可黷。」《孫子兵法》，開宗明義，軍事是國家人民生死存亡之道，無比險惡，必須謹慎。首先廟算、「五事七計」，沒有勝算就不要發動戰爭。有勝算，發動了，要追求一戰而定。

「兵貴勝，不貴久。」曹操注解說：「久則不利，兵猶火也。不戢將自焚也。」結果他自己也在赤壁被一把火燒了。

「故知兵之將，民之司命，國家安危之主也。」「司命」，是天上管人生死壽命的星宿。大將就管著人民的生死壽命。長平之戰，趙國由廉頗做司命，大家的命都還在。換趙括做司命，四十萬人就沒了，國家也危急了。第一次世界大戰打成了絞肉機，斷送無數年輕人的生命，也是那些民之司命們的罪責。

其實我們每個人都有「生死存亡之道」，我們常說記者是「筆下有財產萬千，筆下有人命關天，筆下有是非曲直，筆下有毀譽忠奸。」無論你手裡是槍還是筆，還是汽車的方向盤，你的舉措都關乎他人的財產生命安全，孫子就教給我們這樣的敬畏心和責任感。

附錄：《作戰篇》全文

孫子曰：凡用兵之法，馳車千駟，革車千乘，帶甲十萬，千里饋糧，則內外之費，賓客之用，膠漆之材，車甲之奉，日費千金，然後十萬之師舉矣。

其用戰也勝，久則鈍兵挫銳，攻城則力屈，久暴師則國用不足。夫鈍兵挫銳，屈力殫貨，則諸侯乘其弊而起，雖有智者，不能善其後矣。故兵聞拙速，未睹巧之久也。夫兵久而國利者，未之有也。故不盡知用兵之害者，則不能盡知用兵之利也。

善用兵者，役不再籍，糧不三載。取用於國，因糧於敵，故軍食可足也。國之貧於師者遠輸，遠輸則百姓貧。近師者貴賣，貴賣則百姓財竭，財竭則急於丘役。力屈、財殫，中原內虛於家。百姓之費，十去其七；公家之費，破軍罷馬，甲冑矢弩，戟楯蔽櫓，丘牛大車，十去其六。故智將務食於敵，食敵一鐘，當吾二十鐘；萁稈一石，當吾二十石。故殺敵者，怒也；取敵之利者，貨也。故車戰，得車十乘以上，賞其先得者，而更其旌旗，車雜而乘之，卒善而養之，是謂勝敵而益強。

故兵貴勝，不貴久。故知兵之將，民之司命。國家安危之主也。

第三章

謀攻第三

謀攻，最好是不用攻，不攻而下

原文

謀攻篇

孫子曰：凡用兵之法，全國為上，破國次之；全軍為上，破軍次之；全旅為上，破旅次之；全卒為上，破卒次之；全伍為上，破伍次之。

是故百戰百勝，非善之善者也；不戰而屈人之兵，善之善者也。

華杉詳解

《孫子兵法》第一篇講計，第二篇講野戰，第三篇就講攻城。這是次序。李筌注解說：「合陣為戰，圍城曰攻。」所以這篇在《作戰篇》之後。

曹操注解說：「欲攻敵，必先謀。」

謀什麼呢？王晳注解說：「謀攻敵之利害，當全策以取之，不鋭於伐兵、攻城也。」

還是謀利害關係，趨利避害。打仗不是為了殺敵，因為殺敵要付出代價，殺敵一千，自傷八百。最好是不戰而屈人之兵，曉之以利害，讓他投降，全城全人全財全貨的盡歸於我。

這就是孫子的「求全」思想。

全國為上，破國次之。

曹操注解說：「興師深入長驅，距其城郭，絕其內外，敵舉國來服為上。以兵擊破，敗而得之，其次也。」

把敵人圍起來，讓他絕望，認清形勢，投降，那是最好不過。他若作困獸之鬥，我們攻城擊破他，那就要付出代價，得到的也不是全城，而是一個破城。更何況，戰場上什麼都可能發生，不一定能勝利。

曹操伐江南，劉琮投降，曹操就得了徐州，還得了蔡瑁、張允的水軍。這是全國為上。之後孫權不降，就有了赤壁之戰，曹操大敗，從此再未能進軍吳國。

楚漢相爭，劉邦派酈食其，說降了齊國，這是全國為上。

齊王田廣降了漢王。酈食其向齊王保證說：「如果漢軍來攻，您就把我扔鍋裡煮了！」自己留下做人質，每天與齊王置酒高會。齊王也聽酈食其的，撤除了齊國守備。

沒想到韓信聽說酈食其一介書生，憑三寸不爛之舌，就說降了龐大的齊國，功勞比他還大！為了搶功勞，韓信按謀士蒯通之計，突然發兵攻打在歷下的齊軍。齊國沒有防備，被韓信一鼓而下。齊王以為是酈食其出賣了自己，把他扔鍋裡活活煮死了。齊王自己，也在其後的戰亂中被殺。

韓信是不是不懂全國為上的道理呢？當然不是，他在之前取燕國，就是挾虜魏王豹、擒夏說、斬成安君的兵威，用廣武君計，派一個使臣，拿一封信，說降了燕國。

齊國也降了，但不是降的他，是別的同事說下來的，他便要打，要「破國次之」。他把已經屬於劉邦的齊國打下來，殺掉的齊軍，也是已經屬於劉邦的兵馬，再轉頭要挾劉邦封他為齊王。可以說，這時候韓信就已經埋下他之後的殺身滅族之禍了。

王夫之說韓信死得不冤，因為他不是真心地忠誠於劉邦，而是隨時和劉邦講斤兩，要條件。

王夫之評論說：「毒天下而以自毒者，其唯貪功之人乎！酈生說下齊，齊已受命，而漢東北之慮紓，項羽右臂之援絕矣。黥布，盜也，一從漢背楚而終不可叛。況諸田之耿介，可以保其安枕於漢也亡疑。乃韓信一啟貪功之心，從蒯徹之說，疾擊已降，而酈生烹；歷下之軍，蹀血盈野，諸田卒以殄其宗。慘矣哉！貪功之念發於隱微，而血已漂鹵也。」

王夫之說，齊國是講忠義的實在人，降了就是降了，絕無二心。韓信為了搶功勞，揮師擊降，害得酈生被烹，田氏滅宗，血流成河，他真是陰毒之人。所以韓信死得不冤，齊王田廣和酈食其，才是真的冤啊！

全軍為上，破軍次之；全旅為上，破旅次之；全卒為上，破卒次之；全伍為上，破伍次之。

這都是戰鬥編制，「軍」，是一萬二千五百人，「旅」，是五百人，「卒」，一百人，伍，是最小戰鬥單位，五個人。這就是說，不管到哪一級，一國、一軍、一旅、一卒、一伍，都要求全，以不戰而勝之為妙。

所以百戰百勝不是什麼好事。用李克對魏文侯的話來說：「數勝必亡」。為什麼呢，每一次戰勝都有代價，有消耗。百戰則民疲，百勝則主驕。你又疲憊又驕傲，對方則憋足了勁要雪恥，可能下一仗就翻盤了。再說了，都百戰百勝了，還在打，可見這勝的質量不高，沒解決問題。

所以，不戰而屈人之兵，是「善之善者也」，傳檄而定，寫封告示就平定了。次之呢，也要一戰而定，打一仗就解決問題。百戰百勝，那本身就是問題。

上兵伐謀，就是要破壞敵方的計謀

原文

故上兵伐謀，其次伐交，其次伐兵。

華杉詳解

「上兵伐謀」，不是說打仗要用計謀，是說要破壞敵方的計謀。計謀雙方都有，雙方都是謀定而後動，把敵方的謀伐掉，他就動不了了。

最典型的戰例是東漢時寇恂討伐高峻。高峻派他的謀士皇甫文做使者來謁見。寇恂二話不說就把他殺了，給高峻送去一封信，說你的軍師無禮，已經斬了。你要投降就趕快，不投降就固守吧！高峻即日就開城投降了。

諸將看不懂，問寇恂：這兩國交兵，不斬來使。為什麼這還沒開戰，您斬了他的使臣，他卻連滾帶爬地投降了呢？

寇恂說，這皇甫文，是高峻的軍師，是他的主心骨。高峻派他來，就是來查探虛實，回去定計決策的。「留之，則文得其計；殺之，則峻亡其膽。」放他回去，他就能給高峻定計；把他殺了，高峻就沒了主意，也沒了膽量。這就叫上兵伐謀！

寇恂的案例，是一個極端案例，直接把主謀殺掉了。一般情況下可沒這樣的機會，還是注意分析判斷，破壞敵方計謀。

第二個案例是「折衝樽俎」的典故。折衝，是古代一種戰車，叫折衝騎，阻擋對方衝鋒，對方衝過來，擋住他，就像把刀折斷一樣，折斷他的衝鋒。樽俎，是酒器。折衝樽俎，指不用武力而在酒席談判中制敵取勝。講的是春秋齊國晏嬰的故事。

晉平公想攻打齊國，派范昭為使去刺探。齊景公設宴招待。酒至半酣，范昭對齊景公說：「想討您杯中酒喝行不？」景公說：「這有何不可！來人，把我杯中酒倒給客人。」

范昭一口乾了景公的酒，下人正要給雙方斟酒，晏子卻喝道：「且慢！給國君換一個新杯子！」

范昭不高興，佯醉起舞，又對太師說：「我想跳支舞，能為我奏成周之樂嗎？」太師冷冷地說：「這個我們沒人會奏。」把范昭給氣走了。

酒宴畢，齊景公問：「今天你們怎麼回事，這大國使者，來觀摩我們的政治，你們惹他生氣，有什麼好處呢？不是惹麻煩嗎？」

晏子說：「就是給他觀政嘛。您看這范昭，絕非不懂禮貌之人，是故意要跟我們挑事。君臣有別，要國君杯裡的酒，就是挑釁試探。所以我給您換一個杯子，不跟他喝一個杯中的酒，亂了尊卑。」

太師說：「成周之樂，是天子之樂，不是人臣能舞的，當然不能給他奏。」

范昭回到晉國，回報晉平公說：「齊不可伐。我想侮辱他的國君，被晏子識破了。想犯亂他的禮儀，又被太師識破了。齊國有賢臣啊！」

孔子讚嘆這件事說：「不越樽俎之間，而折衝於千里之外，晏子之謂也。」

舉杯談笑間，就伐掉了晉攻齊之謀，退了千里之外的敵軍。這就是「上兵伐謀」。

第三個案例是春秋時秦伐晉。晉將趙盾領軍拒敵，上軍佐臾駢說：「秦軍遠來，不能持久，我們深溝高壘把他耗走就行了。」

秦軍戰也不得，退也不能。秦伯問士會怎麼辦。士會說：「這一定是臾駢的主意。不過晉軍中還有一將叫趙穿，是趙盾的堂侄，又是晉君的女婿，此人不懂軍事，恃寵而驕，好勇而狂，而且他最不服的就是臾駢當了上軍佐。咱們去騷擾趙穿的部隊，他肯定會出戰。」

依計而行，騷擾趙穿。趙穿追出來沒追上，回去大怒，說：「裹糧坐甲，就是為了殺敵。敵人來了不打，這是要幹什麼呢?!」手下人說，這是在等待時機。趙穿說：「我不管他們有什麼謀，他們不打，我自己打！」於是率本部出戰。趙盾聽說趙穿衝出去了，拿他沒辦法，還得救他，只得全軍出動，跟秦軍大戰一日，不分勝負。

寇恂之伐謀，直接把敵軍主謀殺掉了。晏子之伐謀，是伐掉了敵人未成之謀。士會之伐謀，是破了敵人已成之計。這三個案例，都是「上兵伐謀」的典型案例。

不能因為你的隊友是豬，你就跟著做豬

原文

上兵伐謀，其次伐交，其次伐兵。

華杉詳解

「伐謀」，是伐掉他的計謀，伐掉他的念想，從根兒上把他的念頭伐掉了。讓他發現條件不具備，風險很大，勝算不多，放棄自己的計畫。

「伐交」，則是破壞他的外交，打散他的盟友。

中國歷史講縱橫捭闔，就是幹「伐交」的活。蘇秦張儀，合縱連橫，就是伐交。蘇秦合縱，要六國合力抵抗強秦，讓秦國十五年不能東向。張儀連橫，遊說六國分別與秦國聯盟，以求苟安。破壞六國間的合縱，以便孤立各國，各個擊破。「縱橫」這個詞，就是從合縱連橫簡稱而來。

張儀伐楚懷王與齊之交，是伐交的典型案例。

張儀為了破壞齊楚聯盟，訪問楚國，引誘楚懷王，說如果您和齊國絕交，聯盟秦國，秦國願獻出商於之地六百里給您。楚懷王大喜，馬上跟齊國絕了交，派一個將軍去秦國收地。

張儀稱病不出，三月不見楚使。楚懷王檢討自己，張儀肯定是不相信我已經跟齊國絕交了。於是再派一個勇士去齊國，辱罵齊王，以示信於秦。齊王莫名其妙受辱，勃然大怒，不僅與楚絕交，而且馬上與秦結盟。

這時候張儀出現了，接見楚使，兌現他的「承諾」——六里地，少了兩個零。

楚懷王大怒，發兵攻打秦國。沒有齊國聯盟，他哪裡打得過，被打得大敗，楚國就從他開始迅速衰落。

這個案例裡，不光是只有楚王的教訓，也有齊王的教訓。秦國伐的是楚國的交，伐的何嘗又不是齊國的交？**你的隊友是頭豬，你不能跟著也做豬。**秦楚開戰，如果齊國這時候能幫楚國一把，楚國必將羞愧感激，齊楚聯盟更加穩固，真正的敵人秦國的戰略就破產了。所以上當的不是只有楚懷王，齊王也是一樣。

前面講伐謀，有直接殺掉主謀的。同樣，伐交也有直接殺掉他國外交使節來破壞對方的案例，而且這樣的案例還不少！

楚漢相爭，英布作壁上觀，劉邦和項羽都派出使者拉攏英布。英布心裡已經傾向於降漢，但還猶豫未發，仍在楚使住的賓館裡嘮嗑。楚使則催促他發兵助楚。

漢使隨何當機立斷，直闖進去，一屁股坐在楚使上座，喝道：「淮南王已經歸漢，發什麼兵？」楚使大驚，要走。英布也愣了。隨何再喝一聲：「不能讓他走，殺了他！」英布此時被逼到牆角，不斷也得斷，只得依了隨何，斬了楚使，率軍歸漢。

殺使伐交，還有一個著名案例，就是班超。班超出使西域，到了鄯善（今新疆羅布泊西南）國。鄯善王對班超等人開始很熱情。過了幾天突然冷淡了。班超多方打聽，知道是北匈奴也派來使者，鄯善王正兩邊搖擺猶豫呢。

這班超一身都是膽，召集部下三十六人，夜裡突襲匈奴使者賓館，殺光了匈奴使團，提著使者人頭去見鄯善王。鄯善王嚇破了膽。再加上這匈奴使團死在他的國裡，他也交代不了，只得投降了漢朝，派出王子到長安做人質。

「其次伐兵」，那是「伐謀」、「伐交」都弄不成，再不得已才動刀兵。姜太公說：「爭勝於白刃之前，非良將也。」

不是勝了敵人你就贏了，關鍵是你自己變強了還是變弱了

原文

其下攻城。攻城之法，為不得已。修櫓轒轀，具器械，三月而後成；距闉，又三月而後已。將不勝其忿而蟻附之，殺士卒三分之一，而城不拔者，此攻之災也。

華杉詳解

攻城是下策，不得已而為之。

「修櫓轒轀」，「櫓」是大盾，可以擋住整個身體的。「轒轀」，是一種四輪的攻城車輛，蒙以皮革，算古代的裝甲運兵車吧，裡面可以藏幾十人，一直推到城牆下。其他器械，如飛樓、雲梯、板屋、木幔等等，準備這些東西至少得三個月。

「距闉」，是土方工程，堆土為坡，可以登高和守城的士兵作戰。其他工程如挖地道、搭橋越壕、運土填壕等等，作這些準備也得三個月時間。

攻城是個慢工夫，是個細活兒。如果大將是個急躁性格，搞「蟻附」戰術，士兵死了三分之一，還攻不下來，那是災難性的。

「蟻附」，顧名思義，就是步兵密集強攻，像螞蟻一樣往上爬。城樓上的招待，就是矢石湯火，射箭、扔石頭、倒開水、倒滾油，再給你點火。蟻附又叫「蛾傅」，飛蛾撲火，倒也形象。

所以攻城是非常慘烈的，是下策的下策的下下策。

孫子的思想，一貫是贏不贏先別說，關鍵自己先別輸。勝了敵人不等於贏了，關鍵你自己是變得更強了，還是更弱了。別得不償失，別草菅人命。

攻城不撥的典型案例，是北魏太武帝拓跋燾攻盱眙。或許是少數民族兄弟比較豪放，他去攻人的城，倒玩瀟灑，先派使者進城找劉宋守將臧直要酒喝。臧直也不客氣，拿幾個瓦罐來，叫大家伙尿幾泡尿給他送去。

拓跋燾大怒，即刻下令攻城，士兵輪番攀登，退後者殺！結果呢？攻了一個月，士兵屍體堆到城牆那麼高，死者過半，還殺了自己的先鋒官高梁王，城還是沒攻下來。拓跋燾見傷兵滿營，疾疫甚眾，又怕被人斷了退路，只得飲恨解圍而去。

民國名將傅作義，以北平和平解放而聞名。事實上，他的將名，是中國守城第一將，最能守城。成名作是涿州之戰。

直奉大戰，奉軍得勝，但他率一支孤軍堅守涿州城，內無糧草，外援斷絕，就是不投降。奉軍五萬人攻他幾千人，攻了兩個月，攻城總指揮張學良，飛機大炮燃燒彈各種狂轟濫炸，恨不得把涿州城都轟平了，傅作義還在打！久攻不下讓奉軍首領張作霖不勝其忿——這不科學！他可沒有下令蟻附之，他要給傅作義整點高科技。張作霖給城內轟進去五百發毒氣彈。

毒氣之後奉軍再攻上去，傅作義還在打，還是把他們打退了。

張作霖也服了，跟張學良說：「這小子不投降，咱們也別打了，圍起來，把他餓死！」

這時候閻錫山看也沒什麼打的必要了，給傅作義指示，要他議和。傅作義得了領導指示，這才和張學良簽了和議，接受整編。

後來林彪打長春，就用了張作霖的餓字訣，圍而不打，把國軍餓投降了。

以失敗為假設前提來思考，是兵法智慧的根本

原文

故善用兵者，屈人之兵而非戰也，拔人之城而非攻也，毀人之國而非久也，必以全爭於天下，故兵不頓，而利可全，此謀攻之法也。

華杉詳解

孫子這裡總結「謀攻」，謀攻就是謀全，全利原則，自己不損失，敵方資產也不破壞，全取其利。要全取其利，就要「三非」：非戰，非攻，非久。不戰而屈人之兵，不攻而拔人之城，不久戰而毀人之國。

孫子的思想，做任何事之前，一是先考慮風險，二是考慮代價，第三才考慮利益。有兩樣東西最能驅使人犯錯，一是利益誘惑，二是焦慮。人們常說見利忘義，其實更普遍的情況是「見利忘害」，見到利益，就難免「人為財死，鳥為食亡」，見小利而亡命。

焦慮也害人出錯，為什麼呢，人一焦慮，就想有所動作。你要他非戰、非攻，要他等待，要他忍耐，他怎麼能等，怎麼能忍呢？戰場上的統帥，生死存亡之間，沒有一刻不焦慮，這就特別容易出錯。

如何避免呢？就是以失敗為假設前提來考慮問題。我們習慣的思維方式是以成功為假設前提，

因為我做一件事，是為了把它幹成。那我思考、分析、判斷、謀畫、決策，都是圍繞如何能成功，這不很自然嗎？不教我們這個，那還叫兵法嗎？

《孫子兵法》的出發點則不是這樣，他是處處以失敗為假設前提，首先假定這事會失敗，其思考、分析、判斷、謀畫、決策，都是圍繞避免失敗，減少代價，立於不敗之地，然後用計、等待，等待一戰而定。

經營也是一樣，為什麼有的人能專注，堅持，默默無聞，二十年磨一劍，最終成為行業領袖。而另一些人東一頭，西一頭，今天幹這，明天幹那，始終過著波瀾壯闊的創業人生。其根本都是「思維性格」的差異，前者不一定是特別大智慧，而是一個「失敗前提思考者」。你跟他說什麼，他都覺得是風險，他首先假設幹不成，只有他已經幹成的那件事，他才認為能繼續幹成，最後他就成了集大成。後一種人呢，他是「成功前提思考者」，聽到什麼都覺得是機會，是大機會，是不能錯過的機會，最後他就成了終身創業者。

李嘉誠說：「做任何事情先考慮失敗。」這就是兵法智慧的根本。什麼叫大師，大師就是知道自己跟別人一樣，上手去幹，多半是大敗虧輸，所以特別謹慎。吹噓自己戰無不勝，那不是大師，是大「失」，大失所望。

「非戰」、「非攻」最後還強調一個「非久」。什麼意思？是動作要少，關鍵時候，就來那麼一下，最忌諱天天研究，頻頻動作，反覆折騰，做多錯多。

「集中優勢兵力打殲滅戰」

原文

故用兵之法，十則圍之，五則攻之，倍則分之，敵則能戰之，少則能逃之，不若則能避之。故小敵之堅，大敵之擒也。

華杉詳解

孫子是非常強調兵力原則的，有絕對優勢兵力才打，十倍優勢才打包圍戰，五倍優勢才進攻。毛澤東的「集中優勢兵力打殲滅戰」，就是這意思。

沒有絕對優勢，比如只有兩倍優勢，那就要「倍則分之」，調動敵人，讓他分兵，分割他，形成我方更大優勢再打。這就是毛澤東的運動戰：依託較大的作戰空間來換取時間移動兵力包圍敵方，以優勢兵力速戰速決，毛澤東總結為「避敵主力，誘敵深入，集中優勢兵力，各個擊破」。

敵則能戰之，少則能逃之，不若則能避之。

兵力相當，兩軍遭遇，敵得住，就戰之。敵不住，就逃之夭夭。這就是毛澤東說的：「打得贏就打，打不贏就跑。」

不跑會怎樣？「小敵之堅，大敵之擒也」，你堅守不跑，就會被敵人擒了。

分兵作戰法

原文

十則圍之，五則攻之，倍則分之。

華杉詳解

「十則圍之」。有十倍於敵人的兵力，就可以包圍他。逼他投降，或全殲敵軍。

「一女乘城，可敵十夫」。《尉繚子》說：「守法：一而當十，十而當百，百而當千，千而當萬。」守的人能以一當十，攻的人當然至少要以十攻一了。

杜牧注解說，「圍」，是四面壘合，不僅是要戰勝敵人，而且不能讓他逃跑。凡四面圍合，必須去敵城稍遠，占地既廣，守備嚴密。所以如果兵不夠多，就有缺漏。

「五則攻之」。有五倍於敵人的兵力，就可以進攻。

曹操注解說：「以五敵一，則三術為正，二術為奇。」如果有敵人並兵自守，不與我戰，則有五倍於敵的兵力可攻。怎麼攻呢，以三倍兵力為正兵出戰，留兩倍兵力在手作預備隊等待出奇制勝。

張預注解說，要驚前擾後，聲東擊西，沒有五倍優勢，分不出那麼多兵。

何氏注解說，我五倍多於敵人，可以三分攻城，二分出奇以取勝。

戰例是西魏時獨孤信攻打涼州宇文仲和。

西魏任命義州刺史史寧為涼州刺史，前任刺史宇文仲和依然占據著涼州，不接受新刺史的取代。

丞相宇文泰派遣太子太保獨孤信討伐叛逆，宇文仲和嬰城固守。獨孤信派遣將領們在夜晚以衝梯攻打城的東北角，自己統率壯士襲擊城的西南角，黎明時分，攻克了涼州城，擒獲了宇文仲和。

「倍則分之」。如果兵力是敵人的兩倍，則優勢還不夠大，還要想辦法讓敵人再分兵。

杜牧說「倍則分之」的分，不是分自己，是分敵人，讓他分兵。我兩倍於敵，則我用一部兵力，或者取其要害，或者攻其必救，使得他本來就只有我一半兵力，還要分兵來救，他的兵就更少了，這樣更容易戰勝他。

曹操注得簡單：「以二擊一，則一術為正，一術為奇。」曹操說的是分自己。

杜牧說，正奇分兵，跟兵力多寡沒關係，只要出戰就有正奇。項羽到烏江邊只剩二十八騎，他還不擠在一堆，分奇兵正兵，循環相救。

杜牧說得沒錯，「倍則分之」，是為了分割敵人，但要敵人分，先自己得分，所以曹操也沒錯。而且曹操講得很具體，分多少都講了。這在兵法裡叫「分戰法」，《百戰奇略》裡專門有一篇：

凡與敵戰，若我眾敵寡，當擇戍平易寬廣之地以勝之。若五倍於敵，則三術為正，二術為奇；三倍於敵，二術為正，一術為奇。所謂一以當其前，一以攻其後。法曰：「分不分為縻軍。」

如果我眾敵寡，挑寬敞地方跟他打。若五倍於敵，則三正二奇。三倍於敵，則二正一奇。正兵攻其前，奇兵攻其後。

此處可加上曹操的補充：「二倍於敵，則一正一奇。」

分不分為縻軍，是說該分不分，就捆住了軍隊的手腳。這是另一部兵書《唐太宗李衛公問對》裡的話。

這裡大量涉及正兵、奇兵的概念，就是《孫子兵法》裡最著名的那句話：「以正合，以奇勝。」這「奇」不念「其」，念「機」，數學裡奇數偶數的奇，又叫「餘奇」，簡單地說就是預備隊。出奇制勝，就是正兵先打，主帥在指揮所觀察，等到關鍵時候「出奇」——投入預備隊——「制勝」，解決戰鬥。

所以姜太公說：「不能分移，不可以語奇。」不懂分兵的，你沒法跟他講什麼叫奇兵。「正奇」的內容在後面的《勢篇》，到時候再具體講。

「倍則分之」的戰例，有一反一正兩個案例。

反例是淝水之戰的苻堅，他是不分而敗。苻堅以八十萬軍隊對陣謝玄八萬，十倍兵力。但他沒有分兵，全擠在一堆，被晉軍一衝擊，稀里糊塗就兵敗如山倒了。

正面案例是王僧辯討侯景於張公洲，分而勝之。

梁將陳霸先、王僧辯討侯景，列軍於張公洲。梁軍高旗巨艦，截江蔽空，乘潮順流。侯景望之不悅，說：「梁軍士氣如此高昂，要先挫挫他們的銳氣。」率鐵騎萬人，鳴鼓向前衝。霸先對僧辯說：「善用兵者，如常山之蛇，首尾相應。賊今送死，欲為一戰。我眾彼寡，宜分其勢。」僧辯從之，以勁弩當其前，輕銳蹂其後，大陣衝其中，分為三路衝擊侯景。侯景大潰，棄城而走。

認輸的智慧

原文

敵則能戰之，少則能逃之，不若則能避之。故小敵之堅，大敵之擒也。

華杉詳解

敵則能戰之。

如果我方和敵軍兵力相當，勢均力敵，那要有能力打一仗。

曹操注解說：「己與敵人眾等，善者猶當設伏奇以勝之。」怎麼打？還是分戰法，「奇正」，正兵挑戰，奇兵設伏。這裡曹操沒說幾正幾奇，不過從歷史戰例來看，這種誘敵伏擊的戰術，去挑戰的正兵是小股部隊，設伏的奇兵才是大部隊。

少則能逃之。

如果兵力比敵人少，就深溝高壘，不要出戰。或逃匿兵形，讓敵人不知虛實，然後全軍逃之。

不若則能避之。

杜牧注解說，「不若」，是勢力、交援都不如對方，那就要速速逃走，不可遲延。如果敵人守住我的要害，那想跑也跑不了了。

孫子是極其保守謹慎之人，先勝後戰，沒有勝算就不打。只要兵比敵人少，就不跟他打。這一點似乎跟我們平時宣揚的價值觀不一樣，我們津津樂道的都是以少勝多，歷史上以少勝多的戰例比比皆是，怎麼就不能打呢？

這在管理學上叫「沉默的證據」，真正的絕大多數，絕對的大概率事件，都沉默無言，所以你不知道。而那些小概率事件，以少擊多居然打贏的，人人都替他大肆宣揚，一千年後你還知道，三千年的例子累積起來，倒顯得比比皆是成了主流了。

這裡沉默的證據有什麼呢？首先那些「少則能逃之，不若則能避之」的將領，他們都沉默，都不吱聲。逃跑有什麼好宣揚的呢？所以《十一家注孫子》裡面，十一位大師，竟然沒有一個人寫出一個戰例！一個舉例說明都沒有。倒有人補充說明，張預注解說：「彼眾我寡，宜逃之。」但是！（注意這個「但是」）但是，他說：「若我治彼亂，我奮彼怠，則敵雖眾，亦可以戰。」然後他舉了兩個戰例：「若吳起以五百乘破秦五十萬眾，謝玄以八千卒敗苻堅一百萬眾，豈需逃之乎？」

你看看，孫子講不要以卵擊石，注解倒舉出兩個雞蛋打碎石頭的案例來。

你能按張預版「但是兵法」，用五百乘去滅五十萬人，用八千人去滅一百萬人嗎？很多人總認為自己會成為「但是」。事實上所有的「但是」都寫在史書上了，而且那歷史上每一個「但是」後面，都有無數的偶然，你少湊齊一個也不行。

今天我們可以給「少則能逃之，不若則能避之」，補上兩個戰例，一個是沉默的證據，一個是大肆宣傳的戰例。沉默的是石達開，石達開的遠征軍在清軍的圍追堵截下，一年半的時間內轉戰川、黔、滇三省，四進四川，突破長江防線，但最後他沒跑掉，死了，還是沉默了，也沒法用來證明兵法是正確的。

另一個大肆宣傳的偉大案例，大家都知道，因為一跑就跑了二萬五千里，跑掉了，而且取得了最後勝利，就是紅軍長征。

小敵之堅，大敵之擒也。

紅軍在江西如果不跑會怎麼樣？「小敵之堅，大敵之擒也」。堅守不跑，就會為人所擒。典型戰例是漢朝名將李陵，漢武帝要他給李廣利運糧草，他恥於做後勤部隊，請戰率五千步卒直搗匈奴王庭，結果被匈奴十萬騎包圍，兵敗投降。漢武帝殺了他全家，還害得替他說話的司馬遷被處以宮刑。

人性的特點是要贏，但現實是很可能要輸，要懂得認輸。宏碁的施振榮先生說：「認輸才會贏。」這句話很有哲理。我們也可以說，輸了，生活還會繼續。輸掉的咱們認了，保住和擴大咱們贏得的。

明代的王陽明，千古聖人，立下那麼大的學問和功勳，但當錦衣衛為了陷害他，做出種種喪盡天良殘害百姓的事，以圖挑釁和構陷他的時候，他全都忍了，認了。因為他明白，在這暗無天日的社會，此刻他只要有任何一點伸張正義挽救百姓的舉動，都會粉身碎骨，而且救不了任何人。只有等著錦衣衛看見不能得手，而自己停手。

王陽明認輸了，他等著他輸到什麼時候，剩下的就是贏的吧！

皇上可以不懂軍事，將軍不能不懂政治

原文

夫將者，國之輔也，輔周則國必強，輔隙則國必弱。

故君之所以患於軍者三：

不知軍之不可以進而謂之進，不知軍之不可以退而謂之退，是謂縻軍。

不知三軍之事，而同三軍之政者，則軍士惑矣。

不知三軍之權，而同三軍之任，則軍士疑矣。三軍既惑且疑，則諸侯之難至矣，是謂亂軍引勝。

華杉詳解

將帥是國家輔佐之重臣。「輔周則國強，輔隙則國弱」。這裡的「周」和「隙」，有三層意思，第一，「周」是才智俱備，能力全面，「隙」則是能力有欠缺；第二，「周」是行事周全，「隙」則是有缺漏；第三，「周」是周密，謀不洩於外，「隙」則是形見於外，讓人家看到了你的虛實，鑽了你的空子。

我們做事也是一樣，要周全、周密、算無遺策。有一個地方沒考慮到，有了隙，到時候就在那隙的地方崩盤。到那時再喊冤「這誰知道啊」，那沒意義。

中國有句古話叫「不知者不罪」，大錯！不知就是最大的罪！你不知，怎麼擔當這責任管這事呢？

孫子接下來講了國君的三個「不知」，雖然你是老闆，你不知道的事情你不要管。第一個「不知」，不知道軍隊不可以進，你逼他進。不知道軍隊不可以退，你逼他退。

安史之亂，哥舒翰守潼關。唐玄宗不知道不可以出戰，非逼他出戰，結果全軍覆沒，丟了潼關，長安失守，玄宗南逃四川。

淝水之戰，謝玄跟苻堅說：「您把軍隊退一退，等我渡河過來和您決戰。」苻堅不知道不可以退，真就下令退一退。後面的部隊不知道為什麼要退，晉軍大聲喊：「秦軍敗了！」後面的以為前面敗了，一哄而逃，就真敗了。

這就是不知進退，不知道軍隊的一進一退，都是生死存亡。

第二個「不知」，是不懂得軍隊事務，卻要參與軍隊管理。

《司馬法》說：「軍容不入國，國容不入軍。」治軍和治國，遊戲規則不一樣。

《兵經》說：「在國以信，在軍以詐。」

張預注解說：「仁義可以治國，而不可以治軍；權變可以治軍，而不可以治國。」

前面說的苻堅，他本來也是一位英主、英雄，但他實力上空前強大，性格上歷來包容大度，又以天子對臣民的心態來對待謝玄，以諸葛亮七擒孟獲的氣度來對待謝玄，讓他先過來，收復他，讓他服氣，就忘了「兵者，國之大事，死生之敵，存亡之道，不可不察也」。一點都大意不得。苻堅一個不注意，就兵敗如山倒，最後發展到身死國滅。

杜牧注解說，軍隊的禮度法令，自有軍法從事，如果以尋常治國之道，軍士們反而不知道怎麼辦了。

杜牧舉了周亞夫軍細柳的例子。漢文帝視察慰勞三軍，到別人軍營，門衛都直接放行，將領慌忙出迎。到了周亞夫門口，被攔下等通報，說軍營中只聽將軍之令，不聽天子之令。通報良久，周亞夫也沒出迎，只說請進，還要求軍營中要慢行，馬車不許跑得快。最後他在自己大帳門口對文帝拱手行禮，說甲冑在身，不能跪拜。

文帝嘆服不已，在車欄杆上向將士們點頭致意，從此認定周亞夫是可以依靠的大將，臨終還叮囑景帝，有兵事就用周亞夫。周亞夫也果然替景帝平定了七國之亂。

不過杜牧把周亞夫的故事放這兒作例子，雖然典型，也不完全恰當。細柳軍營之事，有文帝的品格在，也有周亞夫的性格在。他的性格就是牛逼，他不光在軍營牛逼，在皇宮裡也牛逼，最後也弄得皇上不舒服，晚年稀里糊塗給問了個謀反之罪，他哪裡受得了，絕食抗議，餓死了。

第三個「不知」，是不懂得軍隊的權變，卻要參與軍隊的任命。不得其人，就會滿盤皆輸。最典型的案例，就是著名的長平之戰了，趙括紙上談兵，不能打仗，廉頗知道，藺相如知道，趙括死去的父親知道，趙括的母親知道。就兩個人不知道，一個是趙括自己不知道，二是趙王不知道，四十萬人的生命，就這麼斷送了。

這三個不知，都是講「將在外，君命有所不受」，講「中御之患」。姜太公說：「國不可從外治，軍不可從中御。」國內的事歸主君管，不可以從國外處理；軍中的事歸將軍管，不能由國君遙控。如果國君老是遙控，則「三軍既惑且疑，諸侯之難至矣」，敵國就乘隙而入。「是謂亂軍引勝」，搞亂自己軍隊，把敵人引來，讓敵人得勝。

「將在外，君命有所不受」。這是講給國君聽的，但你不能假設國君一定會聽，只能啟發他聽，他不聽，你還得聽他的。否則，將軍自己的命都保不住，還算什麼英雄，還怎麼保家衛國呢？像岳飛，他死了，人們讚他英雄，罵秦檜奸臣，但宋朝還是亡了，他也沒盡到保衛國家的責任。

秦國的王翦，秦王把舉國六十萬大軍都交給他，去滅了六國，統一天下。他今天派人去找秦王要塊田，明天派人去要蓋房子，就是要秦王放心，我求田問宅本無大志。岳飛那直搗黃龍府，迎還二帝的雄心壯志，高宗怎麼受得了？回來兩個皇帝，這個皇帝怎麼辦？誰能保證迎還不變成擁立？

皇上可以不懂軍事，將軍不能不懂政治。

「將在外，君命有所不受」，是給皇上立個規矩，但只能啟發他自覺守規矩，不能假設他一定守規矩。

千難萬難，判斷最難

原文

故知勝有五：知可以戰與不可以戰者勝。

華杉詳解

孫子講五個知勝之道，講的是知勝之道，不是制勝之道，這還是孫子「勝可知而不可為」的思想，不指望在戰場上靠運氣獲勝，而是在必勝條件下一戰而定。所以第一條就是知可以戰與不可以戰，動手之前，你要知道能不能贏。

這就對判斷力提出了很高的要求，你怎麼知道自己必勝呢？你認為必勝，結果真的就勝了，次次都這樣，那你不成了神仙？

我的實際工作體會：**必勝不可知，必敗則是可知的。**

比如說做一個方案，最重要的能力不是「出創意」，而是「有判斷」，隨時知道自己走到了哪一步，能不能得手。

所以說判斷力是創造力的前提，只有在判斷中創造，才是真正的創造，否則就是天馬行空，無邊無際。那怎麼辦？那就只能「狂夫之言，聖人擇之」，讓別人來作判斷。

人性的弱點是一廂情願。西諺云：「我們相信一些事情，不過是因為我們希望他是真的。」我們假定一廂情願的因素在我們的判斷裡占三分，那麼，當你認為有幾分把握的時候，先自己減去三分一廂情願分，再想想。

當我們覺得有十分把握的時候，減去三分就是七分。假如我們的判斷是準確的，那就有百分之五十的概率獲勝，那贏面已經非常大了。

成功是偶然的，失敗是必然的。這個認識很重要，不要輕舉妄動。

前面講的知勝知敗，都是講戰前的判斷。戰後結果就出來了吧？

實際卻不是。打仗是打完就有勝敗，經營卻不是！戰後也不知道勝敗。而且明明敗了，大敗，顯示出來的結果卻是勝的！

這是怎麼回事?!

是那敗藏起來了，儲蓄起來了，過一段時間再報復你，讓你不可挽回！

事情是這樣的：當我們創業的時候，勝敗是很容易體現的，勝了就幹成了，敗了就賠了。但當一個事業起來之後，你作出了一個關鍵的錯誤決策，你的市場可能還在增長。等到市場真的掉下來了，你可能還不認為自己錯，認為是「產品生命週期到了」。

千難萬難，判斷最難。

你能帶多少兵，就是你有多強的管理能力

原文

識眾寡之用者勝。

華杉詳解

「知勝五道」第二條，「識眾寡之用者勝」。知道兵多兵少怎麼用的人能勝。

《孫子兵法》每句話的信息量都很大，這句話信息量也不小，識眾寡之用，就是能帶兵，能帶隊伍，概括說有以下三個方面：

一是知道需要用多少兵。

秦王政要滅楚，朝廷開會問需要多少兵馬，王翦認為「非六十萬人不可」，李信則說「不過二十萬人」便可打敗楚國。秦王政當然喜歡李信，認為王翦老不堪用，便派李信和蒙恬率兵二十萬，南下

伐楚。結果打得大敗，七個都尉被斬，成為秦軍少有的大敗仗。

秦王趕緊去給王翦賠禮道歉請他出山，王翦的條件還是六十萬兵。

王翦率軍到了楚國，駐紮下來，營門一關，也不出戰，每天就開運動會搞體育比賽。他兵多，楚軍也沒法來攻。就這麼耗了一年，楚軍熬不住，開始頻頻調動。楚軍一調動，露出破綻，他就揮師出擊，一舉滅了楚國。

匈奴單于冒頓寫信輕薄呂后，呂后大怒，想發兵討伐。樊噲激情演說：「給我十萬兵馬，橫掃匈奴！」大家都附和要打。季布大喝道：「樊噲可斬也！當年高祖三十萬大軍還在白登被圍，陳平用計講和才放回來，樊噲比高祖還厲害嗎？」呂后冷靜下來，給冒頓回了一封不卑不亢的信，還是和親友好。

二是你能帶多少兵。

這是一個管理能力，一個組織動員的能力。你能帶一個班？一個排？一個團？一個軍？

劉邦跟群臣討論誰誰誰能帶多少兵，問韓信說你看我能帶多少兵。韓信說陛下能帶十萬，多了您就搞不定。劉邦問你能帶多少？韓信說我嘛，多多益善，再多的兵我都能帶。

所以打仗的本事，人們看到的是謀略、勇敢，因為那裡面有故事，有談資，男女老幼都愛聽，廣為流傳。而還有一個不被人們掛在嘴邊的是組織、動員、管理。管理的事講起來枯燥，人們聽不懂，也不愛聽。

韓信打仗的本事為什麼大？為什麼比別人都大？他謀略當然厲害，勇敢大家都知道是他的弱項，他的超級強項，在「韓信帶兵，多多益善」這句話裡面。我們每個人可以想一想，我能帶多少人的團隊？管二十人的公司，和管二百人的公司，不是一回事。二千人、二萬人、二十萬人，又是另一回事。像富士康那樣管上百萬人，把人都管瘋了，管自殺了。前面說的王翦，帶六十萬兵在敵境內駐營，一年不打仗，天天開運動會，關鍵時候一擊制勝。這一年六十萬小伙子擠一堆，一年不幹活，還沒出事，這都是管理的大本事。

三是兵怎麼帶，怎麼用。

所謂「治眾如治寡」，韓信帶兵，多多益善，給他一百萬兵，他跟帶一百人一樣方便。這就有一套組織架構和管理體系，後面的《形篇》、《勢篇》、《虛實篇》都講這個問題。

組織架構，就是從小到大戰鬥單位的設計，古代打仗最小戰鬥單位是五個人。戚繼光剿倭寇，設計了十二人一組的鴛鴦陣。林彪發明「一點兩面三三制」，以三人為最小戰鬥單位。從三個人一個戰鬥小組，到上百萬的大軍，他指揮起來都像揮自己的手臂一樣方便自如。

這就是識眾寡之用。

不站在老闆立場的員工沒前途，沒有員工思維的老闆做不大

原文

上下同欲者勝。

華杉詳解

「知勝五道」之三：「上下同欲者勝」。

上下同欲者勝，知不知道呢？都說知道。但用王陽明「知行合一」的觀點來說，沒做到就不是真知道，那就幾乎沒什麼人知道了。

上下同欲者勝，人們自然都是要求別人同自己的欲，特別是上要求下要同上的欲，很少有人理解是自己要同他人的欲，要跟從他人的欲。

理學家說「存天理，滅人欲」，王陽明說「天理即人欲」。兩個欲，不是一個欲。滅人欲，是要控制自己的欲；即人欲，是要順應大家的欲。

《左傳》說：「以欲從人則可，以人從欲鮮濟。」什麼意思呢，就是讓自己的心願跟隨大家的心願，那樣行事就可以成功；如果讓大家的心願跟著你個人的心願走，則很少能夠成功。

所以，我們可以把「上下同欲者勝」這句話改一下來理解，叫：

同他人之欲者勝。

這就回到利他就是利己的大道理了。

對於員工來說，你要始終站在老闆的立場思考處理任何問題，你就進步快了。

對於乙方來說，你要始終站在甲方老闆的立場，誠則靈，你的業務就穩了。

對於老闆來說，你要有員工思維，凡事站到員工的立場去看一看，服務員工，關注員工，就有人願意跟你幹了。

對於企業來說，要始終站在消費者的立場，不要總想利用信息不對稱掙錢，而是實實在在為消費者建起別人做不到的產品和服務體系，這就百年品牌了。

「上下同欲者勝」。如何做到呢？

首先要承認上下不同欲。

你知道不同，你才能想辦法同。你認為別人都該跟你同，什麼也不需要做，就永遠沒人跟你同了。上下不同欲，就是韓非子說的君臣異利。君和臣，利益所在不一樣！

曹操伐東吳，孫權開會討論戰還是降，群臣都說打不過，劉琮都降了，安排得還挺好，咱們也降了算了，跟他談個好條件。

魯肅趁孫權上廁所的時候跟出去，對孫權說：「主公，我們都可以降，您不能降。」孫權問為什麼。魯肅說：「我們做臣子的，換個主公，還是一樣做官，降了，家財利祿都有保障。您降了，做什麼官呢？」孫權就明白了，必須戰。

這就是君臣異利。

君臣異利，上下不同欲，怎麼辦呢？

韓非子的邏輯是君臣互市，做交易，就是建立公平透明的激勵機制。**君不必仁，臣不必忠，在這機制下，自然君王仁愛，群臣忠勇。**

君臣之間，不要講感情、報恩、愛戴之類，但每個人必須忠於自己的角色責任，忠於職守和遊戲規則。

在機制設計上假設每個人都是壞人，讓壞人為了自己利益也只能做好事。在道德品質是提倡每個人都做好人，讓好人好上加好再加分。這就能上下同欲者勝了。

真正認識「以防萬一」

原文

以虞待不虞者勝。

華杉詳解

「知勝五道」之四：「以虞待不虞者勝。」

「虞」，是預料、預備、防備的意思。成語「爾虞我詐」，就是相互防備，相互欺騙的意思。

《左傳》說：「不備不虞，不可以師。」沒有預先準備，沒有周密防備，那是不可以帶軍隊的。

《孫子兵法》說：「無恃其不來，恃吾有以待也。無恃其不攻，恃吾有所不可攻也。」不能料定敵人不會來攻擊，要有準備他來了我也不怕。

春秋時吳楚交戰。兩軍相距三十里，雨下了十天十夜，晚上都看不見星星，漆黑一片。楚軍左史倚相對大將子期說：「這麼惡劣的天氣，吳軍肯定認為我們沒有防備，一定來偷襲，不如備之。」於是列好陣勢等著。

吳軍果然來了，一看楚軍嚴陣以待，占不到便宜，轉頭便撤。

楚軍也沒追擊，因為知道他有所防備。等吳軍走遠了。左史又說：「他們往返六十里，回到營中，又累又餓，大將要休息，士兵要吃飯，肯定防備鬆懈了。咱們急行軍三十里摸上去，定可一鼓破之。」

楚軍依計而行，果然大破吳軍。

那開始時下著大雨，楚軍列陣等著，吳軍不來怎麼辦？那不白準備了嗎？我們經常聽見人說：「我白準備了，白浪費了。」這個觀念就是兵法要反對的。《兵法百言》：「寧使我有虛防，無使彼得實嘗。」寧可我白準備，也不能讓他萬一來了，讓他得手。

絕大部分準備，都是「白準備」，因為準備本來就是「不防一萬，只防萬一」的，所以每一次有效準備背後，都有九千九百九十九次「白準備」。左史並非料事如神，料定吳軍一定會來，他只是按操作規程，做好準備。吳軍若不來，士兵們怨聲載道，這事過去了，不會寫進史書裡，我們也不知道。吳軍來了，他就名垂青史了。兩千多年後我們還能知道這事，可見這樣的事是很少發生的。

一位在法國道達爾公司工作的朋友跟我講，他們公司每次開大會，都有一個安全官，先做半小時安全介紹，這酒店什麼情況，走火通道，逃生門在哪兒，防火面具在哪兒，滅火器在哪兒，如果發生火災，按什麼程序逃生，如何自救、互助及急救等等。

按咱們「百年大計，進度第一，質量第二，安全第三」的價值觀，這喋喋不休的半小時安全課，每個人都聽過幾百遍了，得浪費多少時間！

這就是要真正認識「以防萬一」！防的就是萬分之一！我們很多家長，孩子坐車都不給他備兒童座椅，認為沒事兒，卻沒想過萬一有一次事兒，孩子就沒了。所以我帶孩子旅行，都托運行李帶著兒童安全座椅走。

「以虞待不虞者勝」，還有一個理解，就是「機會是屬於有準備的人」。**人生就是不斷地埋下伏筆，機會來的時候，你都準備好了。**

作戰就那一下子，我們百分之九十九的工作，都是準備工作。這個道理太深了。人們容易看到的是戰利品的多少得失，時間、資源的分配，總是向收割傾斜，不是向準備傾斜。

只問耕耘，不問收穫。我看到有的企業家，把收穫的工作交給經理人，因為今天的收穫都是他三年前耕耘下的。他把他的精力和關注點，投入新的耕耘，為未來作準備。

老闆要適當放棄自己的判斷，部下要盡可能允許老闆越界

原文

將能而君不御者勝。

此五者，知勝之道也。

華杉詳解

這是「知勝五道」最後一條，將領能幹，君王又不干預者勝。《司馬法》說：「進退惟時，無曰寡人。」不要管皇上說什麼，進退自己根據形勢判斷決策。

司馬懿和諸葛亮在五丈原對峙，司馬懿不出戰，諸葛亮天天羞辱他，據說還送女人衣服給他。魏國將士們受不了，甚至也認為司馬懿膽小，群情洶湧，個個要戰。司馬懿說：「好吧，我即刻向皇上請旨出戰。」朝廷接到司馬懿的請戰書，馬上明白了他的意圖，是要演戲，要皇上配合。派來天子使節辛毗，執節站在軍門宣旨：「敢問戰者，斬！」

諸葛亮聽說後道：「他要是能制我，還用向天子請戰嗎？假裝說天子不許出戰，這是不能之將！」

諸葛亮此語，是引用了《孫子兵法》「將能而君不御」的典故。司馬懿要君御，那他就是不能之將了。

不過司馬懿的要求君御是假裝的，是演戲。諸葛亮心裡也明白，五丈原這一仗，他始終沒打成，就病故軍中了。

古代拜大將於太廟，有一套授權的儀式。國君親手拿著象徵征伐敵人與統御下屬的生殺大權的鉞，就是一種大斧，實際不是兵器，是砍頭和腰斬的刑具。國君先倒著執鉞，斧柄對著大將給他，說：「從是以上至天者，將軍制之。」國君執著斧柄，刃對著大將交給他，說：「從是以下至淵者，將軍制之。」這就上管天，下管地，全部權力都授權給他了。

「將能而君不御」，將在外君命有所不受。兵法天天講，人人都認為這是對的。但這句話真是一個理想狀態，很少成為客觀現實。執著於兵法這一條的將，往往會死得很慘。

對於大將來說，管著軍事，戰場上瞬息萬變，當然不能事事請示皇上。對於皇上來說，皇上管著政治，內政外交，敵國、叛軍和內部政敵，他的壓力比大將還大，而最大的籌碼都交給你了。他能不派監軍已經不錯了，你要他不管不問，他一定要得焦慮症。

「兵者，國之大事，死生之地，存亡之道，不可不察也。」國君處在生死存亡中，你不能要求他不發表意見，不干涉行動。因為他時時刻刻在作判斷。

所以國君要克制自己，學會適當放棄自己的判斷。比如安史之亂，哥舒翰守潼關，他堅守半年不戰，形勢漸漸有利了。唐玄宗卻要逼他出戰。玄宗為什麼判斷可以出戰呢？一是君王的驕傲，他根本不接受安祿山可以反叛他，甚至打敗他這一現實，所以之前斬了作戰不利的大將封常清、高仙芝，這都是唐朝最優秀的大將，自毀長城。這下看形勢好轉，馬上想一舉撲滅安祿山，出一口惡氣。二是楊國忠不斷地煽風點火，因為他和哥舒翰是死敵，所以只要哥舒翰想做什麼，反著來就是了。

所以唐玄宗的判斷，並非一個清晰的分析判斷，很大程度上是情緒，是不接受失敗，不接受委屈，馬上要幹一場得解脫。

既然哥舒翰苦苦諫爭，說不能戰，就聽他的，再多守半年能怎麼著？非得馬上見個分曉嗎？這就是楊國忠的讒言發揮作用了。楊國忠一煽風點火，玄宗更認為自己的判斷沒錯。

結果是哥舒翰出關，全軍覆沒，長安失守，玄宗南逃四川，楊國忠兄妹被殺。

從哥舒翰的角度來說，不能讓玄宗信任自己，就是最大的「不能」，就不能說他是「將能」。和楊國忠鬥得你死我活，也是他失敗的主要原因。楊國忠是小人，但君子有時候就得和小人交朋友。即使做不到，至少要有這個意識。歷代依靠太監辦成大事的治世能臣也有，張居正就是。

「將能而君不御」，君王要想想，只要不是馬上見死活，一輸就輸光的，不妨放棄自己的判斷，讓他自己幹去。

對於大將來說，不要把君王伸過來的手擋回去，讓他隨時可以插手，讓他感覺你是透明的，對他不設防的。這樣關鍵的時候，你非要自作主張堅持，你的堅持會更有說服力。

知己知彼的問題往往不在於不知彼，而在於不知己

原文

故曰：知彼知己者，百戰不殆；不知彼而知己，一勝一負；不知彼不知己，每戰必殆。

華杉詳解

如果了解自己，也了解敵人，那就能立於不敗之地。即前面講的五個知勝之道，五個方面，都清楚敵我雙方的情況和對比。如果只了解自己，不了解敵人，則戰勝概率是百分之五十。如果既不了解自己，也不了解敵人，則勝率為零。

「不知彼而知己」，李筌的注解裡舉了淝水之戰苻堅的案例，說苻堅是只知道自己，不知道敵人。王猛臨死時對苻堅說：「晉室雖然立於偏遠江南，但承繼正統。謝安、桓沖，都是偉人，不可征伐。我們內部的鮮卑、羌虜才是我們的仇敵，終會成為禍患，應該將他們除去，以利社稷。」王猛死後，苻堅沒聽他的，揮師伐晉。又有人跟他說：「對方也有人才啊！謝安、桓沖都是人傑，不可輕敵。」

苻堅說：「我以八州之眾，士馬百萬，投鞭可斷江水，何難之有？」

淝水之戰，苻堅大敗，之後鮮卑、羌族反叛，苻堅最終被羌族首領姚萇殺害。

苻堅之敗，真的是知己而不知彼嗎？非也，他的問題不在於不知彼，而在於不知己，或者說內部的不知彼。他的臥榻上，酣睡的都是仇敵。

王猛勸他的話，前半段有些可疑。說晉室不可伐，因為是正統所在。少數民族不太會認為你是正統，不能伐。歷史是正統的漢人寫的，很可能編了這一段吧。

後面才是重點，「鮮卑和羌才是我們真正的仇敵，應該滅了他們。」

苻堅有巨大的性格弱點，就是對人太好，沒原則地好。滅了他人之國，別人都是斬草除根，他則是你只要投降，皇帝也可在我帳下做將軍，胸懷大得沒原則。

所以淝水之戰前，他已經犯了「知勝五道」裡「上下同欲者勝」這一條。他的百萬大軍裡，上下不同欲，那些降帝降將，心裡想的是復國，而不是幫他統一天下。所以一喊退，都跑了。

鮮卑慕容沖，前燕被苻堅滅國後，他和十四歲的姊姊一起被送進苻堅宮中，姊姊做寵妃，他做男寵，姊弟倆寵冠後宮。慕容沖後來起兵復國，苻堅在陣前看到他，還舊情氾濫，派人送一件錦袍過去。國破家亡，身為皇室貴胄，和姊姊一起被送到敵國後宮，這對慕容沖是怎樣的奇恥大辱和國恨家仇，苻堅卻認為這是愛情！他就這麼荒唐，太把自己當天下共主了，不知道別人也想當皇帝。

我們用「知勝五道」一條條去評估苻堅。

「知可以戰與不可以戰者勝」。王猛已經說了，內部才是大問題，不可以去跟晉室戰。但苻堅不知道。

「識眾寡之用者勝」。這一條，苻堅太大意了，沒有分兵，擠在一堆，一退全潰。

「上下同欲者勝」。前面說過了，他手下好多將領等著機會復國稱帝呢。

「以虞待不虞則勝」。謝玄設計好圈套，他卻以為任你什麼圈套我都不怕，不做準備，被動挨打。

「將能而君不御者勝」。他是御駕親征，百萬大軍，卻是各懷鬼胎的烏合之眾。

所以這五條，他一條也不及格。他不是知己不知彼，五十百分比勝率，而是不知己也不知彼，必敗。

知己知彼，我們關注的往往是知彼，因為認為知己是理所當然的。現實往往不是這樣，現實是往往問題出在不知己。現實是你想知彼卻得不到，別人怎麼回事你怎麼知道呢？

所以唐太宗說：「今之將臣，雖未能知彼，苟能知己，則安有不利乎？」

我認為，知己不知彼，勝率不是百分之五十，至少是百分之八十！要把工夫下在知己上。我不管你怎樣，因為我也管不著，我只管我怎樣，你怎樣我都有準備，我還能調動你。讀《曾國藩全集》，他的日記裡很少談敵情，都是研究自己軍隊建設管理的事。敵情，打了才曉得。

今天我們學《孫子兵法》，用在經營活動中，還有一個問題，知己知彼，彼是誰？競爭對手嗎？非也！是顧客。如果我們知道自己，又知道顧客，那就每戰必勝。我們的問題往往出在自己做得不夠好，又不了解顧客。如果學了兵法，天天去研究所謂對手，那是瞎耽誤工夫。

附錄：《謀攻篇》全文

孫子曰：凡用兵之法，全國為上，破國次之；全軍為上，破軍次之；全旅為上，破旅次之；全卒為上，破卒次之；全伍為上，破伍次之。是故百戰百勝，非善之善者也；不戰而屈人之兵，善之善者也。

故上兵伐謀，其次伐交，其次伐兵，其下攻城。攻城之法，為不得已。修櫓轒轀，具器械，三月而後成，距闉，又三月而後已。將不勝其忿而蟻附之，殺士卒三分之一，而城不拔者，此攻之災也。

故善用兵者，屈人之兵而非戰也，拔人之城而非攻也，毀人之國而非久也，必以全爭於天下，故兵不頓，而利可全，此謀攻之法也。

故用兵之法，十則圍之，五則攻之，倍則分之，敵則能戰之，少則能逃之，不若則能避之。故小敵之堅，大敵之擒也。

夫將者，國之輔也，輔周則國必強，輔隙則國必弱。

故君之所以患於軍者三：不知軍之不可以進而謂之進，不知軍之不可以退而謂之退，是謂縻軍。不知三軍之事，而同三軍之政者，則軍士惑矣。不知三軍之權，而同三軍之任，則軍士疑矣。三軍既惑且疑，則諸侯之難至矣，是謂亂軍引勝。

故知勝有五：知可以戰與不可以戰者勝；識眾寡之用者勝；上下同欲者勝；以虞待不虞者勝；將能而君不御者勝。此五者，知勝之道也。

故曰：知彼知己者，百戰不殆；不知彼而知己，一勝一負；不知彼不知己，每戰必殆。

第四章

軍形第四

贏了再打

原文

形篇

孫子曰：昔之善戰者，先為不可勝，以待敵之可勝。不可勝在己，可勝在敵。故善戰者，能為不可勝，不能使敵之可勝。故曰：勝可知，而不可為。

華杉詳解

《孫子兵法》第四篇是《形篇》，《形篇》後面是《勢篇》，「形勢」這個詞就是從這兒來的。

什麼是「形」？曹操注解說：「軍之形也，我動彼應，兩敵相察情也。」形，是可以觀察到的，我動彼應，我動一動，看你怎麼回應；你動一動，看我怎麼回應，相互試探，相互觀察。比如我們熟悉的「火力偵察」，就是先給你打一梭子，看你暴露出什麼「形」來。張預注解說：「兩軍攻守之形也，隱於中，則敵不可得而知，見於外，則敵乘隙而至。」雙方軍形都儘量不讓對方刺探，一接戰，一攻一守，兩軍的軍形就相互暴露了。

所以，「形」，是在戰前。「勢」，則是在戰鬥中。

漢代荀悅有一段話講形勢，比較準確：

夫立策決勝之術，其要有三：一曰形，二曰勢，三曰情。形者，言其大體得失之數也；勢者，言其臨時之宜，進退之機也；情者，言其心志可否之實也。故策同、事等而功殊者，三術不同也。

這段話意思是說，「形」是大體得失的計算，你勝算有多大，這是算得出來的。算清楚了再做，算不清楚別做。

做事先看形，行不行。做起來就靠勢，荀悅說是「臨時之宜，進退之機」。可以這麼說，不過孫子在《勢篇》裡講得更深刻。荀悅還講了「情」，就是主將的意志力和團隊的士氣，「心志可否」，這個「情」，在《孫子兵法》裡也歸為「勢」。所以荀悅的「形」、「勢」、「情」三要，實際還是「形」、「勢」二要。

「形」和「勢」講清楚了，戰勝的過程，就是形勝和勢勝兩個過程。《形篇》，就是講形勝的。

接下來我們開始讀《形篇》：

昔之善戰者，先為不可勝，以待敵之可勝。不可勝在己，可勝在敵。故善戰者，能為不可勝，不能使敵之可勝。故曰：勝可知，而不可為。

古代真正善於作戰的人，先規畫自己，讓自己成為不可戰勝的，然後等待可以戰勝敵人的時機。不可戰勝，在於你自個兒，能否戰勝敵人，在於對方有沒有給你可勝之機。所以說，善戰者，能夠做到自己不被敵人戰勝，卻做不到敵人一定會被我戰勝。勝利可以預見，但如果條件不具備，是不可以強為。

「先為不可勝，以待敵之可勝」，正可以和上一章的「知己知彼，百戰不殆」相對應。先規畫自己，讓自己成為不可戰勝的，就是知己；然後等待敵人什麼時候可以被戰勝的時機，就是知彼。

不可勝在己，可勝在敵。故善戰者，能為不可勝，不能使敵之可勝。

一句話，人管得了自己，管不了別人。先管好自己，再觀察別人。敵人如果無懈可擊，我們是沒辦法取勝的。

「勝可知，而不可為」。可以判斷我們能勝。但如果沒有勝的形勢，不可強求。

不可勝，不可強求，怎麼辦呢？

首先是不辦。**很多人，敗就敗在不知道事情可以不辦**。所謂不作死，就不會死，辦不到的事，就不要強求。留得青山在，不怕沒柴燒。如果非要辦，就會輸光了老本。

不能取勝，就不要出戰。抓緊練自己。孫子的思想是先勝後戰，後面還會講。我稱之為贏了再打。沒有贏，就不要打。

很多人接受不了這一點，認為這是不作為，必須要有所作為，自己才心安。這是一種「戰略焦慮症」，忘了「作為」的代價、損失和風險。事實上不出手並非不作為，而是積累自己、等待時機。三國爭霸，諸葛亮就是不停地作為，可以說沒有任何勝算的作為，最後把自己累死了。他應該等，等待時機，鍛鍊身體。一是爭取自己活得長，二是把國內治理富足強大，把兒子教育好傳承下去。但他像很多人一樣，認為不能等。不能等的結果是什麼呢？司馬懿活得最長，活過了諸葛亮，活過了曹操，甚至活過了曹丕，就沒有人能阻擋他了，結果是三國歸晉。

所以第二個策略，就是等待。

等待，在很多情況下，都是最好的選擇。認識到這一點的人太少了。等待什麼？等待形勢變化。

什麼叫形勢變化，就是形變化為形勝，勢變化為勢勝。

形勝，是在等待中積累，讓自己不可勝，越來越強。勢勝，是勝機出現，抓住機會，一戰而定。

最能等的人，是日本戰國時代的德川家康。有一個笑話，講日本戰國三大英雄，織田信長、豐臣秀吉和德川家康的。說三個人一起遛鳥，那鳥就是不叫。怎麼辦呢？織田信長說：「再不叫，再不叫就把它殺了，換一隻鳥。」

豐臣秀吉說：「不用殺，叫就獎，不叫就罰，總有辦法讓它叫。」

問德川家康，家康說：「什麼也不用做。等！是鳥嘛，它總要叫的。」

三人中，就德川家康能等，而且他活得最長，結果就是他成了天下之主，德川家族統治了日本三百年。

等什麼呢？一是等形勝，積累自己；二是等勢勝，等對方失誤。對方一失誤，勝機就出現了。對方不失誤，我們就沒法贏，或者戰勝的代價太大，不如再等一等划算。

所以又有了第三個策略：能不能引誘對方失誤？

這就是《唐太宗李衛公問對》裡說的：「觀古今兵法，一言以蔽之：多方以誤。」一想方設法引他失誤。前幾章講了王翦滅楚國的故事，他找秦王要了六十萬大軍，開到楚境，卻不發動攻勢，安營紮寨，每天開運動會練兵，等楚國的動作。這一等，就等了一年。楚國人憋不住了，開始頻頻調動。楚軍一動，他看到機會，一舉出動，就滅了楚國。

成功必有大量的、充分的、長期的積累，便能活在他人想像之外

原文

不可勝者，守也；可勝者，攻也。守則不足，攻則有餘。善守者藏於九地之下，善攻者動於九天之上，故能自保而全勝也。

華杉詳解

不可勝者，守也。

何氏注解說：沒有看見敵人的形勢虛實有可勝之理，則亦固守。

曹操的注解就三個字：「藏形也。」觀察對方的軍形，發現沒有可勝之機，那我就把自己的軍形藏起來，守起來，也不要讓對方找到破綻。

可勝者，攻也。

杜牧注解說：「敵人有可勝之形，則當出而攻之。」前面講王翦滅楚的例子，就是「不可勝者，守也；可勝者，攻也。」六十萬大軍開到別人家門口，看你嚴陣以待，我就等著，守著，守了一年。

等楚軍一動，露出破綻，出現可勝之形，馬上出擊，一舉得勝。

守則不足，攻則有餘。

孫子的思想，一貫謹慎。守則不足，知道自己力有不足，就守。要力量多大才攻呢？一定要「有餘」才攻。光力量夠了還不行，一定要有餘，要留有餘地，要多留餘地，要有壓倒性的優勢才攻。

善守者藏於九地之下，善攻者動於九天之上。

梅堯臣注解說：「九地，言深不可知。九天，言高不可測。」

杜牧注解說：「守者，韜聲滅跡，幽比鬼神，在於地下，不可得而見之；攻者，勢迅聲烈，疾若雷電，如來天上，不可得而備也。」

所以善守的人，如藏於九地之下，守得敵人一點都不知道。善攻的人，一攻起來，雷霆萬頃，覆天蓋地，讓人根本沒有反應的機會和還手之力。「故能自保而全勝也」。守，能保全自己。攻，能獲得全勝。

孫子的全勝思想，全勝的全，不光是要保全自己，也要保全城池物資，甚至還要保全敵人。一是自己保全，不要殺敵一千，自傷八百；二是爭取把對方也保全，不要他敗退的時候把橋樑、道路、城池等基礎設施都破壞了，把糧倉物資也燒了，要把這些東西都保全，為我所用。最好，人也不要殺他們的，把他們的軍隊也保全，一看我們從天而降，沒有戰鬥意志了，放下武器投降，加入我們的軍隊，我們的隊伍就壯大了。

「善守者藏於九地之下」，千萬別以為「守」是保守的，是不進取的。守，本身就是勝的積累，而且是加速積累！

從企業經營來說，簡單的類比可以講專業化和多元化的問題，你每進入一個新的領域都是攻，深耕在一個領域就是守。王石當初把所有的公司都賣掉，就守住一個房地產，就守出了一個萬科。

從個人來講，行行出狀元，就是專注、堅持。任何一個人只要專注一個領域，五年成為專家，十年成為權威，十五年成為世界頂尖。

在經營上，你守住一個地方，能守出一個世界頂尖來，就能活在他人想像之外！所以守，是一個從量變到質變的積累，是深深地藏於九地之下，沒人知道你水有多深，因為他們沒有在一個地方耕耘過這麼久，沒有達到過這麼深，你就能形成最高的競爭壁壘，別人進不來。

那什麼叫「善攻者動於九天之上」呢？就是你覺得他在攻擊你的時候，他根本沒攻擊你！這有點像現在說的「降維攻擊」，毀滅你，但與你無關。

因為，他在九天之上，他跟你不在一個平台，不在一個層面，不在一個戰場。現在所有的網路企業都要拿移動網路門票，那門票卻不是由誰來發的，都是你自己畫的，畫成什麼樣？每個人邏輯都不一樣，各在各的天空，不是一回事，哪有什麼競爭！都是自己的事。

什麼叫競爭？競爭的本質是要你沒法跟我爭，而不是我要跟你爭。這就是《孫子兵法》說的「善戰者先為己之不可勝」，也是《道德經》說的「夫不爭，則天下莫能與之爭」。一旦你想去跟某某爭，你已經輸了。動於「九天之上」的人，根本沒覺得自己在跟誰爭，只是被他帶起的風颳倒的人，自己覺得自己的東西被他爭走了。

當你在「九地之下」的時候，你要耐得住寂寞，耐得住別人比自己風光，就像當初華為不進房地產，阿里巴巴不做遊戲，專心磨鍊自己的核心能力。當你厚積薄發、橫空出世，人人看你都是「動於九天之上」，別人想學你，得坐時光機器回到十年前去學，甚至回到你的幼兒園去跟你一起學起，哪裡學得來！他們看到的，都不是你成功的原因，因為你已經活在眾人的想像之外。

真的智將，他的功勞，常常只有他自己知道

原文

見勝不過眾人之所知，非善之善者也；戰勝而天下曰善，非善之善者也。故舉秋毫不為多力，見日月不為明目，聞雷霆不為聰耳。古之所謂善戰者，勝於易勝者也。故善戰者之勝也，無智名，無勇功，故其戰勝不忒。不忒者，其所措必勝，勝已敗者也。故善戰者，立於不敗之地，而不失敵之敗也。是故勝兵先勝而後求戰，敗兵先戰而後求勝。善用兵者，修道而保法，故能為勝敗之政。

華杉詳解

見勝不過眾人之所知，非善之善者也。

人人都看得出來的勝，你也看出來，那不算本事。

曹操注了四個字：「當見未萌。」沒發生的，沒顯現出來的，你能洞察到，那才是本事。

我們評論一件事時，總是說：「看結果！結果最說明問題！」結果不一定能真正說明問題。因為今天的結果來自昨天的決策，換一個決策，結果是比這個好，還是差，誰也不能回去再走一遍試試，而且對結果的認識和解釋，每個人還不一樣。我們要討論的，永遠都是對未來的判斷，這一步下去，未來會怎樣，那每個人看法差距就大了。

李筌注解說：「知不出眾知，非善也。」

你能看到的，是大家都能看到的，那不算本事。要能看到別人看不到的。韓信破趙之戰，就是著名的「背水一戰」。韓信拂曉帶兵出井陘口，先傳令開飯時間，說破趙之後開飯。諸將都不信，假意答應：「諾！」之後背水列陣，趙軍看見大笑。結果韓信一鼓破趙，剛好到飯點。這就是知道眾所不知的案例。

韓信知道的是什麼呢？一是背水列陣，置之死地而後生，讓士兵們沒有退路，拚死作戰；二是兩軍接戰後，派兩千騎兵突入敵營，把趙軍軍旗拔了，全插上漢軍旗幟，大喊趙軍敗了，讓趙軍心驚膽裂，一哄而散。

戰勝而天下曰善，非善之善者也。

你打贏了，全天下都說精彩，那不算「善之善者也」。

按孫子的標準，韓信的背水一戰又不是「善之善者也」了，因為這事不常發生，不是有把握的事兒。比如你用一萬人擊敗了敵軍二十萬人，那必然天下聞名，全天下人都說你厲害，兩千年後史書上還寫著你的案例。你若用二十萬人吃掉了敵軍一萬人，沒人會記你一筆。但是，一萬人擊敗二十萬人是小概率事件。你這將軍怎麼帶的兵，居然讓一萬人和敵軍二十萬人遭遇呢？靠著運氣和對方是個笨蛋，居然讓你贏了。

正如韓信破趙之戰，本來他沒那麼容易取勝。他出井陘口之前，廣武君向陳餘獻計說：「井陘道路狹窄，兩輛戰車不能並行，騎兵不能排成行列，行程數百里，運糧隊伍勢必遠遠地落到後邊，您撥給我三萬人，從隱蔽小路攔截他們的糧草，您就深挖戰壕，高築營壘，不與他交戰。他們向前不得戰鬥，向後無法退卻，我截斷他們後路糧草，使他們在荒野什麼東西也搶掠不到，用不了十天，韓信的人頭就可送到將軍帳下。」

但是陳餘不聽。韓信得到諜報，陳餘不用廣武君的計策，才敢進兵。破趙之前，傳令活捉廣武君，不得殺害。廣武君抓來，韓信馬上親自為他鬆綁，尊他為師。廣武君說：「敗軍之將不敢言勇。」韓信說：「百里奚在虞國做大夫，虞國亡了。到了秦國，秦國卻因他而霸。不是說百里奚在虞國蠢，到了秦國變聰明了。而是在於主公用不用他，聽不聽他的。如果陳餘用您的計策，我已經被您擒了，就是因為他不用您，我才有機會侍奉您呀！」於是韓信用廣武君之計，又降服了燕國。

從趙軍方面來說，陳餘不是敗給了韓信，是敗給了自己。用廣武君的話說，他有必勝之計，但是陳餘不用，在那一刻便已經敗了。只要讓韓信出了井陘，那誰也擋不住。至於什麼時候開飯，聽故事的喜歡這樣的精彩細節，「天下曰善」，事實上什麼時候開飯無所謂。

我們要特別警惕那種「戰勝而天下曰善」的精彩案例，自以為可以複製，結果你一上手卻複製不了！韓信背水一戰得勝，你背水一戰，可能就被人攆水裡餵魚了。

舉秋毫不為多力，見日月不為明目，聞雷霆不為聰耳。

能舉起一根毫毛不能算力氣大，看得見太陽、月亮不能算視力好，聽得見打雷不能說你耳朵靈。

古之所謂善戰者，勝於易勝者也。故善戰者之勝也，無智名，無勇功，故其戰勝不忒。不忒者，其所措必勝，勝已敗者也。

真正善於作戰的人，都是戰勝了容易戰勝的敵人，甚至是戰勝了已經失敗的敵人。韓信何嘗不是戰勝了已經失敗的趙軍呢？

勝已敗者也！這句話要再強調一遍。真正的善戰者，不是把敵人打敗，而是看見敵人已經敗了，他才開打！

所以，真正善戰的都不是「名將」。名將是什麼呢？不可能打贏的仗，都給他打贏了，所以一戰成名！項羽呀、李廣呀，都是這樣的千古名將。而真正善戰的人呢，他準備充分，按部就班，一點差錯都沒有。

孫子自己是不是名將呢？他的名主要還是來自於《孫子兵法》這部書，歷史沒留下什麼他打仗的具體故事。和他在吳國同朝為將的另一位，伍子胥，那就是轟轟烈烈的超級名將了，真正「生當為人傑，死亦為鬼雄」，一生都在仇殺中度過，報了父親被冤死的血海深仇，最後自己也是冤死的命運。而孫子自從在吳國為將後，除了說他貢獻很大之外，基本沒什麼具體故事，最後也不知道怎麼死的，想必是死在自家床上，所以沒有伍子胥那樣冤死的故事。

故善戰者之勝也，無智名，無勇功。

這句話很本質！善戰者沒有什麼智名，沒人說他太聰明了，也沒有什麼勇功，沒人說他太勇敢了。為什麼呢？曹操注解說：「敵兵形未成，勝之無赫赫之功也。」

這和中醫的「上醫治未病」理念是一個道理。什麼叫名醫？起死回生，那叫名醫。誰都說要死的，給他治活了！這就有智名、有勇功了。但是，把要死的人都給他送去，他都能治活嗎？

真正的「上醫」，最高水平的醫生，不是治病，是治未病，在你還沒生病的時候給你治！你還沒生病，他就看出苗頭，你將要得什麼病，給你處理一下，給你一個防治方案，最後避免了你得那病。

這問題來了，有證據表明那病你一定要得嗎？這不是騙子嗎？是他幫你避免的嗎？你自己也搞不清楚，只有醫生他自己知道，高人知道，天知道。記者也沒法來寫個報導，說你本來要得糖尿病的，全靠這醫生你沒得。

所以真正的上醫，他也成不了名醫了。這就是那個扁鵲三兄弟的故事。

魏文侯問名醫扁鵲：「你們家兄弟三人，誰是醫術最好的呢？」

扁鵲說：「大哥最好，二哥差些，我是最差的。」

魏文侯不解，扁鵲解釋說：「大哥治病，是在病情發作之前，那時候病人自己還不覺得有病，但大哥就下藥剷除了病根，所以他的醫術難以被人認可，所以沒有名氣，連村裡的人都不認可他，只是在我們自己家人知道他最厲害。

「二哥治病，是在病初起之時，症狀尚不十分明顯，病人也沒有覺得痛苦，二哥就能藥到病除，所以鄉親們都認為二哥能治些小病。他的名氣也只在本村而已，鄰村的人就不知道他了。

「我的動靜就比較大，我治病，都是在病情十分嚴重之時，病人痛苦萬分，家屬心急如焚。此時，他們看到我在經脈上穿刺，用針放血，或在患處敷以毒藥以毒攻毒，使重病人病情得到緩解或治癒，所以我名聞天下。」

名將就和名醫一樣，誰都打不了的仗，給他打贏了。而真正的善戰者呢，他從來沒打過可歌可泣的硬仗，全是摧枯拉朽的輕鬆活兒。

梅堯臣注解說：「大智不彰，大功不揚，見微勝易，何勇何智？」

何氏曰：「患銷未形，人誰稱智？不戰而服，人誰言勇？」禍患還沒形成，就被你消解了，大家都不知道，你哪有智名呢？根本沒打仗，人家就服了，誰能說你勇敢呢？

所以有的人比較壞，他明明早就看出來，可以解決的問題，他一定要等它爛到誰也收拾不了，他才出手，就是不願意人家看不見他的功勞。

這種情況，會造成不必要的損失和風險，怎麼辦呢？沒辦法，就得靠老闆英明，老闆得是明白人。劉邦就是這樣一個明白人。開國大典，分封群臣，蕭何功勞第一。其他那些驕兵悍將都不滿意，說我們出生入死，浴血奮戰，他在家裡待著，怎麼還功勞第一呢？劉邦說，見過打獵嗎，獵人規畫路線，發現獵物蹤跡，然後放狗去追。你們就是「功狗」，蕭何是「功人」，你們說誰功勞大？

張預注解：「陰謀潛運，取勝於無形，天下不聞料敵制勝之智，不見搴旗斬將之功，若留侯未嘗有戰鬥功也。」留侯，是指劉邦的另一個「功人」——張良。

所以真的智將，如果老闆不像劉邦那麼明白，他的功勞，常常只有他自己知道。

那就必須耐得住寂寞呀！誰讓你智慧那麼高呢？

《孫子兵法》的核心：先勝後戰

原文

故善戰者，立於不敗之地，而不失敵之敗也。是故勝兵先勝而後求戰，敗兵先戰而後求勝。

華杉詳解

立於不敗之地，而不失敵之敗也。

兩軍對峙，你要先管好自己，立於不敗之地。當然，對方也懂兵法，也曉得立於不敗之地。這就看誰先失誤，如果雙方都不失誤，就一直熬下去，看誰的糧草多。一旦對方露出破綻，有隙可乘，就要猛撲過去，一擊制勝。

「不可勝在己」，要立於不敗之地，完全在於自己，跟別人沒關係。

「可勝在敵」，看敵人什麼時候失誤。

所以《唐太宗李衛公問對》說：「古今勝敗，一誤而已。比如弈棋，一著失誤，滿盤皆輸。」就像下棋一樣，錯了一步，被對方抓住了，你天大本事也救不回來。如果對方是個笨蛋，沒看出來，那就烏龍對烏龍繼續走下去，也是你來我往，殺得可歌可泣。

實際工作中，還是大家都笨，整體水平都低的情況比較普遍。所以有句話說嘛：「我們得以生存，不是因為我們做得好，是因為競爭對手做得更差。」成功者都有這體會，因為知道自己做得真不咋的，但居然就成了大師了。

敵人失誤的時候，你不要錯過。敵人不失誤呢，當然也不是乾等著，就想辦法勾引他失誤。所以李世民說所有兵法就一句話：「多方以誤。」想各種辦法引他失誤。所謂兵不厭詐，「兵者，詭道也。故能而示之不能，用而示之不用，近而示之遠，遠而示之近。利而誘之，亂而取之，實而備之，強而避之，怒而撓之，卑而驕之，佚而勞之，親而離之。」所有的詭詐全在這兒。

因為大家都熟悉兵不厭詐，所以很多人認為詭道是兵法的核心，用兵就是詭詐。非也，所有的詭詐，都是為了調動敵人，不是自己的基本面。對方不上你的鉤，你詭詐也沒有用。你不上他的鉤，他詭詐也是白表演。《孫子兵法》真正的核心在於下面這句話：

勝兵先勝而後求戰，敗兵先戰而後求勝。

打勝仗的軍隊，總是先獲得勝利地位，獲得取勝條件之後，才投入戰鬥。而打敗仗的軍隊，總是衝上去就打，企圖在戰鬥中捕捉機會僥倖獲勝。

先勝後戰，在取得壓倒性優勢的前提下作戰，絕不心存僥倖，這就是孫子的思想。

有人會說，你這是強者的兵法，弱者怎麼能有壓倒性優勢呢？創業者怎麼能立於不敗之地呢？這樣理解就錯了，這不是強者的兵法，而是所有的兵法。弱者怎麼能有壓倒性優勢，就是形成局部優勢，所謂集中優勢兵力打殲滅戰。創業者怎麼能立於不敗之地，手藝資源積累充足了再創業就能立於不敗之地。啥都沒弄明白就衝上去創業，那就只有看能不能中彩成為「名將」了。

比如你大學畢業，進入一個行業，你扎扎實實努力學習努力幹，十五年後，你就是行尊，你就是高手了。這時候你就立於了傳說中的不敗之地，擁有高手的自由，想加薪就找老闆，想跳槽有一大堆人等著，想創業你也有資源。這時候就是勝中求戰。

但誰願意等十五年呢？創業吧！年輕人創業，哪行你也不懂也不熟，那就選一個看上去很美的項目開始吧！這就是戰中求勝。

結果沒弄成，再換一個，換上三個行業，這社會基本跟你沒關係了，你哪個圈子的人也不是，就被社會邊緣化了。

但是媒體上有無數的成功英雄鼓勵著你呀！他們怎麼行呢？

第一，他們不一定行，吹得行，不一定真的行。

第二，不是無數，是有數，有數的幾個，全在媒體報導裡。都行，就沒有報導價值了。全國三億青年，創業成功的都被媒體挖出來了，就那些人，其中還有一半是吹牛的。

《孫子兵法》說：「善戰者無智名，無勇功。」他在一個行業扎根十幾年，然後有所成，這沒有故事性。女大學生畢業賣性用品，這才能上頭條。

西諺云：「成功者都在私底下偷笑，失敗者占據新聞版面。」不要做那可歌可泣的人。別學那新聞報導裡的人，那都是小概率事件，要學你身邊的人，那才是世界的真相。

什麼樣的人能勝呢？孫子總結了：「善用兵者，修道而保法，故能為勝敗之政。」

修道保法，勝敗之政，是講政治，講紀律。政治上人民擁戴你，紀律上秋毫無犯。這可一點也不是詭道了。

永遠的基本面

先勝後戰，「勝」和「戰」要分開來看，是兩個階段。先是勝，基礎工作、基本面就是勝，然後才是戰。我們的問題在於，總是關注「戰」，不關注「勝」，就想取巧求速，所以沒有勝就去戰了，那就沒有勝算。

原文

善用兵者，修道而保法，故能為勝敗之政。

兵法：一曰度，二曰量，三曰數，四曰稱，五曰勝。地生度，度生量，量生數，數生稱，稱生勝。故勝兵若以鎰稱銖，敗兵若以銖稱鎰。勝者之戰民也，若決積水於千仞之谿者，形也。

華杉詳解

「修道保法」，李筌注解說：「以順討逆，不伐無罪之國，軍至，勿擄掠，不伐樹木、汙井；所過山川、城社、陵祠，必滌而除之，不習亡國之事，謂之道法也。軍嚴肅，有死無犯，賞罰信義，立將若此者，能勝敵之敗政也。」

杜牧注解說：「道者，仁義也；法者，法制也。善用兵者，先修仁義，保守法制，自為不可勝之政。伺敵有可敗之隙，則攻能勝之。」

所以修道保法，能為勝敗之政。這裡的政，是政治的政，勝政勝敗政。「道」，是戰爭的正義性，「法」，是軍紀嚴明、秋毫無犯，比如，「三大紀律，八項注意」：

革命軍人個個要牢記，三大紀律，八項注意；
第一一切行動聽指揮，步調一致才能得勝利；
第二不拿群眾一針線，群眾對我擁護又喜歡；
第三一切繳獲要歸公，努力減輕人民的負擔。
三大紀律我們要做到，八項注意切莫忘記了；
第一說話態度要和好，尊重群眾不要耍驕傲；
第二買賣價錢要公平，公買公賣不許逞霸道；
第三借人東西用過了，當面歸還切莫遺失掉；
第四若把東西損壞了，照價賠償不差半分毫；
第五不許打人和罵人，軍閥作風堅決克服掉；
第六愛護群眾的莊稼，行軍作戰處處注意到；
第七不許調戲婦女們，流氓習氣堅決要除掉；
第八不許虐待俘虜兵，不許打罵不許搜腰包；
遵守紀律人人要自覺，互相監督切莫違反了；
革命紀律條條要記清，人民戰士處處愛人民；

保衛祖國永遠向前進，全國人民擁護又歡迎。

兵法：一曰度，二曰量，三曰數，四曰稱，五曰勝。地生度，度生量，量生數，數生稱，稱生勝。

這裡的「度」、「量」、「數」、「稱」，就是第一篇《計篇》裡的敵我實力計算比較了。

杜牧注解說：「度者，計也。言度我國土大小，人戶多少，征賦所入，兵車所籍，山河險易，道里迂直，自度此事與敵人如何，然後起兵。」

所以先是度，「地生度」，看看我的國土多大，人口多少，糧食產量多少，稅收多少，各種資源如何，敵人又如何。

「度生量」，「量」，是測量，是衡量。

「量生數」，測量，就測出數來，我這麼大國土，這麼多戶口，產這麼多糧食，能養多少兵，如果打起來，能支持多久，敵方又如何。

「數生稱」，把敵我雙方的數拿來比一比。

「稱生勝」，一比較，就知道勝敗了。誰的數大，誰的勝算就大。

故勝兵若以鎰稱銖，敗兵若以銖稱鎰。

雙方差距多大呢，就像鎰和銖差距一樣大。鎰和銖，都是重量單位，二十兩為一鎰，二十四銖為一兩，所以一鎰等於四百八十銖，四百八十比一，銖怎麼打得過鎰呢？

勝者之戰民也，若決積水於千仞之谿者，形也。

所以勝利者指揮軍隊打仗，就像在千仞高的山上把一個堰塞湖炸了水沖下來，誰擋得住？八尺曰仞，千仞就是八千尺。千仞之谷，深不可測，只有我自己知道有多深，別人不知道，這就是軍形，「藏於九地之下」，別人看不見。

等到我決堤而下之，動於九天之上，兵形象水，出其不意，避實擊虛，勢不可當。

所以到了《形篇》最後，孫子又講回了基本面：國家實力、政治進步、法制嚴明。

在本書最開篇，我們就說了，《孫子兵法》和三十六計是兩回事，是兩個價值觀。三十六計全部是詭道，是奇謀巧計，是兵不厭詐。孫子雖然也講詭道，但詭道在《孫子兵法》裡占很不重要的一部分。孫子始終強調的都是基礎和實力。

成功都來自於日積月累，而不是奇思妙想。成功者都是一直在做最基礎的工作，而且始終關注基本面，關注基礎工作。我們說《孫子兵法》的核心是先勝後戰，勝和戰要分開來看，是兩個階段。先是勝，基礎工作就是勝，基本面就是勝。然後是戰，那時候可以想點巧妙的主意。

我們的問題往往在於，總是關注「戰」，不關注「勝」，就想取巧求速，所以沒有勝就去戰了，那就沒有勝算。

附錄：《形篇》全文

孫子曰：昔之善戰者，先為不可勝，以待敵之可勝。不可勝在己，可勝在敵。故善戰者，能為不可勝，不能使敵之可勝。故曰：勝可知，而不可為。

不可勝者，守也；可勝者，攻也。守則不足，攻則有餘。善守者藏於九地之下，善攻者動於九天之上，故能自保而全勝也。

見勝不過眾人之所知，非善之善者也；戰勝而天下曰善，非善之善者也。故舉秋毫不為多力，見日月不為明目，聞雷霆不為聰耳。古之所謂善戰者，勝於易勝者也。故善戰者之勝也，無智名，無勇功，故其戰勝不忒。不忒者，其所措必勝，勝已敗者也。故善戰者，立於不敗之地，而不失敵之敗也。是故勝兵先勝而後求戰，敗兵先戰而後求勝。善用兵者，修道而保法，故能為勝敗之政。

兵法：一曰度，二曰量，三曰數，四曰稱，五曰勝。地生度，度生量，量生數，數生稱，稱生勝。故勝兵若以鎰稱銖，敗兵若以銖稱鎰。勝者之戰民也，若決積水於千仞之谿者，形也。

第五章

兵勢第五

組織架構與指揮系統，是永遠的課題

兵法講這個，就沒人愛聽了。但能不能打贏，主要祕密都在大家不愛聽的、打瞌睡的部分，不在人人都興奮的那部分。

原文

勢篇

孫子曰：凡治眾如治寡，分數是也；鬥眾如鬥寡，形名是也。

華杉詳解

「勢」，就是創造「勢所必然」。我只要造成那勢，就必然得到那結果。曹操注解說：「用兵任勢也。」要用兵，就靠勢。

形和勢的關係是什麼呢？前面說了，做事先看形，做起來就靠勢。

「形」是實力，是戰略。勢呢，也不能簡單地說是戰術，或者說是執行。經常被引用的荀悅的話：「夫立策決勝之術，其要有三：一曰形，二曰勢，三曰情。形者，言其大體得失之數也；勢者，言其臨時之宜，進退之機也；情者，言其心志可否之實也。故策同、事等而功殊者，三術不同也。」這裡對形的議論是準確的，但是將「勢」理解為根據事態發展變化的「臨時之宜，進退之機」，這不是《孫子兵法》講的勢。孫子講的勢，更是人為地製造出一種勢態，俗話說「造勢」，就有點這個意思。

造勢，然後「任勢」，用這種製造出來的勢態去驅使團隊，甚至呼天喚地。孫子更強調通過造勢去影響人的心志，所以荀悅所講的情——其心志可否——在《孫子兵法》中其實也包含在勢裡面，不管他心志行不行，只要給他造成那個勢，他不行也得行！比如韓信的背水一戰，就是把士兵造成置之死地之勢，他的心一橫，也就拚死作戰了，

《孫子兵法》裡講的「勢」，如果說要用現在的話來講的話，一是講戰術，二其實主要是講管理。

孫子曰：凡治眾如治寡，分數是也；鬥眾如鬥寡，形名是也。

管很多人跟管很少的人一樣，是因為有「分數」，就是編制。「分」，就是分成班、連、團、師、軍之類，看你怎麼分。「數」，就是每個編制單位多少人。編制搞好了，組織架構搞好了，管很多人就跟管很少的人一樣，和運用自己的手臂一樣方便。

整個現代管理學，就是從軍隊管理發展起來的。這「分數」兩個字，怎麼分，多少數，那學問大了去了。你看好多公司，成天都在研究組織架構，老也研究不明白。而且業務發展變化越快，對組織架構的變革越多。

所以這《勢篇》第一句就是講管理，組織架構問題。

分數和形名，和第一篇《計篇》，「五事七計」裡的第五事——「法者，曲制、官道、主用也」——基本相通。曹操注解「曲制」，是「部曲、旗幟、金鼓之制」。分數就是部曲之制，後面要講的形名就是金鼓之制。

古代軍隊什麼分數呢，五人是一個最小戰鬥單位，叫一「伍」。我們說「隊伍」，說當兵叫「入伍」，就是從這兒來的。二十伍，一百人，叫卒，跟現在一個連人數差不多。五個卒，五百人，叫一旅。一個軍，是一萬二千五百人，二十五個旅。

古代軍隊編制、分數，都是五的倍數。林彪發明了「三三制」，把最小戰鬥單位，由五人，改為三人，所有編制全部是三的倍數，最小的作戰單元是戰鬥小組，每一個戰鬥小組由三人組成，一個戰鬥班由三個戰鬥小組組成，一個作戰排由三個班組成，一個連由三個排組成，一個營由三個連組成，三個營組成一個團，三個團組成一個師。林彪的「三三制」不同於古代的兵法，也不同於美國的「旅」，不同於前蘇聯的「師」，是他獨創的編制。

三個人的戰鬥單位怎麼打？選擇有經驗的戰士做戰鬥小組組長，散開，以倒三角陣型衝擊，避免擠成一堆，被敵人一梭子全掃倒了。散多開呢？以聽得到組長喊聲為標準，不然就指揮不到了。

所以林彪從最小的戰鬥單位和戰術開始設計，一直設計到整個四野集團軍，這就是分數，就是「治眾如治寡」，指揮整個四野，也和指揮一個三人戰鬥小組一樣方便自如。

鬥眾如鬥寡，形名是也。

「鬥眾」，就是開打了，指揮一支大軍作戰，跟指揮一個小分隊一樣，靠什麼呢？靠「形名」。

曹操注解說：「旌旗曰形，金鼓曰名。」形名就是號令。「形」，顧名思義，是視覺號令，旗幟、狼煙都是「形」；「名」，是聽覺號令。名字是喊來聽的，《說文解字》裡，「名」，來自於「冥」，指晚上。晚上看不見，不知道對面來的是誰，就問：「誰呀？」對方答應出自己名字來。所以名字是用來喊的，不是寫紙上看的，是聽覺號令。部隊晚上用的口令、暗號，也屬於「名」。

號令有眼睛看的，狼煙、信號旗之類，也有耳朵聽的，衝鋒號、集結號、擊鼓前進、鳴金收兵之類都是。現在講現代軍隊要信息化，其實軍隊從誕生的第一天開始，就是靠信息化在作戰。各國名帥都是信息專家，拿破崙就是旗語大師。日本戰國時候，武田信玄能夠稱雄，就是他規畫設計了全日本最密集最先進的「智慧的烽火台」系統，從他的甲斐國輻射出去，任何風吹草動，他放幾種不同顏色的狼煙就能傳遞信息，調動軍隊。所以武田信玄的形名，不是上陣才有，是從基礎設施建設就抓起。

組織架構與指揮系統，是組織永遠的課題，一個架構，時間長了就不適應了。公司一發展，原來的架構又不行了。所以不停地要搞組織變革，要搞跨部門協調。大到國家，如今搞改革成立這麼多「領導小組」，就是一個組織架構與指揮系統問題。省管縣喊了這麼多年，就是個「分數」問題。小到公司，是職能部門分數，還是事業部制分數？各級權限，誰指揮誰？下面的職能部門，是屬地管理，還是垂直管理？兵法講這個，就沒人愛聽了。**但能不能打贏，主要的祕密都在大家不愛聽的、打瞌睡的部分，不在人人都興奮的那部分。**

「以正合，以奇勝」：《孫子兵法》被人誤讀最多的一句話

原文

三軍之眾，可使必受敵而無敗者，奇正是也；兵之所加，如以碬投卵者，虛實是也。

凡戰者，以正合，以奇勝。故善出奇者，無窮如天地，不竭如江河。終而復始，日月是也。

死而復生，四時是也。聲不過五，五聲之變，不可勝聽也。色不過五，五色之變，不可勝觀也。味不過五，五味之變，不可勝嘗也。戰勢不過奇正，奇正之變，不可勝窮也。奇正相生，如循環之無端，孰能窮之？

華杉詳解

「以正合，以奇勝」，是《孫子兵法》裡被誤讀最多的一句話。最大的誤讀，就是以奇勝的「奇」，不念「其」，念「機」，是個數學詞彙，奇數、偶數的奇，古人又稱為「餘奇」，多餘的部分。正兵安排好了，餘下來的就是奇兵，關鍵的時候用。簡單地說，就是預備隊。

曹操注解說：「先出合戰為正，後出為奇」，「正奇」，就是一個先後概念。不要一下子把所有的牌都打完了，留一張在手上，關鍵時候打出去。

兩軍對陣，先以正合，正兵合戰，雙方主帥在後面看著，看到關鍵的時候，投入預備隊——奇兵——決勝，這就叫出奇（機）制勝。但是大家現在都念出奇（其）制勝，「機」就成了「其」，將錯就錯了。

「以正合，以奇勝」，並不是孫子的發明，從孫子往前一千年，仗就一直這麼打。最早有一部黃帝兵法，叫《握奇文》，又稱為《握機文》，《唐太宗李衛公問對》裡，君臣二人討論到這本書，李靖認為本是《握奇文》，因為念「機」，傳來傳去，傳成《握機文》了，用「機」字也對，預備隊，也是機動部隊。

正合奇勝，無窮如天地，不竭如江河，千變萬化，但是終而復始，像日月一樣；死而復生，像四季一樣，是循環的，來來回回，就那麼幾招！奇招並不多，是固定的元素，固定的套路，但用起來，就千變萬化了！

就像聲不過宮、商、角、徵、羽，而五聲的變化卻聽之不盡。用我們現在的簡譜來說，哆來咪發索拉西，七個音，就能唱出所有的歌曲。

色不過青、黃、紅、白、黑，而五色的變化卻觀之不盡。現在知道就紅黃藍三原色，就能調製出所有的色彩。

味不過酸、甜、苦、辣、鹹，而五味的變化卻嘗之不盡，全世界有那麼多菜式！

所以戰勢不過奇正，而奇正的變化卻無窮無盡。奇正互相轉化，就像圓環一樣無始無終，無窮無盡。

李筌注解說：「當敵為正，傍出為奇。」正面作戰的是正兵，斜刺裡殺出來打側翼的是奇兵。正兵奇兵往往是這麼安排，但這是結果，不是原因。如果兩軍對壘，正面戰場的沒動，側翼先衝擊敵人，等敵人亂了陣腳，正面大部隊再壓上去。這種情況，側翼的小部隊是正兵，正面的大部隊是奇兵。還是曹操注解的概念準確。簡單地說，正兵奇兵就是一個先出後出的概念。如果「當敵為正，傍出為奇」，那就鎖死了，沒法相互轉化了。

奇正之變，不可勝窮也。奇正相生，如循環之無端。

奇正之間怎麼相互轉化呢？其實很簡單，已經投入戰鬥的，是正兵；預備隊，是奇兵。預備隊投上去，就變為正兵了。正在打的部隊撤下來，又變成奇兵。

所以奇兵，就是還沒上戰場的預備隊。

有的書講「以正合，以奇勝」的戰例，喜歡講李愬雪夜襲蔡州，率一支「奇兵」，大雪天直搗敵人老巢，活捉了吳元濟。人們都期待這樣的奇襲得勝，那多爽啊！但這樣的得勝，三千年就那幾回，這不是《孫子兵法》的價值觀。「以奇勝」，被人們誤讀為奇襲得勝，還是貪巧求速的心理作怪。如果要給李愬雪夜襲蔡州套一個軍事理論，不如套二戰的戰略縱深、戰略癱瘓理論，一個大縱深，繞過敵方防線，直接把敵人的中樞打癱瘓了。

《孫子兵法》有三個地方被人誤讀最多的，一是《計篇》，前面說了，「計」是計算衡量，不是奇謀巧計，不是詭道。二是「知己知彼，百戰不殆」，人人都想去知彼，不知道主要問題是不知己。三就是「以正合，以奇勝」，都想貪巧求速，奇襲得勝，實際上孫子的「以奇勝」、出奇制勝，雖然也是出其不意、攻其無備，但這是分戰法的排兵布陣，不是講奇襲。

仗是怎麼打的？從正兵奇兵去看，好多仗怎麼打就看懂了

原文

三軍之眾，可使必受敵而無敗者，奇正是也；兵之所加，如以碫投卵者，虛實是也。凡戰者，以正合，以奇勝。故善出奇者，無窮如天地，不竭如江河。終而復始，日月是也。死而復生，四時是也。聲不過五，五聲之變，不可勝聽也。色不過五，五色之變，不可勝觀也。味不過五，五味之變，不可勝嘗也。戰勢不過奇正，奇正之變，不可勝窮也。奇正相生，如循環之無端，孰能窮之？

華杉詳解

戰勢不過奇正，簡單地說，就是分戰法，就是分兵，分為正兵、奇兵，配合著打，而且正奇是動態的，隨時相互轉換的。不要把所有的兵力放在一塊兒，不要把所有的牌一下子打光。在戰前，就要分配正兵、奇兵兩隻兵力，互為犄角，相互配合。交戰的時候，也不要把所有的部隊一下子派出去，一定要留一張牌在手裡，要有預備隊。先打出去的是正兵，後打出去的是奇兵。看到勝機出現的時候，把奇兵打出去，這叫出奇制勝。

我們用以前學過的案例，再從奇正的角度學習一遍。

先講韓信破趙之戰，韓信以一萬兵力，在井陘擊破號稱二十萬的趙國軍隊。韓信出井陘口之前，趙軍謀士廣武君給主帥成安君建議分兵，說井陘道路狹窄，綿延百里，您給我三萬奇兵，先去埋伏，等韓信進了井陘，您深溝高壘不要出戰，我在後面絕了他後路，斷了他糧草，十天就餓死他，送他人頭到您帳下。

成安君不聽：「我二十萬仁義之師，怕他什麼，不用跟他搞這些詭計，等他來打！」韓信接到諜報，成安君沒有採納廣武君必勝之計，這才敢進兵。後來韓信見了廣武君，說如果用您的計策，我已經被擒了。他這是客氣話，他不會被擒。因為如果趙軍用了廣武君計策，他就不會來，他想別的招，或者等著，不打。這就是先勝後戰，不勝不戰。他有諜報知道這計策沒被採納，他才來。

韓信有沒有分兵呢，他分了。離出井陘口還有三十里，他半夜先分了兩千奇兵出去，分配了任務，如此這般。

大清早出了井陘口，他先派了一萬兵力背水列陣。趙軍望見大笑，沒見過這麼列陣的，我們一個衝鋒，不就把他們衝水裡去了麼？漢軍也認識到這一點，咱們背後是水，無路可逃，只有殊死作戰，這就是「背水一戰」成語的來歷。

兩千奇兵半夜已經派出去了，清早把一萬人的背水陣列好，韓信這才把自己的大將旗鼓儀仗列好，自己大張旗鼓，耀武揚威從井陘口出來，開始表演。

所以我們看見韓信把兵分了三支，半夜先派出去一支兩千人，背水列陣一支一萬人，自己帶了一支，史書上沒說多少人。我們看哪支是正兵，哪支是奇兵，怎麼轉換，怎麼打。

趙軍看見韓信大將旗鼓儀仗，都紅了眼，立功就在眼前，擒賊先擒王，開營出擊，韓信接戰。

所以這時韓信的兵力是一正兩奇，先出為正，後出為奇。他自己帶的那支部隊先打，是正兵。還有兩隻預備隊等著，背水列陣的是一支，奇兵；半夜派出去現在不知道躲在哪兒的是另一支，奇兵。

趙軍有沒有分正奇呢？開戰前他沒分，沒有分兵去堵井陘口，都在這大營裡。現在有沒有分呢，有！出營來作戰的是正兵，沒有出營的預備隊是奇兵。韓信的下一步，就是要把他營裡的奇兵也調出來，叫他空營。

兩軍交戰，「大戰良久」，還是趙軍人多，韓信看似支持不住了，開始敗退，而且退得比較狼狽，大將旗鼓儀仗也丟地上了——這是為了引誘趙軍來搶——自己退入水邊軍營中。然後又率水邊那一萬人殺出來，殊死作戰。

這時韓信的兵不是一正兩奇了，是一正一奇，他自己帶的部隊，和水邊的預備隊合兵一處，是正兵。半夜那兩千人是奇兵，還沒出來，在等勝機，勝機出現，再出奇，制勝。

勝機靠什麼呢，就靠韓信丟在地上的大將旗鼓儀仗，趙軍看見儀仗，兩個反應，一是已經勝了，韓信兵敗如山倒，全被咱們攆到水邊了，再一衝就都餵魚了；二是戰利品，得到韓信儀仗，是巨大的榮耀和賞賜，要去搶功勞！勝機出現，該出奇，制勝了，趙軍的奇兵——留在軍營裡的預備隊——就傾巢出動了。

這時候趙軍沒有奇兵了，手裡的牌全部打出去了。

但韓信手裡還有一張牌沒打呢！韓信等的就這一刻，他的勝機出現了，出奇制勝的時候到了，半夜派出埋伏的兩千奇兵，出發時一人帶了一面漢軍紅旗，衝擊奪了趙軍軍營，就幹一件事，把趙軍旗幟拔了，插上漢軍紅旗。

最後這一階段，韓信的正奇又是怎麼轉換的呢？那兩千奇兵，變成了正兵，打出去就是正，沒打的就是奇。正兵奪了敵營，敵人敗退，其實還沒敗，但是心裡敗了，要退，一退就真敗了。敵人敗退，守住營不能讓他退回來。

這時韓信水邊的部隊變成奇兵。敵人要來解決軍營的問題，看後面鼓噪，自己的軍營已全部插上漢軍紅旗，老窩給端了，要回師奪回軍營。韓信部隊從後面追上來。趙軍前不得入營，後無戰心，就崩潰了。韓信此戰，破趙軍二十萬，斬了成安君，生擒了趙王歇。

從此戰中我們就看到了正奇之用，韓信始終有正有奇，趙軍則有正無奇。如果趙軍營能有兩千人備著，漢軍兩千人也攻不進去。但是韓信丟盔棄甲，甚至自己的大將儀仗都丟得滿地狼藉，營裡的趙軍就以為戰鬥已經結束，再不衝出去搶戰利品，就上不了功勞簿了。

以正合，以奇勝。故善出奇者，無窮如天地，不竭如江河。

戰勢不過奇正，奇正之變，不可勝窮也。奇正相生，如循環之無端，孰能窮之？

所以說韓信是善出奇者，無窮如天地，不絕如江河。奇正之變，不可勝窮，奇正相生，奇可以變正，正可以變奇，循環往復，沒有首尾，無縫轉換！

從正兵奇兵去看，好多仗怎麼打就看懂了。雖然不是吃豬肉，是看豬跑，但已經不全是外行看熱鬧，而是有點內行看門道的意思了。

用足球賽來理解正奇之用，控球的就是正兵，跑位的就是奇兵

球一旦傳出去，正奇就轉換，接到球的變為正，剛才傳球的變為奇。球場就是戰場，到處都是，分分秒秒都是奇正轉換。奇正之變，不可勝窮。

原文

三軍之眾，可使必受敵而無敗者，奇正是也；兵之所加，如以碫投卵者，虛實是也。凡戰者，以正合，以奇勝。故善出奇者，無窮如天地，不竭如江河。終而復始，日月是也。死而復生，四時是也。聲不過五，五聲之變，不可勝聽也。色不過五，五色之變，不可勝觀也。味不過五，五味之變，不可勝嘗也。戰勢不過奇正，奇正之變，不可勝窮也。奇正相生，如循環之無端，孰能窮之？

華杉詳解

韓信破趙之戰，再分解一下戰陣中的奇正轉換過程，一共轉換了三次：開戰前布陣是先一正兩奇，自己率正兵作戰，背水列陣一奇，兩千騎兵埋伏二奇。

第一次奇正轉換，正兵佯敗退入水邊陣地，與陣地中隊伍合兵一處，返身再戰，這是一正一奇，背水陣中部隊投入戰鬥，成為正兵。

第二次奇正轉換，敵人傾巢出動，敵營空了，兩千伏兵起，衝入敵營，奪營換旗，這時兩千騎兵變為正兵。敵人轉身想奪回軍營，不跟前面部隊作戰了，相當於韓信的大部隊在這一刻轉換為奇兵，主戰場不是他了。這次轉換是奇正互換，奇變為正，正轉為奇。

第三次奇正轉換，這時敵人退卻、驚恐，指揮也亂了，勝機出現，韓信出奇制勝，大部隊由奇兵轉換為正兵掩殺過來，獲得勝利。

所以我們看到正兵奇兵，不是一次規定好，誰是正，誰是奇，而是隨時在變，彼此相用，循環無窮。

韓信排兵布陣，是正奇之用，戰陣中的伍長、卒長呢，也是正奇。就在戰陣中，每一個戰鬥單位，都有正有奇。從微觀上講，正奇就是戰術配合，不是一窩蜂衝上去亂打，而是有章法，有先後，有配合。所以孫子說戰勢不過奇正，奇正之變，不可勝窮。

正兵奇兵，並不是大部隊才用。項羽到了烏江邊，只剩二十八騎，這二十八騎，也不是一起衝殺，而是分為兩組，一正一奇，首尾相助，這是戰鬥的基本原理。

我們可以用足球賽來理解正奇之用，控球的就是正，跑位的就是奇。球一旦傳出去，正奇就轉換，接到球的變為正，剛才傳球的變為奇。正兵攻到邊線，對方中路出現空檔，勝機出現，傳中，禁區內的奇兵轉正兵，出其不意，攻其無備，出奇，制勝，射門，進了！

這球場就是戰場，到處都是，分分秒秒都是奇正轉換。奇正之變，不可勝窮也。奇正相生，如環之無端，孰能窮之？

所以咱們研究戰鬥，就像研究足球賽。你別以為出奇制勝就是出了奇招就得勝。這世上沒什麼奇招，就那幾招，人人都知道，就是沒人能做到。陣型不過五三二、四三三、四四二，還有鐵桶陣九〇一，輸急眼了一〇九，輸紅眼了最後三十秒〇〇一一。戰術不過攻守平衡，中路邊路，關鍵在於教練的領導管理能力、戰略思想、戰術智慧，球員的體能、技術、經驗、靈氣和訓練。不抓這個，哪有什麼奇招讓你得勝？

足球場上只有十一人，就有無數個奇正。項羽只剩二十八騎，也分一奇一正。小部隊有奇正，大部隊也有奇正，哪怕你有一百萬軍隊，不分奇正，還是會敗。再看一個戰例——淝水之戰。

前秦苻堅率八十萬大軍伐晉，在淝水邊列陣。謝玄只有八萬兵。他派使者跟苻堅說，你把軍陣列在河邊，我渡不了河，咱倆沒法交戰。你稍微退一退，讓出點地方來，讓我渡河，和你一決勝負。苻堅同意了，指揮軍隊退後，後面的部隊不知道怎麼回事要退軍，以為前面戰敗，一退就亂了。謝玄渡過河來，摧枯拉朽，大破秦軍。

苻堅錯在哪？

人人都說他愚不可及，人家喊你退，你就退？

苻堅當然不會那麼傻，他有他的算盤，他和苻融商量了，假意同意謝玄，退一退，讓他渡河，但不是等他都渡過來。等他渡了一半，鐵騎掩殺過去，就把他們都消滅在河裡了，晉軍根本沒機會上岸。

「兵半渡可擊」，這是教科書式的戰法，沒問題的。

問題在哪裡呢？在於沒有分兵，沒有分奇正。退可以，側翼應該留一支奇兵。如果正面有什麼問題，或者謝玄居然上了岸，殺過來了，側翼給他攔腰一擊，他還是占不到便宜。

苻堅太大意了，實在沒把謝玄當回事。他想就稍微退退，趕緊讓他來，渡一半把他們都按死在河裡得了，就沒作奇兵安排。

但是謝玄有奇兵，就是朱序。

朱序本是東晉將領，之前和前秦作戰，兵敗被俘，投降了苻堅，苻堅用他為將。這是苻堅覆亡的根本原因。他的性格，是用人不疑，疑人也用。手下帶兵的，一半是朱序這樣心懷異志的人。

淝水之戰前，苻堅派朱序去勸降謝石。朱序得了機會，見了謝石，跟謝石說，秦軍雖然號稱八十萬，但還未集結完畢，如果儘快作戰，擊潰秦軍前鋒部隊，是有機會打敗苻堅的。謝石、謝玄得了朱序情報，這才趕緊安排速戰。

苻堅揮旗指揮軍隊退卻，後面的部隊不知道怎麼回事，謝玄的奇兵——朱序——就起作用了。朱序大聲驚呼：「秦軍敗矣！秦軍敗矣！」這時候根本還沒接戰。秦軍看前面在退，聽後面在喊，心驚膽戰，狂奔亂逃。晉軍就渡河過來了。苻融縱馬去喝止逃兵，運氣不好，馬失前蹄，摔下來了，被晉軍所殺，秦軍就真崩潰了。

這就是正奇之變。

這一段裡，還有一句話，「兵之所加，如以碫投卵者，虛實是也。」以石擊卵的虛實之道，因為《勢篇》之後，專門有一篇《虛實》，就留到下一篇再講了。

把動作搞簡單了再動手，動手就那一下子

原文

激水之疾，至於漂石者，勢也；鷙鳥之疾，至於毀折者，節也。是故善戰者，其勢險，其節短。勢如彍弩，節如發機。

華杉詳解

湍急之水能將巨石沖走，是借助水勢；鷹隼迅飛猛撲，以致能將鳥雀捕殺，這乃是靠掌握發動的時機和距離。所以，善於用兵打仗的人，他的兵勢是迅猛的，他的行動節奏是短促的。險峻的兵勢就像張滿的弓弩，短促的節奏就像猝發弩機。

這裡的關鍵是「其勢險，其節短」。勢險和節短，關鍵把握節短。「短」，就是近，距離近、時間短。「勢險」，是積累的勢能最大，力量最大，「節短」，是釋放能量的距離最短、時間最短，那就能準確命中而且有最大殺傷力。李筌注得最本質：「矢不疾，則不遠；矢不近，則不中。」如果你射箭的力量不夠大，箭速不夠快，你就射不遠。但是，如果你離目標不夠近，你就射不中！

善射者不靠百步穿楊！

從小聽的都是百步穿楊的故事，兵法則告訴你不要指望百步穿楊，要十步之外射簸箕，那樣才能射中、射穿。就像獵豹媽媽教小獵豹獵羚羊，不能在百步之外發動追擊，要悄悄地摸到五步之內，然後從草叢中一躍而起，最重要的是一躍就撲倒牠。一下沒撲到，牠一跑，就不一定追得上了。

我們再回到孫子說的：「善戰者，無智名，無勇功，勝於易勝者也。」善戰者都沒有智慧的名氣，沒有赫赫戰功，因為他打的仗都容易打。所以真正的善射者，也沒有百步穿楊的美名，因為他都摸到獵物眼皮底下再射，不懂的人就認為「不算本事」。比如經常有人說：「史玉柱一年打三個億廣告賣腦白金，那算什麼本事啊？我如果有三個億廣告，我比他幹得還好！」他沒問人家那三個億是怎麼來的，是從天上掉下來的嗎？給你三個億，你真的會幹嗎？

勢險和節短，是我們設計任何工作方案的基本原則，就是前期準備、策畫很充分，最後動手事很少很簡單很有效。最怕說一個年度方案，說了兩小時還沒說完，先這樣，然後再那樣，這邊如何如何，那邊如何互動配合，整個一巨大的交響樂，少了一個樂手都不行。最後這事肯定弄不好。

我們要把一張弓，拉得滿滿的，摸到獵物眼皮底下，射出致命一擊。

戰，要一戰而定；擊，要一發而中。**所有的工夫，都在研究這一擊，蓄積這一擊的能量，打磨這一擊的箭頭，選擇這一擊的時間地點**，而不是亂箭齊發。因為準備好的，其勢險、其節短的一擊，能保證必中，而且只需要射一箭。而亂箭齊發，不僅射不中，一大堆人，每一支箭，都要花錢花精力。

這就是《孫子兵法》的一貫思想。

勇還是怯，不是人的問題，是勢的問題

原文

紛紛紜紜，鬥亂而不可亂也；渾渾沌沌，形圓而不可敗也。亂生於治，怯生於勇，弱生於彊。治亂，數也；勇怯，勢也；彊弱，形也。故善動敵者，形之，敵必從之；予之，敵必取之。以利動之，以卒待之。

華杉詳解

紛紛紜紜，鬥亂而不可亂也；渾渾沌沌，形圓而不可敗也。

紛紛紜紜，看似混戰卻有條不紊。渾渾沌沌，陣容圓整無懈可擊。

曹操注解說：「旌旗亂也，示敵若亂，以金鼓齊之。車騎轉而形圓者，出入有道，齊整也。」這一段都是講「動敵」，讓敵人感覺我很混亂，很弱小，很膽怯，實際上我很齊整，很強大，很勇敢。

「紛紛」，是旌旗翻轉的樣子；「紜紜」，是士卒之貌。「紛紛紜紜，鬥亂而不可亂也」，意思說旌旗翻轉，一合一離，士卒進退，或往或來，看上去亂糟糟一片，而實際上法令嚴明，職責清晰，各有分數，擾而不亂。

曹操說：「示敵若亂，以金鼓齊之。」則更有一層意思。就是讓敵人遠遠地看見我們旌旗雜亂，實際上我們輕悄悄地有金鼓之聲來指揮，對方聽不見。

王晳注解說：「將欲內明而外暗，內治而外混，所以示敵之輕己者也。」總之是為了欺騙敵人。

渾渾沌沌，形圓而不可敗也。

這是講陣法。

杜佑注解說，「渾渾」，是「車輪轉行」；「沌沌」，是「步驟奔馳」。「其行陣縱橫，圓而不方，指趨各有所應」。

怎麼形圓而不可敗呢？杜牧引用了《握奇文》的解釋，就是我們前面說到的黃帝兵法：「四為正，四為奇，餘奇為握，先出游軍定兩端。」

這叫「陣數有九，中心有零，大將握之不動，以制四面八陣」。軍隊一共分九個部分，四部正兵，開仗時先出擊的；四部奇兵，預備隊，看戰勢發展變化，關鍵時投入戰鬥制勝的。還有個零頭，叫握兵，握在主帥手裡的，不動。

《孫子兵法》後面有一句，叫「不動如山」，這主帥不能動，主帥一動，往前動是勝利了，戰鬥結束了；往後動那就是全軍潰敗了。所以就算敵人殺到主帥面前，有那握兵上去抵擋，主帥是不能動的，帥旗是不能倒的，主帥一動，帥旗一倒，軍心就倒了，那就大家都逃吧。

當然該逃的時候也得逃。

「先出游軍定兩端」，是布陣的時候，游軍舉著各個部隊的旗幟，先定地界，哪支部隊站哪兒，游軍插上旗幟，定好地界，各部隊在各自旗下各就各位。四為正，四為奇，這就是傳說中的《八陣圖》，不是諸葛亮的發明，首創是黃帝和他的大將風后，又叫《風后八陣兵法圖》。《握奇文》，又叫《風后握奇文》，孫子的用兵思想，也是繼承了風后的思想，後來諸葛亮的《八陣圖》，包括唐太宗還編成大型歌舞劇《秦王破陣樂舞》，原型都是《風后八陣圖》，距今四千五百年歷史了。

亂生於治，怯生於勇，弱生於彊。

曹操注解：「皆毀形匿情也。」這些都是假裝給敵人看，隱藏我軍實情的。

讓他看見亂，其實是治；讓他看見怯，其實是勇；讓他看見弱，其實是強。亂生於治，要軍紀治理非常嚴明，才能做到表面亂糟糟，實際井井有條；怯生於勇，要有超出一般的勇敢，才能上去假裝敗退吸引敵人；弱生於強，要有超強的實力，才敢示弱讓敵人傾巢來攻。

所以，「治亂，數也；勇怯，勢也；彊弱，形也」。

治還是亂，是分數問題。分數，《勢篇》第一句講過了，「凡治眾如治寡，分數是也」。分，是分別，數，是人數，是組織架構，部曲行伍，每一部隊分別人數多少。

勇還是怯，是兵勢問題。所謂「驅市人以戰」，如果要把沒經過軍事訓練的人驅使去作戰，他怎麼能勇敢呢？那就置之死地而後生，不戰就得死，在這個形勢逼迫下，就每個人都變成亡命徒了。怎麼讓士兵勇敢，韓信就讓他們背水一戰。所以勇還是怯，不是人的問題，是勢的問題。

強弱，是一個示形的問題。劉邦派使者去看匈奴冒頓。冒頓全給他看老弱病殘，人是老弱病殘，馬也是老弱病殘。劉邦就上當了，結果三十萬大軍，在白登為冒頓包圍，差點回不來。

最後總結：

故善動敵者，形之，敵必從之；予之，敵必取之。以利動之，以卒待之。

所以，善於調動敵人的人，無論向對方展示出什麼樣的軍形，敵人總是聽從；給予敵人一點小利，敵人就必然會來奪取。用小利去誘動敵人，再用強兵勁卒去對付它。

擇人任勢，任三個勢：氣勢、地勢、因勢

原文

故善戰者，求之於勢，不責於人，故能擇人而任勢。任勢者，其戰人也，如轉木石。木石之性，安則靜，危則動，方則止，圓則行。故善戰人之勢，如轉圓石於千仞之山者，勢也。

華杉詳解

善戰者，求之於勢，不責於人，故能擇人而任勢。

俗話說，形勢比人強，勝負之道，在於怎麼造勢，這得主帥自己研究，而不求之於下面的人。

什麼事沒幹好，你不能罵下面的人不行，執行力太差，或者強力逼下面的人去幹，是你自己沒安排好。即便是人不行，也是你自己沒選對人。

所以優秀的領導者，求之於勢，不責怪下面人。能夠造好勢，選對人。

杜牧注解說：「善戰者先量度兵勢，然後量人之才，隨短長以任之，不責怪說下面人不成器。」就是在對的地方，用對的人。地方不對，人不對，都是領導者自己不對。

戰例是曹操的「錦囊妙計」。

曹操征張魯於漢中，留張遼、李典、樂進將七千餘人守合淝。臨別前給護軍薛悌留了一個信封，說敵人來了再打開。

曹操大軍離開沒多久，孫權就率十萬人來取合淝。四位大將趕緊打開信封，裡面寫了：「如果孫權來，張、李二將軍出戰，樂將軍守，護軍不要出戰。」大家都不知道怎麼回事，張遼懂了，他說：「丞相出征在外，如果等他來救，我們城已經破了。丞相這是叫我們乘他兵勢未合，先給他一下，折其威勢，然後可守。成敗之機，在此一舉。」

於是李典和張遼兩員猛將，乘孫權立足未穩，即刻出戰，果然大破孫權。吳軍奪氣——氣勢沒了。張、李二將再回城中守備，守軍心安氣盛，孫權挨了一棒，再重新收拾軍隊來攻城，攻了十天攻不下，自己撤退了。

孫盛評論說：「兵者，詭道也。」合淝之守，孤軍無援。如果專任勇者，則好戰生患。專任怯者，則懼心難保。且彼眾我寡，他人多，必有惰性。我以亡命之師，擊他貪惰之卒，其勢必勝。勝而後守，則必固矣！所以曹操雜選武力，參以異同，事至而應，一切如他神機妙算。

李世民的大將李靖說，兵有三勢，一是氣勢，二是地勢，三是因勢。

氣勢是什麼，首先是你內心強大，然後別人也認為你強大。

李靖說：「將輕敵，士樂戰，志勵青雲，氣等飄風，謂之氣勢。」這叫在戰略上藐視敵人，在戰術上重視敵人，氣壯山河，就真有山河一般的力量。

我們平時在工作中、談判中，都有體會，關鍵是氣勢，氣勢就是權力，如果別人見了你，就先讓你三分，你就先賺了三分。有些明星耍大牌，明明是無理取鬧，別人也認了，這就是屈服於他（她）的氣勢。馬克・吐溫的小說《百萬富翁》，揣著百萬英鎊的支票，就可以到處白吃白喝，也是氣勢。

氣勢不是虛的，是真的，是實力積累出來的。虛張聲勢是裝不出來的，比如那百萬英鎊的氣勢，關鍵在於那百萬英鎊的支票是真的，如果是假的，那氣勢就起不來。每一個成功人士，都能體會到自己氣勢的變化，那真不是虛的，越成功，社會越認可你，你氣勢越大，所向披靡，做事越順。

氣勢，一是實力作底，那叫有底氣，有底氣，氣勢才上得來。然後呢，就是別人得認，被你的氣勢壓倒，壓不倒，那就還得較量較量。

什麼是地勢呢，李靖說：「關山狹路，羊腸狗門，一夫守之，千人不過，謂之地勢。」天時地利人和，地勢，是占盡地利，這是你的王牌，這張王牌抓手上了，不管他天大本事，誰也無法跟你抗衡。你如何能得到這張王牌呢？就是誰也沒看到它的價值的時候，你先占了。那地，一直在那裡，就像那牌，一直在那裡，誰摸到是誰的，關鍵你得知道那張牌是王牌。就像諸葛亮失街亭，街亭就是王牌，就是地勢。街亭在，地勢就在。街亭沒了，地勢就沒了。地勢沒了，怎麼打也沒用，只有撤退。

第三，因勢。因勢，就是因人之勢，根據對方的勢，來因勢利導，李靖說：「因敵怠慢，勞役飢渴，前營未舍，後軍半濟，謂之因勢。」前面說到曹操的錦囊妙計，就是知道孫權來的人多，人多的，必然要利用人多的優勢。先到的，必然心態上就等著大部隊到齊了再動手，利用他這個兵勢，乘他「前營未舍」，先頭部隊軍營還沒安頓好，「後軍半濟」，後面的軍隊還沒到齊，先給他一個迎頭痛擊，他的氣勢就被打下去了，我軍的氣勢就壯了。所以因勢就是縱橫捭闔，捭闔就是開合，一開一合，調動對方，根據對方兵勢變化，隨時痛擊。

任勢者，其戰人也，如轉木石。木石之性，安則靜，危則動，方則止，圓則行。

「任勢」，曹操注解說，就是「任自然勢」，順其自然，你要先設計好「自然」，把對的人放到對的地方，那就一切自然而然。

你就把人當木頭石頭好了，他的性情是固定的，投之安地則安，投之危地則危，那木頭石頭自己是不會迴避的。

梅堯臣注解說：「木石，重物也，易以勢動，難以力移。」那大樹木、大石頭，你要想靠力量搬動它，你搬不動，但你如果把它放到山頂上，利用山勢，而不是蠻力，那輕輕一推，它就雷霆萬鈞地滾下去了。

軍隊呢，「三軍，至眾也，可以勢戰，不可以力使，自然之道也。」

韓信破趙之戰，把一萬人的軍隊背水列陣，面對敵軍二十萬人，人人殊死作戰，為什麼？因為韓信是任勢，不是責人。那勢，就是退後只有死路一條，只能跟敵人拚命。

淝水之戰，苻堅率百萬之眾，面對晉軍八萬人，雖退後者斬，也擋不住士兵逃跑。因為那勢，是有路可逃，人人奪路而逃，當官的來斬，沒有來斬的敵人多！

為什麼打包圍戰，通常要留一面給敵人逃跑，這也是造勢，不要給他殊死作戰的勢，讓他有逃命的勢，這樣才能在他逃跑的時候殲滅他，又不用跟他拚命，殺敵一千，自傷八百。逃跑路線上再埋伏一支奇兵，就更完美了。

故善戰人之勢，如轉圓石於千仞之山者，勢也。

《勢篇》最後，孫子總結，什麼是勢，就是在一千仞那麼高的山上推下來一顆圓石，誰能抵擋！

我們中學物理學過「勢能」這個詞，就從這兒來的，勢能等於 mgh，就是：勢能＝質量×重力加速度×高度。

山上的圓石頭，它擁有的勢能，就等於他的重量乘以山的高度。如果那石頭從山上滾下來，勢能轉化為動能，動能是多少呢？等於 $1/2mv^2$，就是動能＝1／2 質量×速度的平方。

山有多高，速度就有多快，誰能抵擋！

杜牧注解說：「轉石於千仞之山，不可止遏者，在山不在石也；戰人有百勝之勇，彊弱一貫者，在勢不在人也。」石頭滾下來有多大力量，不在於石頭有多重，主要在於山有多高，士兵是勇是怯，不在於他的性格，主要在於你把他置於什麼形勢。

王晳注解說，石頭自己不會轉，因為山勢才不可遏止。戰鬥也不能強求妄勝，因為兵勢也不是你強求得來的。

所以善戰者，任勢不任人，任勢而後擇人，**把對的人放到對的地方，才是領導力所在。**

附錄：《勢篇》全文

孫子曰：凡治眾如治寡，分數是也；鬥眾如鬥寡，形名是也；三軍之眾，可使必受敵而無敗者，奇正是也；兵之所加，如以碫投卵者，虛實是也。

凡戰者，以正合，以奇勝。故善出奇者，無窮如天地，不竭如江河。終而復始，日月是也。死而復生，四時是也。聲不過五，五聲之變，不可勝聽也。色不過五，五色之變，不可勝觀也。味不過五，五味之變，不可勝嘗也。戰勢不過奇正，奇正之變，不可勝窮也。奇正相生，如循環之無端，孰能窮之？

激水之疾，至於漂石者，勢也；鷙鳥之疾，至於毀折者，節也。是故善戰者，其勢險，其節短。勢如彍弩，節如發機。紛紛紜紜，鬥亂而不可亂也；渾渾沌沌，形圓而不可敗也。亂生於治，怯生於勇，弱生於彊。治亂，數也；勇怯，勢也；彊弱，形也。

故善動敵者，形之，敵必從之；予之，敵必取之。以利動之，以卒待之。故善戰者，求之於勢，不責於人，故能擇人而任勢。任勢者，其戰人也，如轉木石。木石之性，安則靜，危則動，方則止，圓則行。

故善戰人之勢，如轉圓石於千仞之山者，勢也。

第六章

虛實第六

敵人有虛實，我也有虛實

不要試圖去「解決」自己所有的虛，要學會在有虛有實中戰鬥，學會不是試圖解決所有問題，而是永遠在問題中前進，這就掌握了虛實的精髓。

原文

虛實篇

孫子曰：凡先處戰地而待敵者佚，後處戰地而趨戰者勞。

華杉詳解

先講什麼是虛實，杜牧注解說：「夫兵者，避實擊虛，先需識破彼我之虛實也。」無論怎樣防備，都有弱點暴露，而且我也能設法讓敵人的弱點暴露出來，甚至設法造成敵人的弱點，然後避實擊虛。

《形篇》、《勢篇》和《虛實篇》，是講作戰的三篇。先是《形篇》講先勝後戰，然後《勢篇》講以正合、以奇勝，講排兵布陣，再之後《虛實篇》講避實擊虛，這是邏輯順序。

「虛實」，需要注意的是敵人有虛實，我也有虛實。敵人有弱點，我也有弱點。能不能把我全都做實了，所有的地方都防備好，一點都不虛呢？那是不可能的，所有的地方都防備好，就必然所有的地方都防備不好，因為資源是有限的，人的關注點、精力，也是有限的。

《虛實篇》後面有句話，叫「備前則後寡，備後則前寡，備左則右寡，備右則左寡，無所不備，則無所不寡。」所有的好事都落在咱家是不可能的，但人們就願意相信所有的好事都會落在咱家，因為人們喜歡這個假設。

所以我們時常有些一廂情願的癡心妄想，比如所謂「木桶理論」，說木桶能裝的水，是由最短的那根木塊決定的，要想木桶裝水多，我們就要把自己的最短木塊補長，否則加長最長木塊是沒有用的，無論最長木塊有多長，水都會從最短木塊的那個缺口漏掉。

這裡的最長木塊，我的強項，就是我的實；最短木塊，我的弱項，就是我的虛。**成功靠加長最短木塊嗎？非也，靠把最長木塊做得更長。**弱項就是弱項，要承認自己有弱項，因為要承認自己不是神，我也是人，也有人類的特點。

還有我們從小就被教育的：「人無我有，人有我優，人優我快，人快我變。」這也是不承認自己是人類的狂妄之言。別人沒有的我有，別人有的我比他優，別人優的我比他快，他快了我還能變。這怎麼可能呢？這樣的前提就是對方是人，我不是人，我是神。而且如果能做到這樣，兵法也沒有用了，不需要學什麼避實擊虛，我用我的任意部位，去攻擊他的任意部位，都是以石擊卵，他都不堪一擊。

所以，「人無我有，人有我優，人優我快，人快我變」是一句瘋話。正常的戰略是什麼，是「人無我有，人有我無」，這才是真實世界。

在學習「知己知彼，百戰不殆」的時候，我們說，主要問題是不知己，而不是不知彼。但我們很容易去關注別人，卻不注意關注自己，以為自己當然知道自己，其實最不知道的就是自己。同樣，學習虛實，我們也不能只關注別人的虛實，而以為自己都做實了。非也，做不實，無論怎樣做都有虛有實，也不可能把虛都補上，都補上，就都虛了。

不要試圖去「解決」自己所有的虛，要學會在有虛有實中戰鬥，學會不是試圖解決所有問題，而是永遠在問題中前進，這就掌握了虛實的精髓。

孫子曰：凡先處戰地而待敵者佚，後處戰地而趨戰者勞。

先抵達戰場，等敵人來的，就比較「佚」。「佚」同「逸」，士馬閒逸，士兵和戰馬都比較安逸，都休息得比較好，精力充沛，有利地形也占了，得了地勢，等敵人來。後來的呢，好地方被對方占了，長途奔波而來，可能馬上就要接戰，這就比較勞累。

這句話比較好理解，就像咱們出差見客戶，開兩小時會。在自己辦公室等的，安排兩小時時間就行了，去見對方的，坐飛機住酒店，要花兩天時間。

戰例是後周和北齊交戰，後周軍隊來攻，北齊大將段韶守城。當天正是大雪之後，積雪很深。後周以步卒為先鋒，從西而下，斥候來報，敵軍離城還有二里。諸將都想出擊。段韶說：「步兵氣力有限，今天積雪這麼深，他們走起來更費勁，我們衝出去，也不方便。不如列陣等待，彼勞我佚，破之必矣。」果然大破周軍，前鋒盡沒，後面的部隊也撤退了。

為自己創造主場

原文

故善戰者，致人而不致於人。

華杉詳解

「致人」，讓敵人來；「致於人」，到敵人那兒去。「善戰者」，能調動敵人，而不被敵人調動。

後漢時，張步手下大將費邑派他弟弟費敢守巨里。耿弇進兵，先進逼巨里，多伐樹木，揚言填壕攻城。過了幾天，有降兵說，費邑聽說耿弇攻打巨里，準備來救。耿弇便嚴令軍中加緊修備戰具，三日後攻城，再假裝放鬆看押讓俘虜跑掉。俘虜回去告訴費邑，費邑果然按期來救。耿弇分兵三千人守巨里，自率主力設伏，大獲全勝，斬了費邑。

這是典型的圍點打援戰術，調動敵人援軍來，然後半途設伏擊他。

張預注解說：「致敵來戰，則彼勢常虛；不往赴戰，則我勢常實。此虛實彼我之術也。」虛實彼我，通過調動敵人，形成彼虛我實之勢。

杜佑注解說：兩軍相遠，強弱相當，彼可歷險而來，我不可歷險而往，一定想辦法讓他來，而不是我去。

關於「致人而不致於人」，曾國藩也有一句解，叫「喜主不喜客」。跟足球賽一樣，主場有優勢，客場則先弱了三分。要想辦法讓自己打主場，對方打客場。

不要激動。兵法都會，但是一激動就忘了

不要貪，貪就容易上當。不要認為什麼是一定不能放棄的，那樣就會咬別人給你下的鉤，除了自己的性命，其他都可放棄。

原文

能使敵人自至者，利之也；能使敵人不得至者，害之也。故敵佚能勞之，飽能飢之，安能動之。

華杉詳解

《虛實篇》講什麼？曹操說，講「能虛實彼己也」，敵人有虛有實，我也有虛有實，作戰必須以我之實，擊敵之虛，那就需要調動敵人，讓他化實為虛。

善戰者，致人而不致於人。

讓敵人來，我打主場，他打客場，怎麼能讓他自己來呢，就是「利之也」，以利誘之。

李牧戍邊，先堅壁清野，關閉城門，十年不出戰，憋了單于整整十年！然後挑日子出城誘匈奴，送幾千人給他，佯敗退走，牛羊丟得滿山遍野都是，單于已經餓了十年沒搶到東西，激動得忘了兵法，傾巢來搶。李牧設伏兵，大破單于十萬騎，痛得他幾年都不敢再來。

以利誘之，這麼簡單的當，單于也上鉤，為啥？可能是太激動了，十年啊！十年沒搶到一隻羊，沒打上一場仗，單于已經快瘋了。人為財死，鳥為食亡，見小利而亡命，控制不了自己，沒辦法呀！

能使敵人不得至者，害之也。

不想讓他來，或要把他調離戰場，那就攻其所必救，害其所急，他必然顧不得我，要去救自己的急了。

典型戰例就是圍魏救趙。龐涓率魏軍攻趙，孫臏率齊軍去救。不過他並不奔趙國去加入戰場，而是直接發兵攻打魏國首都大梁。國都被攻，魏軍就沒法在邯鄲呆著，必然回師來救，邯鄲之圍就解了。再來一個圍點打援，半道在馬陵設伏，又是我主彼客，我實彼虛，我佚彼勞，就破了魏師，龐涓陣亡。

故敵佚能勞之。

要我佚彼勞，如果他也佚，就要想辦法讓他勞，讓他疲於奔命。春秋時吳楚相攻。伍員設了三支騷擾部隊，大張旗鼓去攻楚，等楚全國動員來接戰，吳軍又撤了。等楚軍解散回家，吳軍第二支部隊又來了，如此這般，折騰得楚國人疲於奔命，也沒打上一仗。突然一真打，三軍盡出，就攻破了楚國都城，成為春秋時期第一次一國都城被攻破的戰爭。

隋朝滅陳，也用這辦法。每當陳國農熟，快收莊稼的時候，隋就厲兵秣馬作勢要開戰，等陳國緊急動員完畢，他又不打了，反覆折騰，陳國人心力交瘁。

飽能飢之。

想辦法讓他餓。前面說到隋對陳的騷擾，也有這招。江南氣候溫暖潮濕，房子都是茅草房多，蓄積也不是地窖，都是茅草房架起來。隋就派出若干小分隊搞破壞，到處因風縱火，你蓋起來他再燒，搞得陳國民窮財盡。

隋末，宇文化及率兵攻打李密。李密知道化及糧少，假裝不敵，請和，化及大喜，等著簽和約。其實李密就是拖時間，等化及糧食吃完。宇文化及也不注意省著點吃，因為他認為馬上可以吃李密的。其後糧食吃完了，李密也不和了。當兵吃糧，宇文化及手下兵士相繼都投了李密，化及就敗了。

安能動之。

曹操說：「攻其所必愛，出其所必趨，則使敵不得不相救也。」司馬懿征遼東，公孫淵阻遼水以拒之。司馬懿並不同他在遼水作戰，對諸將說：「敵人堅營高壘以老我師，攻之正中其計。我們要攻其所必救，把他們調出營來。」

於是虛張聲勢於陣前，悄悄分兵繞過敵陣，直搗公孫淵老巢，圍了襄平城。公孫淵只能出營作戰，司馬懿大破之，斬了公孫淵，平定了遼東。

攻其所「必救」，從公孫淵被斬的結局來看，襄平老巢，也並非「必救」。遼東苦寒之地，堅壁清野，把糧食都藏了，甚至把城池都可以燒了，跑遠遠地躲起來，等冬天來了，司馬懿糧食吃完了，撤退了，再邀擊他，遼東不是不可存。朝鮮人在中國邊上生存了幾千年，還能保持是獨立國家，沒被吞併，就這個辦法。

所以總結：不要激動。兵法都會，但是一激動就忘了。不要貪，貪就容易上當。**不要認為什麼是一定不能放棄的，那樣就會咬別人給你下的鉤，除了自己的性命，其他都可放棄。**

不要「走自己的路，讓別人說去吧」，要「走自己的路，別人想不到，也不讓別人知道」

原文

出其所不趨，趨其所不意。行千里而不勞者，行於無人之地也。攻而必取者，攻其所不守也。守而必固者，守其所不攻也。

華杉詳解

「出其所不趨」，「不趨」，來不及救，從敵人來不及救的地方出擊。「趨其所不意」，急進到敵人意料不到的方向。曹操注解說：「使敵不得相往而救之也。」

我們常說：「走自己的路，讓別人說去吧！」在《孫子兵法》看來，這不是善之善者也，善之善者，是「走自己的路，別人想不到，也不讓別人知道」。

行千里而不勞者，行於無人之地也。

行軍千里也不勞頓的，是因為走的是沒有敵人守備的地區。

這裡歷史上有兩個典型戰例，都是滅蜀之戰。

一是大家都熟悉的，《三國演義》中鍾會、鄧艾滅蜀之戰。鄧艾趁姜維被鍾會牽制在劍閣，率軍自陰平沿景谷道東向南轉進，南出劍閣兩百多里。鄧艾率軍攀登小道，鑿山開路，修棧架橋，魚貫而進，越過七百餘里無人煙的險域。山高谷深，至為艱險。途中，糧運不繼，曾多次陷入困境。部隊走到馬閣山，道路斷絕，一時進退不得，鄧艾身先士卒，用毛氈裹身滾下山坡。最後鄧艾率軍出其不意地直抵江油，迫降守將馬邈。一路殺到成都，劉禪就降了。

第二次是南北朝時期，坐擁四川的梁武陵王蕭紀在成都稱帝，率兵東下，準備攻打梁元帝，奪取梁朝政權。北魏看到機會，宇文泰認為「平蜀制梁，在此一舉。」諸將意見並不統一。宇文泰把重任交給尉遲迥，問他計將安出。尉遲迥說：「蜀與中國隔絕百餘年矣，恃其山川險阻，不虞我師之至。宜以精甲鐵騎星夜奔襲之。平路則倍道兼行，險途則緩兵漸進。出其不意，衝其腹心，必向風不守。」其後果如尉遲迥所言，尉遲迥從散關進軍，圍成都五旬，平定巴蜀。

攻而必取者，攻其所不守也。

人們常說：「戰無不勝，攻無不克。」這不可能，因為這標語敵人的牆上也刷著。怎麼才能攻無不克、攻而必取呢，只有一個前提，就是對方沒防備，沒防守。還是拿足球賽來說，如果前面有後衛堵著，馬拉度納也不容易射門命中，一定是來回倒騰，對方出現空檔了，然後一擊命中。

戰例還是後漢時期，耿弇討伐張步。張步令他弟弟張藍守西安，又另遣別將守臨淄。耿弇率軍來，距西安四十里紮營。耿弇看西安城小而堅，張藍手下又都是精兵，而臨淄雖是大城，其實易攻，於是就打定主意攻打臨淄。要打臨淄，就必須讓敵人以為自己要打西安。他使出一貫伎倆，命令軍隊修治工程戰具，揚言攻打西安，然後又假裝放跑俘虜，讓他們把消息帶回去。張藍聽說了，晝夜防備。

到了攻城日子，他半夜把將士們叫起來吃飯，宣布直奔臨淄，諸將爭執，都認為應該攻西安。耿弇說，西安城堅兵精，嚴防死守。臨淄則沒有防備，我們突然兵臨城下，敵人必然驚擾，一天就能攻下來。臨淄一陷落，西安勢孤，這叫擊一得兩。

其後果如耿弇所言。

守而必固者，守其所不攻也。

要保證守得住，就是他不進攻的地方，我也要嚴密防守。他攻東，我若不守西，萬一他是聲東擊西呢？就像上面的戰例，耿弇要攻西安，張步就沒有嚴守臨淄，結果臨淄陷落了。

西漢周亞夫平七國之亂。周亞夫守昌邑，叛軍奔城東南角來，周亞夫下令重兵嚴防西北。過了沒多久叛軍精銳果然是主打西北。周亞夫有了防備，攻不進去，只得遁走，周亞夫出城追擊，大破之。

虛實的極致，神出鬼沒，不僅掌握自己的命運，而且掌握敵人的命運

原文

故善攻者，敵不知其所守；善守者，敵不知其所攻。微乎微乎，至於無形；神乎神乎，至於無聲，故能為敵之司命。

華杉詳解

故善攻者，敵不知其所守；善守者，敵不知其所攻。

善於進攻的人，敵人不知道該守哪兒；善於防守的人，敵人不知道該從哪兒攻。

曹操注得簡單：「情不洩也。」軍形不洩，敵人不知道。

當你進攻的時候，敵人看不懂你要攻哪兒，所以不知道怎麼安排防守。好不容易看懂了，安排下去了，又中了你聲東擊西、調虎離山之計。

當你防守的時候，敵人看不懂你哪兒實哪兒虛，無法定計攻打，好不容易看到你的破綻了，攻將上來，又中了你的埋伏。

這就是虛實之道，要獲勝，就得避實擊虛，對方找不到你的虛，每當他確信找到了，撞上來，正碰上你最實的地方。而當你進攻的時候，總能調動得他露出空檔來，一下子衝散他。

這你就神了。

微乎微乎，至於無形；神乎神乎，至於無聲，故能為敵之司命。

虛實之道，太微妙了，至於無形；神乎其神，至於無聲。敵人看不見你，也聽不見你，任由你「攻則動於九天之上，守則藏於九地之下」，神出鬼沒，執他於股掌之間，只能束手就擒。這你就掌握了敵人的命運。

司命，就是司掌命運之神。《孫子兵法》第二篇《作戰篇》也提到司命：「故知兵之將，生民之司命，國家安危之主也。」知兵之將是人民的司命，掌握著國家人民的生死存亡。這裡，為敵之司命，更進一步，敵人的死活也在他手心裡了。

何氏注解說：「孫子論虛實之法，至於神微，達到了成功的極致。我之實，能讓敵人看起來以為是虛；我之虛，能讓敵人看起來以為是實。敵之實，我能調動他，讓他變虛；敵之虛，我能看出他不實。總之敵人看不出我虛實，我卻能對他的虛實一目了然。

「我將攻打他的時候，我知道他守得哪兒實，哪兒防守不足、虛，所以我能避其堅而攻其脆。敵人要攻我的時候，我知道他大張旗鼓來攻的地方並不是緊要處，他沒有攻打的地方才是真正他重兵要來的。

「我示敵以虛，而鬥敵以實。他聲勢在東，我防他在西。所以，我要攻他的時候，他不知道該守哪兒；我要防他的時候，他找不到地方下手。

「攻守之變，出於虛實之法。或藏於九地之下，那是我之守；或動於九天之上，那是我在攻。滅跡而不可見，韜聲而不可聞。如地出天下，倏出間入，星耀鬼行，入乎無間之域，旋乎九泉之淵。

微之微者，神之神者，至於天下之明目不能窺其形之微，天下之聰耳不能聽其聰之神。有形者至於無形，有聲者至於無聲。不是無形，是敵人不能窺視；不是無聲，是敵人不能聽見，這就是虛實之變的極致。」

何氏這一大段注，算是把虛實的極致講透了。真有那麼神嗎？真就那麼神！那麼，為何別人聲東擊西的時候，你能不上當，你聲東擊西的時候，敵人就聽你調度呢？這就是經驗問題、感覺問題。哲學上是王陽明心學，知行合一的問題。

都讀過《孫子兵法》、三十六計，聲東擊西，六歲小兒都知道。上了戰場，東邊衝啊殺啊鋪天蓋地來了，你怎麼知道他要擊西？萬一他知道你知道他聲東擊西，他就給你來個聲東擊東，或者擊北擊南呢？

比如糖是甜的，知道嗎？都知道。但是，如果你沒吃過糖，怎麼跟你描繪這個甜是怎麼回事呢？所以兵法都讀過，甚至都會背，但知道多少完全不是一回事。每個人讀書，都是讀到自己而已，讀到自己能對應上的。對不上的，你根本不知道，而且不知道自己不知道，以為自己全知道。比如趙括，紙上談兵，他就不僅不知道，而且不知道自己不知道；不僅不知道自己不知道，而且以為自己全知道，這就給國家帶來巨大災難。

所以我們知道聲東擊西嗎？

我們不知道！

因為知道聲東擊西這回事，不算知道。要上了戰場，不管他聲東聲西，你一眼就能看出他哪兒虛哪兒實，要奔哪兒去，那你才叫知道聲東擊西。

這就是知行合一。

學習知行合一，首先就要知道自己不知道。

儒家說，聖人因為不知，所以知之；小人因為知之，所以不知。

聖人因為知道自己不知道，所以戒慎恐懼，注意警醒，觀察學習提問，所以能知道。小人因為不知道自己不知道，認為自己知道，所以不觀察不學習不提問，所以不知道。

學習兵法，也不能讓我們上戰場打勝仗，讀書是觀照自己，我們對應自己的工作學習，放事上琢磨，自己提高。

最後講一個親身經歷的故事。

我曾經介紹一個合作夥伴給我的一位好朋友。飯局談完，他跟我直接說，這家實力不行，我可以告訴你他有多大實力，具體數量級。我很驚訝，問：「您怎麼看出來的。」他說了一句話：「凡是比我錢少的，我一接觸就知道他有多少錢。因為我知道人在哪個階段是什麼狀態，比我錢多的我不知道，比我少的我沒有不知道的。」

這事過去好幾年了，我一直記得。因為當時對我衝擊很大。我對照了一下自己，發現我和他有同樣體會。錢比我少的，我談生意一接觸就知道他有多少錢，他哪句話真，哪句話假，我真的很清楚。因為他每說一件事，我都能對應上很多同樣的事，知道是不是那麼回事。如果他經歷比我多，境界比我高，那我就不知道了。

這就是知行合一，太微妙了。所以孫子說「微乎微乎，神乎神乎」，他也沒法跟你說。

撤退和追擊都是大戰術

原文

進而不可禦者，衝其虛也；退而不可追者，速而不可及也。

華杉詳解

發動進攻又要讓對方無法抵擋，是對陣相持之際，看到他的虛隙，急進而衝之；得手獲利之後，迅速撤退，環壁自守，讓對方無法追擊。

曹操注解說：「卒往進攻其虛懈，退又疾也。」

曹操在戰鬥生涯中，他本人就演繹過這一句兵法，一仗就為我們把正反案例都示範了，就是征張繡之戰。

曹操征張繡，包圍了張繡的城池穰城。後方傳來報告，袁紹要乘虛攻許都，曹操不得不撤軍。撤軍，就要先把敵人打個暈頭轉向，然後迅速撤退。曹操正兵、奇兵布好，等張繡來追。張繡見曹操後撤，聯合劉表，兩軍夾擊而來。結果曹操指揮若定，大破劉張聯軍，之後迅速撤退。

一切如曹操所算，就是沒算到張繡帳下有一個超級謀士，叫賈詡。

曹操得勝撤退，張繡帶兵就追。賈詡說：「不能追！追之必敗。」張繡急著報仇，哪裡肯聽，一路追去，結果被曹操親自斷後，又殺得大敗。

張繡敗兵回來，對賈詡說：「您能知道我必敗，那您能知道我什麼時候必勝不？光知道我必敗，我也打不了勝仗。知道必勝，告訴我，我才能打勝仗撤！」

賈詡說：「趕緊就帶這支敗軍再追，這回必勝！」

張繡這回聽了，也來不及問為什麼，轉身就追，果然擊潰了曹操的後備部隊。

張繡回來，說賈先生神了，怎麼回事？

賈詡說：「其實這個道理很簡單，曹操來攻打咱們，沒有打敗，他自己就撤了，肯定是後方有事，他不得不撤。他要撤，一定做好準備，親自帶精兵猛將斷後。將軍您雖然會用兵，但是離曹操還是差一點，肯定打不過他，所以知道您必敗。

「他大戰勝了咱們，撤退又破了咱的追兵，他認為萬事大吉，咱們不會再來了。這時候他就要全力撤退，自己帶謀臣猛將先趕回去處理家裡的事，留別的將領斷後。這留下的將領兵馬，就不如咱們了，所以第二次再追必勝。」

撤退是一個大戰術，一定是輜重在先，精兵在後。不過宋朝有個將領畢再遇，和金軍對壘，需要撤軍，想出一個超級撤軍創意，叫懸羊擊鼓。在軍營裡把羊吊起來，兩隻前蹄放在戰鼓鼓面上，那羊難受掙扎，前蹄一個勁刨，擊出鼓聲。金兵天天聽見宋軍營裡鼓聲響，但越來越弱，越來越弱，稀稀拉拉，奇怪怎麼回事，摸過來偵察，才發現早已是一座空營，人撤了好幾天了。

追擊也是大戰術，林彪打仗，核心就是追擊，林彪的戰術原則裡，就有「一點兩面」、「三三制」、「四快一慢」、「三猛戰術」等。

前面咱們學「分數」、學軍隊編制時介紹了「三三制」。

「一點兩面」，一點，是集中兵力猛攻一點，打垮敵人；兩面，是兩面或多面包圍，不讓他跑掉，消滅他，或留一面給他跑，在路上消滅他。

「四快一慢」，先講「一慢」，是總攻開始時間要慢，沒準備好不動手，你若自己覺得沒準備好，上級催也可以抗命。「四快」，一是向敵前進要快；二是咬住敵人後進行準備工作要快，如看地形、築工事、捆炸藥、布置火力等一定要快；三是突破後擴大戰果要快；四是敵人潰退後追擊要快。

「三猛」，是猛打、猛衝、猛追。集中一點，聚實擊虛，猛打猛衝。敵人一潰退，就猛追。

林彪強調猛追，這個思想是貫徹到基層，只要看見敵人退，就猛追，這時候不要等命令，也不要再作什麼準備。這時候不準備才符合戰術原則，準備就不是戰術原則。也不要怕己方人少，不要怕情況不清楚，不要怕對方有沒有埋伏，追就是。甚至也不要先報告上級，先追，一邊追，一邊再派人回來報告。

林彪這個思想，是他戰前準備充分，一動手就不給敵人一點點喘息調整時間，一直壓下去，猛打猛衝猛追。他的部隊，就這麼一直從東三省追到海南島。

單次成敗都有偶然因素，而終身成就是用成功消化失敗

原文

故我欲戰，敵雖高壘深溝，不得不與我戰者，攻其所必救也；我不欲戰，畫地而守之，敵不得與我戰者，乖其所之也。

華杉詳解

我想跟他戰，他雖然高壘深溝，還是不得不出老營跟我野戰的，那是因為我攻打他必須救援的地方。他知道我是調虎離山，圍點打援，但他還是不得不來，因為我攻打的地方他不能不救。

這個攻其所必救，前面講過很多戰例了，圍魏救趙、司馬懿征遼東等都是。

這裡再補講一個明朝的戰例，王陽明平南昌的寧王宸濠之亂。寧王造反，六萬大軍攻安慶，十分危急，一旦攻下安慶，南京就是寧王囊中之物，進了南京，寧王就有了稱帝的資本。王陽明沒有揮師去救安慶，而是直撲寧王老巢南昌。寧王此時的唯一機會，在於放棄南昌，拿下安慶，順流而下，稱帝南京。

機會還是有的。當時的正德皇帝朱厚照，是個混世魔王，大臣百姓都不喜歡他。寧王只要能到南京稱帝，不愁沒有人支持。但是寧王放不下南昌的老巢，忘了捨不得孩子套不來狼的古訓，撤軍回救南昌，結果在鄱陽湖與王陽明軍隊遭遇，兵敗被擒。造反大業，只持續了三十五天。

我不欲戰，畫地而守之，敵不得與我戰者，乖其所之也。

我不想跟他作戰，就是在地上畫條線，他也不敢過來，那是因為我能讓他對要來的地方心存疑慮，不敢來。

「乖其所之」，「乖」這個字，古代的意思本來是不乖，後來變成了乖。現在還留下一些詞，比如我們說一個人「行為乖張」，這個乖張的「乖」，就是乖的本意，意思是背離、違背、不和諧、不合情理等等。「乖其所之」，就是在他要來的地方裝神弄鬼，讓他疑神疑鬼，本來可以來的，不敢來了。曹操注解說：「乖者，戾也，戾其道，示以利害，使敵疑也。」「戾」，就是乖戾，也是彆扭、不合情理的意思。

這樣的戰例，民間最著名的就是諸葛亮的空城計了。傳說是這樣的，司馬懿大軍來了，諸葛亮守城的兵馬卻只有一萬人，毫無抵抗能力，司馬懿若攻城，定可一鼓而下。於是諸葛亮鎮定自若，大開城門，還安排人在城門口掃地，安靜祥和。司馬懿一看，這不科學！他那時候肯定也想到了兵法上的「乖其所之」，但萬一諸葛亮是將計就計呢？這永遠沒法猜對，再說諸葛亮一生為人謹慎，最不弄險的就是諸葛亮，所以還是有伏兵的可能性大，他就撤了。

曾國藩守城，他說過，守城最好莫過於「妙靜」。怎麼個妙靜呢，就是當敵軍來，在城下鼓噪，我方不作任何反應，靜悄悄地沒有任何回應。守城的人在後面躲著，也不在城垛上出現。敵人輕易是不敢架雲梯往城牆上爬的，那流賊一時也沒那麼完備的攻城器械，他們是看我們的動作，再制定下一步動作。我們沒有任何動作，甚至連個人影招呼都沒有。他們就興奮不起來了，再鼓噪幾次，自己沒意思了，就走了。

再說曹操。有史學家說諸葛亮的空城計是編的，正史沒那回事。我們再講講曹操中趙雲的空營計。曹操和劉備爭漢中，趙雲守別屯，帶了幾十騎出營查看地形，卒遇曹操大軍，趙雲且戰且退，曹操大軍一路追來。趙雲退回營中，大開營門，偃旗息鼓。曹操一看，面臨A、B兩個選擇的單選題：

趙雲此舉，是運用了兵法的哪一條？

A.是「乖其所之，使敵不得與我戰也」，是裝神弄鬼想把我嚇走；

B.是「利而誘之，伏而擊之」，派小股部隊佯敗誘我來，然後設埋伏消滅我。

曹操繼續用《孫子兵法》思考，今天這一仗，不是我計畫中的，是趙雲安排的，如果不碰見他，我根本不會到這兒來。所以，他為主，我為客，他為實，我為虛。所以，應該選B。

曹操交了卷，就退兵了。

所以實際情況往往是偶然的。

但我們不能說曹操的分析是錯誤的，他的分析是完全正確的，他的決策也是完全正確的。明明是趙雲得手，為什麼說曹操正確呢？這就是不能以一次得失的結果來論決策。領導者一天要作出無數的決策，很多關係著生死存亡，很多關係著深遠影響。要所有的決策都正確，是不可能的。現實是什麼呢？是——**用成功消化失敗，用正確消化錯誤。**

我們還是給曹操交出的答卷打滿分。

以多擊少，不是兵力問題，而是虛實問題

原文

故形人而我無形，則我專而敵分。我專為一，敵分為十，是以十攻其一也，則我眾而敵寡；能以眾擊寡者，則吾之所與戰者，約矣。

吾所與戰之地不可知，不可知，則敵所備者多；敵所備者多，則吾所與戰者，寡矣。故備前則後寡，備後則前寡，備左則右寡，備右則左寡，無所不備，則無所不寡。寡者，備人者也；眾者，使人備己者也。

形人而我無形，則我專而敵分。

梅堯臣注解：「他人有形，我形不見，故敵分兵以備我。」「形人」，這裡「形」是動詞，意思是讓他暴露出形，用各種偵察手段，或調動敵人，讓他暴露出實情來，對他一目了然。比如我們熟悉的火力偵察，打他幾槍，看他反擊的火力點在哪兒。

偵察不是盲目的調查，而是有目的的驗證。拿破崙打仗，戰前他會反覆思考，腦海裡演習各種情況好幾個月。我怎麼樣，敵人會怎麼樣。敵人會在哪兒設營，在哪兒設伏，在那條路線行軍，幾種可能性。到了戰場，他不是派偵察兵說，你們去偵察一下敵情哈！而是明確地告訴每一支偵察兵，具體去哪裡看有沒有敵人。也就是說，拿破崙的偵察，不是漫天撒網的偵察，而是直接派人去具體地點和路線，驗證或推翻他的判斷。

我無形，是隱蔽自己的行動和意圖，讓他看不出我的軍形，不知道我的虛實。這樣他就要處處分兵來防備我，而我能集中兵力對他虛的地方，所以我專而敵分。

我專為一，敵分為十，是以十攻其一也，則我眾而敵寡。

杜佑注解：「我專為一，所以人多，敵分為十，所以人少。」

張預注解：「我能見敵虛實，所以不勞多備，能集中兵力為一。敵則不然，看不見我的軍形，所以分為十處防備。那我就是以十倍的兵力對付他了，所以我怎麼打也是人多，他怎麼打也是人少。」

這個在《謀攻篇》學過，「用兵之法，十則圍之，五則攻之，倍則分之，敵則能戰之，少則能逃之，不若則能避之。」總之，一定要兵力占絕對優勢才能打。雙方兵力相當怎麼辦呢？就是靠虛實，避實擊虛，讓敵人分兵備我，他分散，我集中，攻其一點，就以十擊一了。林彪的「一點兩面三猛」，擋住兩面，集中一個點猛打猛衝猛追。兩面或多面布陣，敵人都得多面防備，集中猛攻一個點，他就擋不住，猛打猛衝猛追，一點喘息調整的餘地都不給他。

能以眾擊寡者，則吾之所與戰者，約矣。

「約」，就是少，就是有限。我們對敵方虛實一目了然，能集中兵力，而敵人不知道我會從哪兒來，要到處分兵把守，能跟我們對陣作戰的敵兵就少了，我們就能以眾擊寡。

吾所與戰之地不可知，不可知，則敵所備者多；敵所備者多，則吾所與戰者，寡矣。故備前則後寡，備後則前寡，備左則右寡，備右則左寡，無所不備，則無所不寡。

敵人不知道我從哪兒來，不知道交戰地點在哪兒，他需要分兵防備的地方就多，備得越多，能投入與我戰鬥的兵力就少。所以他加強前面的防備，後面的防備就弱了；加強後面的防備，前面的防備就弱了；加強左面的防備，右面的防備就弱了；加強右面的防備，左面的防備就弱了。前後左右到處都防備，則前後左右到處都弱了。

寡者，備人者也；眾者，使人備己者也。

兵少力薄，是因為被動地戒備敵人；兵多力強，是因為能使敵人到處戒備我軍。

杜牧注解說：「所戰之地，不可令敵知之。我形不洩，則左右、前後、遠近、險易，敵人不知，亦不知我何處來攻，何地會戰，故分兵轍衛，處處防備。形藏者眾，分多者寡。故眾者必勝也，寡者必敗也。」

「備前則後寡，備後則前寡，備左則右寡，備右則左寡，無所不備，則無所不寡。」這是最本質的道理，**我們做事也是一樣，你只能選一頭，不能哪頭都想占。**哪頭都想占，最後就一頭也守不住。但是人都貪心，占了一頭，就想占下一頭，最後就都丟掉了。

何時、何地開戰，我來給敵人選

原文

故知戰之地，知戰之日，則可千里而會戰。不知戰地，不知戰日，則左不能救右，右不能救左，前不能救後，後不能救前，而況遠者數十里，近者數里乎？以吾度之，越人之兵雖多，亦奚益於勝敗哉？

故曰：勝可為也。敵雖眾，可使無鬥。

故知戰之地，知戰之日，則可千里而會戰。

能預期在哪兒打，預計什麼時間在那兒打，就是跋涉千里，也可以和敵人交戰。

曹操注解說：「以度量知空虛會戰之日。」

孟氏注解說，以度量知空虛，先知戰地地形，又知道什麼時候在那兒和敵人遭遇，則可以千里期會，到那兒埋伏去等敵人。如果他先到，占了有利地形，那我又可以不去，讓他空勞一場。

前面學到王陽明破寧王的戰例。寧王大軍圍了安慶，安慶一破，順流而下，南京就是寧王囊中之物，進了南京，寧王就有了政治號召力。

王陽明要平叛，就要「知戰之地，知戰之日」，手中就一點臨時拼湊起來的兵馬，在哪兒打？寧王在猛攻安慶，當然應該去救安慶。但是，去了，也未必救得下來。寧王防著他來救，給他來個圍點打援，可能半路就吃了虧。

王陽明決定賭一場，賭什麼呢？攻寧王老巢南昌，賭寧王會放棄安慶，回師來救。他若回師來救，則可千里而會戰，在哪兒戰？不在南昌戰，在他來的半途，鄱陽湖設伏兵，和他決戰。

這就是「知戰之地，知戰之日」。

王陽明神機妙算嗎？他也是賭一把而已，這是他唯一的辦法。這個計策有一個致命的缺點，就是寧王不回來救怎麼辦？他若放棄南昌，繼續攻安慶，安慶一定失守。安慶失守，南京一定不保，進了南京，寧王一定稱帝。

王陽明賭寧王沒這個智慧和魄力，他賭贏了。他一進南昌，寧王馬上放棄已經接近崩潰的安慶，回師南昌。戰地也賭對了，就在鄱陽湖，惡戰下來，寧王被擒。

第二個戰例，漢朝周亞夫平吳王劉濞之亂。吳王西向攻取洛陽的道路中，景帝弟劉武的封國梁國橫亙其間。吳楚軍破梁軍於梁國南面的棘壁。梁國告急，請求援助，周亞夫卻深溝高壘紮營防禦。梁王劉武每日都派使者求援，周亞夫就是見死不救。梁王向景帝上書，景帝派使臣命令太尉救援梁國。周亞夫還是將在外君命有所不受。

周亞夫讓梁王和吳軍苦戰，他則悄悄派輕騎斷絕吳、楚後方的糧道。吳兵乏糧，飢餓難當。劉濞知道是周亞夫劫糧，便來打他。他還是高掛免戰牌不出擊。

吳兵受飢忍餓，戰鬥力極弱，便引軍撤退。「知戰之地，知戰之日」，這時周亞夫的戰日到了，戰地也選好了，在淮北平地，因為吳軍步兵多，利在險阻；漢軍車騎多，平地打追擊戰最爽！他周亞夫揮師追擊，大破吳軍。

整個平定吳、楚之亂，只用了三個月，可謂神速。君臣上下，三軍將士都佩服周亞夫深謀遠慮，算無遺策。只有一個人對他恨之入骨，就是梁王劉武，你拿我去餵敵人，仗全是我打的，差點身死國滅，你就是在他們餓死之前推了他們一把。最後敵人垮了，全成了你算無遺策！

不知戰地，不知戰日，則左不能救右，右不能救左，前不能救後，後不能救前，而況遠者數十里，近者數里乎？

張預注解說，不知道敵人何地會兵，何時接戰，則所備者不專，所守者不固，忽遇勁敵，則倉促應戰，左右前後都不能相救，何況前軍後軍首尾相距數里數十里呢？

前面兩個戰例，對壘的另一方，一個明朝的寧王朱宸濠，一個漢朝的吳王劉濞，就是戰地、戰日都是別人給他挑的，如何能不敗？

以吾度之，越人之兵雖多，亦奚益於勝敗哉？

在我看來，越國兵雖多，又有何益於勝利的取得呢？

《孫子兵法》是孫子寫給吳王闔閭的，吳越是仇國，所以針對越國來說。大家熟悉勾踐和夫差的故事，夫差就是闔閭的兒子。

故曰：勝可為也。敵雖眾，可使無鬥。

所以說，勝利是可以人為取得的，敵人雖多，但也可以讓他無法戰鬥。

孫子在《形篇》裡說「勝可知，而不可為」，這裡又講「勝可為」。是不是矛盾呢？不矛盾，因為孫子的語境不同，針對的情況不同。像王陽明面對寧王朱宸濠那種情況，我方資源足夠，或者耗得起時間，這就是「勝可知，而不可為」，穩紮穩打地來。但是寧王起事，中央毫無準備，沒有朝廷大軍來，就自己手裡這點資源，必須跟他幹一場，不能讓他進南京，遇上這種情況就只能是「勝可為也。敵雖眾，可使無鬥」。結果王陽明賭贏了，寧王雖強，但可以讓他不打安慶，不進南京，乖乖地到鄱陽湖來送死。

知己知彼的戰術要點

原文

故策之而知得失之計，作之而知動靜之理，形之而知死生之地，角之而知有餘不足之處。

華杉詳解

「知己知彼，百戰不殆」。在戰前的「知」，是《計篇》講的「五事七計」。「五事」即「道、天、地、將、法」，「七計」即「主孰有道？將孰有能？天地孰得？法令孰行？兵眾孰強？士卒孰練？賞罰孰明？」五事七計，是政治面，資源面，實力面，戰略面。上了戰場，如何在戰術層面知彼呢？下面的內容就講這個。

故策之而知得失之計。

孟氏注解：「策度敵情，觀其施為，則計數可知。」

梅堯臣注解：「彼得失之計，我已算策而知。」

總之，就是分析敵我雙方計謀，推算誰得誰失。

作之而知動靜之理。

「作」，就是「不作死就不會死」的「作」，作他一下，激他一下，看他哪動哪靜，便知他虛實。這就像我們說的火力偵察。

魏武侯問吳起：「兩軍相遇，我不知道對方將領能力大小，怎麼辦？」

吳起說：「派小股勇士銳卒攻擊他，一交手就佯敗而退，觀察敵人的一舉一動，如果他們追擊我軍，假裝追不上，見到我們丟棄的兵器旗幟財物，假裝沒看見，那就是智將。如果他們傾巢來追，旗幟雜亂，行止縱橫，又貪利搶東西，那就是將令不行，可以馬上對他發起攻擊。」

形之而知死生之地。

「形之」，就是讓他現原形，讓他暴露出軍形來，上一句說的「作之而知動靜之理」，就是形之的方法之一。

杜牧注解說：死生之地，就是戰地虛實。我「多方以誤」敵人，觀察他的回應，隨而制之，就知道死生之地。

張預注解說，我形之以弱，誘他進；形之以強，逼他退。在他進退之際，我就知道他所據之地的死與生了。

角之而知有餘不足之處。

曹操注解說：「角，量也。」

杜牧注解：「角，量也。言以我之有餘，角量敵人之有餘；以我之不足，角量敵人之不足。」

管子說：「故善攻者，料眾以攻眾，料食以攻食，料備以攻備。以眾攻眾，眾存不攻；以食攻食，食存不攻；以備攻備，備存不攻。釋實而攻虛，釋堅而攻膬（音義同「脆」），釋難而攻易。」要角量雙方的人數、糧草、裝備。他人比我多，糧草比我充足，裝備比我強大，我就不要輕易攻擊。一定要避實擊虛，避堅攻脆，避難攻易。

戰例是司馬懿平定遼東。前面已經兩次學習這個戰例，這一條量敵之計，還和司馬懿有關。司馬懿征遼東，是四萬人對陣公孫淵二十萬人。前面學過，公孫淵派先鋒數萬在遼河設防，自己率主力為後援，連營數十里阻擊司馬懿。司馬懿設疑兵牽制敵軍，自己悄悄率精銳繞過遼河防線，直接圍了公孫淵老巢襄平。這是「安能動之，敵雖深溝高壘，不得不與我戰，攻其所必救也」之計。公孫淵被迫回援，途中三次被司馬懿打敗，退回襄平城固守。這是「圍點打援，知戰之地，知戰之日」。

這時正是七月雨季，天開始下雨，下了一個月，司馬懿按兵不動，一點也不著急。部下陳圭問：「當初孟達造反，咱們八部並進，晝夜不息，八天走了一千二百里，拔堅城，斬孟達。今天我們遠征遼東，卻反而安然不動，緩緩圖之。我愚鈍，實在看不懂。」

司馬懿回答說：「這是角量敵人眾寡和糧食多少。當初孟達人少，而糧食夠吃一年。我軍四倍於孟達，而糧食只夠吃一月。以一個月的糧，對陣一年的糧，當然要快，所以不計死傷，必須拿下，那不是在和孟達打，是在和糧食賽跑，一個月拿不下我們就餓死了。現在我們雖然也是遠征，但帶的糧食充足，敵人卻快沒糧了。敵眾我寡，敵飢我飽，和征孟達情況正相反。下雨不便作戰，更好，大家一起耗糧食，急什麼呢？」

三十多天雨停後，司馬懿才開始進攻。城中無糧到了人吃人的地步，好多將領出降，司馬懿攻破襄城，斬了公孫淵，平定遼東。

學我者生，像我者死

大家表面看見的，討論的，都不是關鍵的。關鍵的兩條，一是當時的前提、條件、情況，二是人家過去十幾年幾十年的功力積累。跟人學的人，往往第二條不具備，第一條不知道，光學個熱鬧，當然是白搭。

原文

故形兵之極，至於無形；無形，則深間不能窺，智者不能謀。因形而錯勝於眾，眾不能知；人皆知我所以勝之形，而莫知吾所以制勝之形。故其戰勝不復，而應形於無窮。

華杉詳解

故形兵之極，至於無形。

「形兵」的「形」，是示形、佯動，佯動也可能隨時變成真動，都不一定，是故意表現出來的假象，是李世民說的「多方以誤之」。想方設法引對方誤判，引對方失誤，所以「形兵之極」，示形的極致，變化無窮，達到無形的境界，敵人無法判斷，或接受了我們給他設計的「判斷」。

無形，則深間不能窺，智者不能謀。

杜牧注解說：「此言用兵之道，至於臻極，不過於無形。無形，則雖有間者深來窺我，不能知我之虛實。強弱不洩於外，雖有智能之士，亦不能謀我也。」即使有打入我方很深的間諜，因我虛實不露，深間也不能窺視。因我強弱不洩，縱有智謀之士，也想不出對付我的辦法。

因形而錯勝於眾，眾不能知。

「形之」，是示形誤導敵人；「無形」，是我用兵的境界；「因形」，因，是因地制宜的因，因形，就是因形制敵，根據敵人的軍形，來隨機應變，定策取勝。

「錯」，李筌注解說「錯，置也」。「錯勝於眾」，勝利擺在眾人面前，眾人還是不能了解怎麼取得勝利。

上一節司馬懿征遼東的戰例，直到最後破斬公孫淵，司馬懿的部下們也沒看懂怎麼回事，所以陳圭問他，請他講課。

人皆知我所以勝之形，而莫知吾所以制勝之形。故其戰勝不復，而應形於無窮。

我怎麼用兵、用怎樣的軍形取勝的，大家都看到了。但是我是如何根據對方的兵形來因形制勝的，大家就不知道。下一次敵形不是這樣了，我因形制勝的方法又不是這回這個了。所以我使用的方法是不會重複的，而且因形而變化無窮。

所謂「學我者生，像我者死」。你看見人家是怎麼取勝的，學得一模一樣照做，最後卻落得慘敗。為什麼，因為知其然不知其所以然，他是根據當時的條件情況，才那樣做的。等你做的時候，所有條件情況都變了。而且你所看到的他的舉措，不是孤立的，還有其他前提條件配合，你都沒有，就照貓畫虎，以為別人行，我也行，那就要吃虧了。

比如韓信背水一戰，置之死地而後生。把一萬人布陣在水邊，他們沒有退路，他們就會殊死作戰，就能戰勝二十萬人。

真是這樣嗎？

再多打一會兒，一萬人就被人消滅了。或者對方高喊繳槍不殺，就有人要投降了。韓信還有兩千奇兵，突入趙軍營寨，拔了他旗幟，插上漢軍旗幟。趙軍看老窩沒了，驚亂奔逃，他才能乘勢掩殺。所以這兩千奇兵，才是關鍵。都學會了「背水一戰」這個成語，下回布陣，你敢背水布陣嗎？韓信也只布了這一回，下次他又變了。

學我者生，像我者死。大家表面看見的、討論的，都不是關鍵的。關鍵的兩條，一是當時的前提、條件、情況，二是人家過去十幾年幾十年的功力積累。跟人學的人，往往第二條不具備，第一條不知道，光學個熱鬧，當然是白搭。

還有一點是兵法要反著學。要多往壞處想，別想得太美。首先不是學怎麼算計別人，而是要學會不被別人算計。不要老想著我無形，我形之、誤之，然後因他的形而勝之。這樣越學越美滋滋，上了戰場就玩完。要反過來，每讀一句，都把自己設想成那「被形之」的人，不要被誤導，不要輕舉妄動，先保得住自己，再去琢磨別人，那才是兵法之道。

讀書是為了觀照自己，總是想當然把自己帶入勝利一方的角色和情緒，是人天生的習慣。要注意反過來，把自己假設成失敗一方的角色，多想想如何避免失敗，才更能學到東西。

學兵法，先學不敗，再學戰勝。而且兵法的出發點，首先就是不敗，而不是勝利。

勝敗往往是不對等的，勝利不過是得些戰利品，失敗卻可能輸掉人生

原文

夫兵形象水，水之形，避高而趨下；兵之形，避實而擊虛。水因地而制流，兵因敵而制勝。故兵無常勢，水無常形，能因敵變化而取勝者，謂之神。故五行無常勝，四時無常位，日有短長，月有死生。

華杉詳解

這是最後一段總結《虛實篇》。

夫兵形象水，水之形，避高而趨下；兵之形，避實而擊虛。

作戰的方式，就像水一樣。水的流動規律，是從高處往低處流。作戰的規律，是避實擊虛。梅堯臣注解說：「水趨下則順，兵擊虛則利。」

水因地而制流，兵因敵而制勝。

水根據地形來決定奔流的方向，兵根據敵情來決定制勝的方案。

故兵無常勢，水無常形，能因敵變化而取勝者，謂之神。

梅堯臣注解說：「應敵為勢」，敵人在變化，我也因敵而變，所以兵無常勢，就像水無常形，遇到方，水就方，遇到圓，水就圓。能根據敵人的變化來制勝的，那就叫用兵如神。

故五行無常勝，四時無常位，日有短長，月有死生。

五行相克，金木水火土，沒有哪一個固定常勝。春夏秋冬，四季更迭，沒有哪一個季節能持續一整年。晝有短長，月有圓缺。孫子最後打個比方，五行、四季、日月都盈縮無常，何況兵形之變，怎能安定呢？

《虛實篇》到此結束。《虛實篇》的要義，曹操注解說：「能虛實彼己也。」調動來調動去，都是要我實敵虛，這就是用兵如神。

不過，我們學習用兵如神，最重要是要知道自己不是神，所以就不可能有調動來調動去，都是我實敵虛，而更可能是我虛敵實，所以能倍加謹慎，這就算沒白讀兵法了。

勝敗是智力問題、實力問題，也是概率問題。但就結果而言，勝敗往往是不對等的，**勝利不過是得些戰利品，失敗卻可能輸掉人生。我們今天看這個進去了，那個進去了，都是用兵如神一輩子，輸掉一次誤終身。**

《唐太宗李衛公問對》裡，專有一篇講虛實。李世民說：「我讀所有的兵書，沒有超過孫子的。《孫子兵法》，又以《虛實篇》為首。用兵能識虛實之勢，則無往而不勝。諸將人人都會說避實擊虛，但是到了戰陣，卻沒有能看得出敵方虛實的。結果不是調動別人，是反被別人調動。你怎麼看這個問題？」

李靖回答說：「識虛實，要先懂奇正。諸將大多不知道以正為奇，以奇為正，怎麼能識別實是虛、虛是實呢？奇正，就是用來致敵之虛實的。**敵實，我必以正，敵虛，我必以奇**。如果不懂得奇正之用，就算看出敵軍虛實，也不會打。」

李世民說：「以奇為正者，敵以為我是奇，而我卻以正擊之。敵以為我是正，而我卻以奇擊之。這樣敵勢常虛，我勢常實。」

李靖最後總結說：「千章萬句，不出乎『致人而不致於人』。」

最後總結到「致人而不致於人」，和「因敵制勝」，是一對辯證關係。致人而不致於人，是我調動你，不是你調動我。做到極端，是「我不管你怎樣，我只管我怎樣」。首先是不被敵人調動，沒機會就熬、等，甚至不打也行，一定是先勝後戰，贏了再打。

因敵制勝，是根據你的調動來決定我的調動。這樣做，就特別容易被敵人調動，因為你看到的敵形變化，正是人家設計來套你的。你看到的虛，恰恰是人家的實。這個危險性非常大，非常人可為。所以能做到「致人而不致於人」，守得住寂寞，熬得住耐性者，是常勝將軍；能「因敵變化而取勝者」，是用兵如神。

李世民確實是神。我們學習他，最重要的要點，就是知道自己不是神。

附錄：《虛實篇》全文

孫子曰：凡先處戰地而待敵者佚，後處戰地而趨戰者勞，故善戰者，致人而不致於人。能使敵人自至者，利之也；能使敵人不得至者，害之也。故敵佚能勞之，飽能飢之，安能動之。出其所不趨，趨其所不意。行千里而不勞者，行於無人之地也。

攻而必取者，攻其所不守也。守而必固者，守其所不攻也。故善攻者，敵不知其所守；善守者，敵不知其所攻。微乎微乎，至於無形；神乎神乎，至於無聲，故能為敵之司命。進而不可禦者，衝其虛也；退而不可追者，速而不可及也。故我欲戰，敵雖高壘深溝，不得不與我戰者，攻其所必救也；我不欲戰，畫地而守之，敵不得與我戰者，乖其所之也。

故形人而我無形，則我專而敵分。我專為一，敵分為十，是以十攻其一也，則我眾而敵寡；能以眾擊寡者，則吾之所與戰者，約矣。吾所與戰之地不可知，不可知，則敵所備者多；敵所備者多，則吾所與戰者，寡矣。

故備前則後寡，備後則前寡，備左則右寡，備右則左寡，無所不備，則無所不寡。寡者，備人者也；眾者，使人備己者也。

故知戰之地，知戰之日，則可千里而會戰。不知戰地，不知戰日，則左不能救右，右不能救左，前不能救後，後不能救前，而況遠者數十里，近者數里乎？

以吾度之，越人之兵雖多，亦奚益於勝敗哉？故曰：勝可為也。敵雖眾，可使無鬥。故策之而知得失之計，作之而知動靜之理，形之而知死生之地，角之而知有餘不足之處。故形兵之極，至於無形；無形，則深間不能窺，智者不能謀。因形而錯勝於眾，眾不能知；人皆知我所以勝之形，而莫知吾所以制勝之形。故其戰勝不復，而應形於無窮。

夫兵形象水，水之形，避高而趨下；兵之形，避實而擊虛。水因地而制流，兵因敵而制勝。故兵無常勢，水無常形，能因敵變化而取勝者，謂之神。
故五行無常勝，四時無常位，日有短長，月有死生。

第七章

軍爭第七

兵法的設想都是完美的，只是一上了戰場，兵法全忘了

原文

軍爭篇

孫子曰：凡用兵之法，將受命於君，合軍聚眾，交和而舍，莫難於軍爭。

華杉詳解

「軍爭」，曹操注解說：「兩軍爭勝。」虛實已定，然後可以與人爭利，所以在「虛實篇」之後。

合軍聚眾。

曹操注解說：「聚國人，結行伍，選部曲，起營為軍陣。」張預注解說：「合國人以為軍，聚兵眾以為陳。」就是全國動員，徵兵，然後成軍出兵。

交合而舍。

與敵人兩軍相對，紮下軍營。

曹操注解說：「軍門為和門，左右門為旗門，以車為營曰轅門，以人為營曰人門，兩軍相對為

交合。」我們都知道呂布轅門射戟的故事，從曹操的注解就知道，不是軍營的門都叫轅門，是以車結的營才叫轅門。軍營的大門叫和門。何氏注解說：「和門相對，將合戰爭利，兵家難事也。」

莫難於軍爭。

曹操注解說：「從始受命，至於交和，軍爭難也。」梅堯臣注：「自受命至此，為最難。」張預注解：「與人相對而爭利，天下之至難也。」

就是說，難！難！難！

前面《計篇》，運籌於帷幄之中，再難也是在帷幄之中，沒啥危險。

之後《作戰篇》、《謀攻篇》，資源充足，還能吃敵人的，打得贏就打，打不贏肯定能跑掉；《形篇》、《勢篇》，講形勢，講排兵布陣定計策；《虛實篇》，講探他虛實，調動敵人，避實擊虛。

說起來都挺爽，先是不戰而屈人之兵，不用動手，他自己就投降。

即使要戰，也是立於不敗之地，先勝後戰，贏了再打。

排兵布陣，奇正之變，變幻無窮，敵莫能測。

虛實之間，調動得敵人比親兒子還聽話，調動到敵虛我實，我以實擊虛，以石擊卵，打他個落花流水。

但是，你懂的，別人也懂；你會的，別人也會；你在做的，別人也在做，可能比你做得還好。所以要「爭」，爭勇鬥智，爭先恐後。到了戰場了，兩軍對壘了，要開始軍爭了，那才是天下最難最難的啊！

毛澤東說：「一上了戰場，兵法全忘了。」該怎麼打？有哪些原則、注意事項？《軍爭篇》就講這個。

走彎路是走路的一部分，花冤枉錢是花錢的一部分，都必不可少

該認輸得認輸，該認栽則認栽，該服氣得服氣，別不服，別想撈回來，特別是不能下老本去撈。

原文

軍爭之難者，以迂為直，以患為利。故迂其途，而誘之以利，後人發，先人至，此知迂直之計者也。

華杉詳解

以迂為直。

兩點之間，不是直線最短，表面上迂迴的彎路，實際上是最便利的直路。為什麼呢，因為有地形，有敵形，走直線你過不去。

這複雜的地形和千變萬化的地形中，哪一條路是最近的路呢？就要以迂為直，彎路就是近路。

看足球賽就好了，沒有人能從己方後場一路直線攻進對方大門，每一次帶球傳球，都是以迂為直。就算球王比利，一路直攻，自己把球帶進對方大門去，他的每一腳盤帶，還是以迂為直。

「以患為利」，把困難變為有利。

> 迂其途，而誘之以利，後人發，先人至。

故意遠遠地迂迴，讓對方感覺我們不會過去，再用假動作，用小利牽制對方，然後突然間道插進去，就能後發先至。

曹操注解說：「迂其途者，示之遠也。後人發，先人至者，明於度數，先知遠近之計也。」遠遠地迂迴，是讓對方感覺我很遠，放鬆警惕。能後發先至，是因為我早已度量好地形，知道哪兒遠哪兒近，從哪兒穿插過去。

戰例是趙奢破秦軍。

趙奢，就是那個著名的紙上談兵的趙括的父親，不過他是真名將。

秦伐韓，駐軍在閼與。趙惠文王要去救。問廉頗，廉頗說，道遠險狹，難救。問樂乘，看法跟廉頗一樣。再問趙奢，趙奢說，狹路相逢勇者勝，我去。

秦國知道趙國發兵，於是再出一支軍駐紮武安城西，和閼與成掎角之勢。

這仗，更難打了。

趙奢受命於軍，合軍聚眾，出邯鄲城只三十里，紮下大營，不走了。傳下軍令：「有來妄言軍事的，斬！」

這時秦軍勢大，武安城外秦軍中擊鼓勒兵，城內屋瓦皆震。

趙軍中有一將看主帥按兵不動，憂心如焚，冒死進諫，請戰救武安！趙奢知他是個好人，但是正等他這樣的好人送人頭來一用，成其以迂為直之計，立即喝令把他推出去斬了。

趙奢一駐，就駐了二十八天，還在加固營壘，根本沒有出戰的意思。秦軍派間諜來，趙奢更是傾情表演，讓他死心塌地相信趙軍不會出戰。

秦將聞報大喜，認為趙軍只是應付一下韓國的求救，並不願也不敢真來作戰。

趙奢這邊，前腳送走秦國間諜，後腳就「卷甲而趨」，卷起盔甲輕裝急行軍，兩天一夜，沒遇到任何抵抗埋伏，就安全到達閼與。

他也沒直接到達閼與城，離城還有五十里就停下來紮營，選擇有利地形。這時又有一位軍士，叫許曆，冒死進言，說：「先據北山者勝。」趙奢一聽，說得對！派一萬人，占了北山制高點。許曆說：「我話說完了，請受死。」趙奢問：「受什麼死？」許曆說：「您的軍法呀！妄言軍事者斬。」趙奢說：「回邯鄲再說。」回邯鄲後許曆得了封賞，受封為國尉。

秦軍聽說趙奢已經到了閼與，大驚失色，趕忙撤了武安軍來救，趙奢占據有利地形，大破秦軍，閼與之圍遂解。

這一仗打得有味道。

「卷甲而趨」，是很危險的，兩天一夜的急行軍，遠離後方，輜重沒有，士卒疲憊，如果這麼衝到閼與城下，和秦軍直接遭遇，趙奢恐怕也要被人擒了。妙就妙在他離城五十里就紮營，工事陣地都弄好了，再等秦軍來。這就符合了《虛實篇》說的：「先處戰地而待敵者佚，後處戰地而趨敵者勞」。本來趙軍是勞，勞累得不得了，但他不到城下，距離五十里停下來，留五十里給秦軍跑跑馬拉松，消耗消耗，把自己變成了以逸待勞。

在《虛實篇》裡我們還學過，李靖點評的，千章萬句不出那一句——「致人而不致於人」。調動別人，別被別人調動。秦軍本來都給他安排好了，是要調動趙奢。秦軍在閼與、武安成犄角之勢，就等著圍點打援，在半途消滅趙奢。結果他以迂為直，神兵天降，沒逮到他。而他擺好戰場後，變成秦軍被他調動，他請客，秦軍來吃飯了。

還有一句《虛實篇》裡學的：「故知戰之地，知戰之日，則可千里而會戰。」趙奢把時間、地點都選好了。

但是，有一個問題——

秦軍不來怎麼辦？

知道趙奢以迂為直得計，到了閼與，秦將其實還可以多想一想。你到了就到了唄。算算日子，一支孤軍，沒有糧草輜重，能怎麼樣？觀察觀察再說。但秦將慌了神，因為事情出乎預料，他就不知道趙奢其他還有什麼動作，於是慌忙撲過來，打，就大敗而回了。

別人不中計，這是個問題。之前學過王陽明平寧王之亂的戰例。王陽明手裡就一張牌，打南昌，等寧王回來救。這也是以迂為直。如果寧王不回來呢？寧王的謀士都向他進諫：南昌丟了就丟了，打下南京就做皇帝，那時候南昌還不傳檄而定嗎？但是寧王慌了神，回來了，回來送死。

都是慌不擇路。

不能慌，要能認輸，能認栽。前面我栽了，認了。在新形勢下想想怎麼辦。別老想把前面的撈回來，並且下老本去撈，那就是要輸得精光了。

最後說點題外話，以迂為直，還是想要直。但人生之路，成長之路，本來就是彎彎曲曲，進進退退，沒有一帆風順直的。所以要有一個基本認識。**彎路也是路，冤枉錢也是錢。不走彎路，就沒有路。不花冤枉錢，就花不了對的錢。**

行軍是戰鬥的一部分，宿營是戰鬥的一部分

再往前推，會發現訓練也是戰鬥的一部分，甚至也是比戰鬥本身更重要的部分。最不重要的就是戰鬥本身，一切都在之前決定了。但我們平時聽到的，都是戰鬥故事，部分行軍故事，很少宿營故事，幾乎沒有訓練故事，因為訓練沒故事。所以工夫都在沒故事的地方。這就是《孫子兵法》說的，善戰者，無智名，無勇功。真英雄，沒故事。

原文

故軍爭為利，軍爭為危。舉軍而爭利則不及；委軍而爭利則輜重捐。是故卷甲而趨，日夜不處，倍道兼行，百里而爭利，則擒三將軍，勁者先，疲者後，其法十一而至；五十里而爭利，則蹶上將軍，其法半至；三十里而爭利，則三分之二至。是故軍無輜重則亡，無糧食則亡，無委積則亡。

華杉詳解

軍爭為利，軍爭為危。

曹操注解說：「善者則以利，不善者則以危。」

張預注解說：「智者爭之則為利，庸人爭之則為危。明者知迂直，愚者昧之故也。」

就是我們俗話說的，難者不會，會者不難。會爭的，能爭到利；不會爭的，就反而把自己投入危急之地。比如上回說的趙奢兩日一夜急行軍去爭利，因為他懂得迂直之計，能致人而不致於人，知戰之日，知戰之地。百里而會戰，對於他來說，就是「軍爭為利」。如果他沒有前面那麼多鋪墊表演，迷惑秦軍，那他急行軍過去，正中人圍點打援之計，就是軍爭為危了。

所以很多同樣的事，我們看別人得手那麼漂亮，自己同樣幹一遍，就全折進去。那是因為人不一樣，背後的準備不一樣。

舉軍而爭利則不及；委軍而爭利則輜重捐。

「舉軍」，「舉」，就是全部，全軍帶著裝備，兵馬、盔甲、器械、糧草、輜重一起行動。「則不及」，那行動速度慢，趕不及。所以關鍵的時候，必須不帶輜重，輕騎急行，這就叫「委軍而爭利」，「委」，就是拋棄，拋棄輜重輕裝前進。「則輜重捐」，就捐給別人了，捐給誰不知道，總之就是丟了。

是故卷甲而趨，日夜不處，倍道兼行，百里而爭利，則擒三將軍，勁者先，疲者後，其法十一而至。

「卷甲而趨」，把盔甲卷起來，輕裝前進。「日夜不處」，晝夜兼行不休息，急行軍一百里去爭利，那左中右三軍將領都要被人俘虜。為什麼呢？急行軍一百里不休息的話，身體強壯的趕到了，體力差的掉隊在後面。趕到的時候，大概十分之一的士兵能先到，那大部隊變成小部隊，到那兒就被敵人吃掉了。敵人還可以以逸待勞，等在那裡，我們的疲兵疲將陸陸續續餵上去，他一口一口地吃。

前面學過的淝水之戰，說是謝玄八萬人，勝了苻堅八十萬大軍。事實上苻堅大軍雖然總數是八十萬，但八十萬還沒都到達，沒集結完成，還有好多在路上。已經抵達戰場的有多少，史書上沒具體記載。但謝玄正是得了朱序情報，知道他大軍還沒到齊，才迅速出擊的。

古代行軍，三十里為一舍，就是一天的正常行軍速度，是走三十里。倍道兼行，翻一倍，行軍六十里。「日夜不處」，晚上通宵接著走，加四十里。百里而趨利，是一天一夜急行軍一百里。前面說的戰例，趙奢急行軍兩天一夜，可能達到一百六十里。那按兵法說，他就給人擒了。

怎麼辦呢？他離敵人五十里就停下來紮營布陣，一是等自己後面掉隊的人，到了吃飯休息，二是留五十里給敵人走，等你來。

五十里而爭利，則蹶上將軍，其法半至。

這一條，趙奢就留給秦軍了。秦軍急行軍五十里過來，其法半至，只有一半的人能先到，則蹶上將軍，先頭部隊就要受挫折了。

三十里而爭利，則三分之二至。

正常速度行軍，三十里呢，也只能三分之二先到，還是有三分之一落在後面。

是故軍無輜重則亡，無糧食則亡，無委積則亡。

「輜重」，裝備、糧食、被服、物資，都叫輜重；「委積」，也是物資財貨。所以這軍隊，實際上非常非常脆弱，沒有輜重要死，沒有糧食要死，沒有物資要死。朝鮮戰爭，沒有冬衣，沒有被服，會整連整營地凍死在陣地上。

這一段有三個道理。

一是難者不會，會者不難。**對於智者是利益，對於愚者就是死路**。如果知其然不知其所以然，就不要以為別人行，我也能行。

二是行軍是戰鬥的一部分，甚至是比交戰更重要的一部分。兵法還講宿營是戰鬥的一部分，在哪兒宿營，什麼時候宿營，這甚至也比交戰更能決定勝敗。到交戰的時候，勝敗已經定了，由行軍和宿營的決策定了。趙奢勝秦軍，是行軍和宿營決定的。

拿破崙有一句名言：「行軍就是戰爭，戰爭的才能，就是運動的才能。」他專門研究行軍的速度，傳統行軍是一分鐘走七十步，他提高到一分鐘一百二十步。所以他打仗，不是靠士兵的槍，是靠他們的腿。還有一個特別能行軍的將軍，就是粟裕。他是最知道迂直之計的，腦子裡裝著整個戰區的地圖，穿過來插過去，總能神兵天降。

我們把行軍是戰鬥的一部分，宿營是戰鬥的一部分，再往前推，會發現訓練也是戰鬥的一部分，甚至也是比戰鬥本身更重要的部分。所謂平時多流汗，戰時少流血。

這樣推下去，我們會發現，最不重要的就是戰鬥本身，一切都在之前決定了。但我們平時讀到、聽到、看到的，都是戰鬥故事，部分行軍故事，很少宿營故事，幾乎沒有訓練故事，因為訓練沒故事。**所以工夫都在沒故事的地方。**這就是《孫子兵法》說的，「善戰者，無智名，無勇功」。真英雄，沒故事。

第三個道理，就是軍隊的脆弱，非常非常地脆弱，一個不注意就得死。天下之至強，也是天下之至弱。**在我們覺得自己很強大的時候，更加要小心，看看自己，是不是其實很脆弱。**

「要知道地形」這句話背後是無數細節，無數人的努力、智慧，和無數人的生命

原文

故不知諸侯之謀者，不能豫交。不知山林、險阻、沮澤之形者，不能行軍；不用鄉導者，不能得地利。

華杉詳解

不知諸侯之謀者，不能豫交。

豫，同「與」。曹操注：「不知敵情謀者，不能結交也。」如果不知道各諸侯國的政治意圖，就不能決定自己的外交方針，不能預結外援。

《孫子兵法》說，「上兵伐謀，其次伐交」。要搞好外交，就要知道各個利益相關方的利益和意圖。這是一個博弈論思想，所以《孫子兵法》不僅是一本軍事著作，也被博弈論學者推崇為最早的博弈論著作。

具有競爭或對抗性質的行為稱為博弈行為。在這類行為中，參加鬥爭或競爭的各方各自具有不同的目標或利益。為了達到各自的目標和利益，各方必須考慮對手的各種可能的行動方案，並力圖選取對自己最為有利或最為合理的方案。

在博弈策略中，很重要的一條，就是不要只看到雙方的博弈和利益訴求，而是擴大遊戲的參與方，甚至改造這遊戲，把更多其他看似不相關的人和利益拉進博弈遊戲中來，加大我方的博弈籌碼。戰爭也不只是敵我雙方的博弈遊戲，可以通過擴大遊戲的參與方，把其他國家、其他事，拉進來，從而獲得奧援，增加自己的贏面。所以俄羅斯和烏克蘭的克里米亞問題，就被和中日釣魚台問題聯繫起來，一個地域博弈遊戲，就變成了全球博弈遊戲。

不知山林、險阻、沮澤之形者，不能行軍。

曹操注解說，高而崇者為山，眾樹所聚者為林，坑塹者為險，一高一下者為阻；水草漸洳者為沮，就是濕地；眾水所歸不流者為澤，就是湖泊。所以要所有的地形都非常清楚，才能行軍。

不用鄉導者，不能得地利。

「鄉導」，就是嚮導。不重視用嚮導的，就不能得到地利。

對地形地利的研究，是非常細緻的工作。都知道諾曼第登陸，登陸之前，盟軍對諾曼第地形的偵察，那是細緻到了極點。晚上派間諜潛水摸上沙灘去取沙子和泥土樣本，調查沙灘沙有多厚，下面泥土多少，軟硬如何，坦克能不能開上去。最後的結論是沙灘太鬆軟，坦克會陷進去。怎麼辦呢？方案是先開上去一輛鋪「地毯」的坦克，前面架一卷地毯，帆布和木板做成的，一路鋪過去，後面的坦克跟著開上沙灘。

對付那些反坦克鋼架呢？先開上去一輛坦克，近距離對著鋼架各焊接點轟，轟垮後，人鑽出坦克，下去給鋼架繫上鋼纜，把這堆廢銅爛鐵拖走。

再往後是地雷陣，之前專門設計了排雷坦克，像個大怪物，前面頂一個大轉輪，轉輪上掛滿流星錘，開起來，轉起來，無數流星錘在地面上打，把地雷全引爆了，後面的部隊就衝過去。

如果沒有之前這些周密的偵察，和針對性的裝備設計開發，去多少人都得死在海灘上。

所以說要知道地形，那就一句話，而這句話背後，是無數的細節，無數人的努力、智慧，和無數人的生命。

「兵以詐立」，是踢足球的假動作，不是兵法根本，更不是價值觀

原文

故兵以詐立，以利動，以分合為變者也。

華杉詳解

兵以詐立，這句話有點誤導。有人把這當成《孫子兵法》的核心思想，以詐立嘛，立論就是詐。但是，從整個《孫子兵法》來看，「五事七計」，先勝後戰，那都不是詐來的。

所以讀書要聯繫上下文，聽人說話要看他說話的語境。語言學家研究說，文本本身只能傳達言語者意思的一小部分，結合說話時的語境才是完整意思。所以我們不能把別人的一句話，從那語境中抽離出來，孤立地解釋，甚至放到別的語境中去放大，那就大大偏離了作者本意。

孫子講「兵以詐立」，是在《軍爭篇》裡講的。前面計於廟堂、作戰謀攻、形勢虛實，都講完了，開始兩軍爭勝了，再開始講詐。

詐是什麼？還是用足球賽來解釋最簡單，就是假動作。可以說每一腳前面都是假動作。詐，就是隱藏自己的意圖，欺騙敵人，調動敵人，「多方以誤之」，想方設法引他失誤。

以足球為例，詐是假動作，但你不能專練假動作。兵以詐立，但你若把這當成了價值觀，認為詭詐之人才能成事，那就自欺欺人，把自己詐進去了。孫子講詭詐，但他可不是詭詐之人。

以利動。

這句話又有歧義。利怎麼解？是利益？見利而動，人家誘你，就是以利誘之，去不就中計了嗎？所以利是有利，根據勝利的原則，有利才行動。

這句話好像沒什麼呀！有利才行動，當然吶！這還用說嗎？

當然要說，因為不能做到有利才行動，是我們最大的弱點。我們行動的原因，往往是因為焦慮、壓力、貪欲或憤怒，而不是真正有利。

「有利原則」是我們行事最重要的一個原則。不要管之前怎麼樣，唯一需要把握的就是下一步怎麼做對我有利。

「以利動」，不是見利而動，是有利才動。

就這一句話，絕大多數人一輩子都做不到，要不怎麼叫《孫子兵法》呢！

以分合為變。

曹操注：「兵一分一合，以敵為變也。」

分合為變，就是奇正為變。兵法又叫分戰法，大戰術就是分合奇正。李靖說：「兵散則以合為奇，兵合則以散為奇。三令五申，三散三合，復歸於正焉。」

兵以詐立，是踢足球的假動作，不是兵法根本，更不是價值觀。兵以利動，不是見利而動，是有利才動。

風林火山，武田信玄的「孫子兵法」

原文

故其疾如風，其徐如林，侵掠如火，不動如山。

華杉詳解

這四句，算是《孫子兵法》在日本影響最大的四句，因為日本戰國大名武田信玄，將「疾如風，徐如林，侵掠如火，不動如山」十四個大字，用金泥書寫在青色絹布上，作為武田軍軍旗，稱為「孫子旗」。

先看這幾句怎麼解。

疾如風。

李筌注解說：「進退也。其來無跡，其退至疾也。」

曹操注解說：「擊空虛也。」

張預注解說：「其來疾暴，所向皆靡。」

所以「疾如風」，一是進攻，二是撤退，進攻則迅疾如風，撤退則去無影蹤。曹操補充說是擊空虛也，要能判斷虛實，出其不意，攻其無備，避實擊虛，才能所向披靡，迅疾如風。

徐如林。

指軍陣，像樹林一樣整齊，徐徐而行，無懈可擊。

李筌注解說：「整陳而行。」你可以想像整個軍隊方陣，像樹林一樣整體移動，靜靜地、緩緩地前進，那種強大的壓迫感。

杜牧注解說：「徐，緩也。言緩行之時，須有行列如林木也，恐為敵人之掩襲也。」

曹操注解說：「不見利也。」與前面說的兵以利動相呼應，就是說還沒有看到虛實，沒有見到攻擊的有利條件，則徐徐而行。

杜佑注解說：「不見利不前，如風吹林，小動而其大不移。」

侵掠如火。

進攻的時候就像熊熊烈火。李筌注解說：「如火燎原，無遺草。」加了一個「無遺草」，敵人無處可逃，不可抵禦，一個也跑不掉。林彪的猛打猛衝猛追，三猛戰術，就是相當於「侵掠如火」。

曹操注解還是一個字：「疾也。」還是快的意思。

不動如山。

曹操注解說：「守也。」不動如山是講防守。軍隊不動的時候，就像山一樣不可撼動。

《荀子・議兵篇》說：「圓居而方正，則如磐石然，觸之者角摧。」堅若磐石，誰來侵犯，哪隻角來頂，就叫他哪隻角粉碎！

「風林火山」，是講迅疾和持重。《尉繚子》說：「重者如山如林，輕者如炮如燔。」進退則如風如火，不動則如山如林。

武田信玄的「風林火山」怎麼解呢。

「疾如風」，一是說武田家的騎兵。武田騎兵，日本第一，合戰往往是騎兵先衝鋒。另一個呢，是戰略和基礎設施建設，主要是兩項，一是烽火台的信息系統，從甲斐為中心，向四周輻射一套密實的烽火台系統，邊境一旦有事，就用不同顏色的狼煙通報，所以武田信玄總能最快速地作出反應，調動軍隊。二是被稱為「棒道」的交通系統，像木棒一樣直，就是著名的武田棒道。甲斐國所在是山區，武田信玄為軍隊行動方便，專門修建九條筆直的棒道，通向主要交戰區。有了信息和交通的基礎設施保障，他的軍隊就能疾如風。

「徐如林」，一是指武田的槍兵，每人一支四到六米的長槍，舉起來像一片森林一樣，徐徐前進，是對付敵軍騎兵的利器。二是指軍隊整體行動的時候，如森林一樣肅穆嚴整。

「侵掠如火」，一是衝鋒陷陣，如烈火燎原，銳不可當；二是武田的軍隊編制組織和指揮系統，指揮起來能夠像運用自己的手臂一樣自如，指哪打哪。

「不動如山」，首先是說武田信玄自己，無論戰況如何激烈，他在高處坐鎮指揮，帥旗高高飄揚，他坐在板凳上紋絲不動。即便敵人攻到他腳底下，他也不會起身，自有身邊衛士去廝殺。主帥不動，帥旗不動，則軍心不動，奮勇殺敵。

其次是說武田的軍陣和紀律，排兵布陣，各司其職，稍有違反，就軍法從事，所以無論敵人怎麼攻擊，武田軍人都不會動搖，不會受敵軍影響，不會離開自己的陣地。從武田信玄，到整個武田軍，都是不動如山。

三是在戰略上，絕不輕舉妄動，也不會回應對方的試探而行動，而是有自己的節奏，其徐如林，不動如山，一旦抓住機會，則迅猛出擊，其疾如風，侵掠如火。

風林火山，可以說是武田信玄大大發揮了《孫子兵法》。

武田信玄極為崇拜孫子。在日本NHK拍攝的電視連續劇《武田信玄》裡，有這樣一個情節，甲斐國來了一個中國和尚。武田信玄把他請到家裡來，對他說：

「その疾（はや）きこと風（かぜ）のことく、
その徐（しず）かなること林（はやし）のことく、
侵掠（しんぎゃく）すること火（ひ）のことく、
動（うご）かざることの山やまの」

「用漢語怎麼念，您能誦讀給我聽聽嗎？」

那和尚溫良恭謹，輕聲誦讀：

「其疾如風，
其徐如林，
侵掠如火，
不動如山。」

武田信玄閉上眼睛，享受這天籟之音。

軍隊的搶劫之道：組織的「非正式福利」

組織總得有些福利。但正式的福利，都是該得的，一旦成為理所應當的，激勵效果就差了，甚至養出些惰性來。總是要有一些非正式福利，時不時得一點小刺激、小驚喜，更有積極性。

原文

難知如陰，動如雷震。掠鄉分眾，廓地分利，懸權而動。先知迂直之計者勝，此軍爭之法也。

華杉詳解

「難知如陰」，就像陰雲蔽天，看不見日月星辰，其勢不可測。

「動如雷震」，姜太公說：「疾雷不及掩耳，迅電不及瞬目。」

杜牧注：「如空中擊下，不知所避也。」

難知如陰，動若雷霆。滿天烏雲，看不見日月星辰，也不知道哪塊雲後面藏得有雷電。那雲層背後獵手的眼睛，卻居高臨下，一目了然，突然一個閃電劈下來，哪裡躲？又哪裡有時間作出反應？

掠鄉分眾。

這句話的意思，簡單說，就是有錢大家賺，有財大家搶。

「掠鄉」，就是打土豪，也打敵國百姓。到了敵國，下鄉去搶。搶什麼？糧食物資，雞鴨豬羊牛馬都搶，還要搶子女金帛。糧食物資是軍隊要的，孫子不是說了嗎，這叫因糧於敵，「故智將務食於敵，食敵一鐘，當吾二十鐘，萁稈一石，當吾二十石。」子女金帛，是將士們搶來自己分的，錢財分給大家，奴隸和女人也分給大家。

「分眾」，就是要分別去。分別去的意思，是要人人都有機會去。下鄉搶東西，沒什麼危險，又有油水，這樣的美差，不能交給一支部隊幹，要人人有機會參與，大家發財。

搶劫是古代戰爭的潛規則，也是重要的激勵，這是軍隊的醜惡面。

凡是軍紀好，秋毫無犯的，那都是政治上有大志的，把老百姓已經預設為自己的子民，要保護，預備未來統治他們。如果是兩國交戰，純粹爭利，對敵國百姓，就沒必要客氣，那就是將士們的勝利果實了。就像打土豪鬥地主，已經定位你是階級敵人，就沒有什麼秋毫無犯，而是要掃地出門了。分「勝利果實」，全村都參與，家家都分點，你就算只拿了一口鐵鍋，也算參加革命了。

中國和北方匈奴打了兩千多年的仗，北方民族下來作戰，搶掠是唯一目的。既然大家跟你出來搶，搶的機會，和戰利品的分配，一定要公平合理。否則，搶掠團夥，分贓不均，會反目成仇的，軍心就垮了。而歷代戰亂時期的名將，都是在分贓上特別公平的。

怎麼做到公平呢，這很難，因為每個人都有「不公平錯覺」，都覺得自己吃虧了，所以「公平」，根本就不存在。有將領就想出一個辦法，我自己一分不取。我只拿皇上賞賜的，戰場上搶來的全部你們分！那就誰也沒話說了。

戰爭有兩種性質：一種是「侵」，侵掠，或者說侵略；一種是「伐」，比如北伐，或諸葛亮九伐中原，性質也是伐。

「侵掠」，就是爭利，搶東西，搶地盤，沒有準備要推翻你的政權，取而代之，就是搶掠利益，或打得你跟我和親，向我進貢。

伐就不一樣了，伐是政治目的。伐，就是伐木的伐，伐哪裡的木？伐你宗廟社稷的木。把你宗廟社稷祖陵的樹都砍了，夷為平地，把你的政權推翻了，我來坐天下。所以，伐，是要伐你的政權，伐你的文化，伐你的符號，建立我的政權，我的符號。「文化大革命」，要去毀孔廟。就是政權已經取得了，還要接著伐。

歷代戰亂的時候，盜賊蜂起，群雄逐鹿。只要你看哪支隊伍開始不搶東西，秋毫無犯了，就是有大志要得天下了，比如李自成，就開始有「迎闖王，不納糧」的口號。但是他打下北京城之後，又舊病復發，忘了自己是來伐的，不是來侵的，大分子女金帛，吳三桂就引清兵入關了。

接著說掠鄉分眾。曹操注得很含糊：「因敵而制勝也。」這真是什麼也沒說。大概他自己是帶兵的，又是丞相，不想給大家說這些。

杜佑就注得很具體：「敵之鄉邑聚落無有守兵，六畜財穀易於剽掠，則須分番次第，使眾人皆得往也，不可獨有所往，如此則大小強弱皆欲與敵爭利也。」要讓大家都有機會去，不能一支部隊吃獨食，則大小強弱都有積極性。

曾國藩說將道，講為將要廉。士兵不懂得誰戰術高明，但是人人懂得盯錢盯得緊。將領若貪錢，或吃空餉，占大家的便宜，他就不給你賣命。你若自己廉潔，又時常能讓大家得些好處，則個個奮勇跟你殺敵。

這裡涉及組織的「非正式福利」。組織總得有些福利。但正式的福利，都是該得的，一旦成為理所應當的，激勵效果就差了，甚至養出些惰性來。總是要有一些非正式福利，時不時得一點小刺激，又有積極性，又有樂趣。

廓地分利。

「廓地分利」，和掠鄉分眾意思差不多，都是分勝利果實。掠鄉分眾，是分給小兵的。廓地分利，是分給大將的。

廓，同「擴」，就是擴張領土，分割給有功者，裂土封侯的意思。曹操注解說：「分敵利也。」

懸權而動。

曹操注：「量敵而後動也。」

《尉繚子》說：「權敵審將而後舉。」

「懸權」，就是掛個秤砣，張預注解說，權量敵之輕重，審查將之賢愚，然後決定行動。

先知迂直之計者勝，此軍爭之法也。

權衡了敵軍的輕重虛實，再策畫地形迂直之計，就是軍爭爭先的原則了。

軍隊之成為軍隊，在於指揮系統

沒有指揮系統，多少人也不過是盲流，不是軍隊。所以聽說過將在外君命有所不受，沒聽說過將在戰場，軍令有所不受，那是一定要斬首的。

原文

《軍政》曰：「言不相聞，故為金鼓；視不相見，故為旌旗。」夫金鼓旌旗者，所以一人之耳目也。人既專一，則勇者不得獨進，怯者不得獨退，此用眾之法也。故夜戰多火鼓，晝戰多旌旗，所以變人之耳目也。

華杉詳解

《軍政》，是一本古兵書，已經失傳。

《軍政》說：「言不相聞，故為金鼓；視不相見，故為旌旗。」

因為相互聽不見說話，所以設置鑼鼓來指揮。金和鼓，金是青銅的，鑼，敲起來「噹噹噹」的，聲音尖脆震人。鼓，是牛皮的，擂起來「咚咚咚」的，讓人血脈賁張。擂鼓進攻，鳴金收兵，這是最簡單的。還有各種號、角等等，傳遞不同信息。

因為相互看不見，所以設旌旗來指揮。旗幟有各種不同的顏色和圖案，用於傳遞指揮信息。還有旗語，不同動作代表不同敵情和指揮信息，屬於視覺通訊工具和符號指令。

夫金鼓旌旗者，所以一人之耳目也。人既專一，則勇者不得獨進，怯者不得獨退，此用眾之法也。

有了金鼓旌旗，就能統一軍人的耳目，一致行動。勇敢的人，沒有前進指令，不能獨自前進；膽怯的人，沒有撤退指令，不能獨自撤退。這就是指揮大部隊作戰的方法。

軍法很嚴：「當進不進，當退不退者，斬之。」獨自撤退要斬，獨自進攻也要斬。吳起帶兵，有一個故事，和秦國作戰，兩軍對陣，還未合戰，有一個軍士，不勝其勇，自己先衝上去，斬了兩顆首級回來。吳起就把他斬首。有軍吏進諫說：「這是人才啊！讓他戴罪立功吧。」吳起說：「軍令沒有分誰是人才。」

將在外，君命有所不受。但是，將在戰場，軍令絕對不可不受。這就是戰場指揮的嚴肅性。所以你若帶隊追擊，眼看要得手了，後面鳴金收兵，你就是放敵人逃走，也必須得收。因為指揮的責任不在你，戰場全域你不曉得。

故夜戰多火鼓，晝戰多旌旗，所以變人之耳目也。

所以夜戰多用火光和鼓聲來指揮，白天則多用旌旗，適應人的視聽而變動。

曹劌論戰的故事我們都知道，齊魯長勺之戰，齊軍敗退，魯莊公要追。曹劌說等等，爬到車上仔細觀察一陣，說可以追了，一口氣追殺了三十里。後來魯莊公問他什麼道理。他說敵軍敗退，但若追擊，又怕他有埋伏。但我看他車轍亂了，旌旗也倒了，就可以追了。

旌旗倒了說明什麼呢？說明指揮系統已經沒了，都在各自逃命，這時候敵軍可以說已經不是軍隊了，就是一股盲流，那就可追了。

當然他旌旗亂了，你也可能上當。你以為他指揮系統沒了，其實他安排了金鼓暗號來指揮，故意亂旌旗來騙你的。

杜牧的注解裡，還介紹了軍營裡夜晚火鼓的運用。「止則為營，行則為陳。」晚上紮營的道理，和白天布陣差不多。大陣之中，必包小陣。大營之中，也有小營。前後左右之軍，各有營環繞。大將之營，居於正中，諸營環之，曲折相對，就像天上的星象。營與營之間的距離，在五十步到一百步之間，道路相通，中間的空地，足以出營列隊。壁壘相望，足以弓弩相救。每於十字路口，則設一小堡，上面架上柴火，下面挖有暗道，令人看守。若敵人晚上來劫營，則放他進來，然後擊鼓。諸營齊應，火堆全部點燃，亮如白晝。所有士兵不可跑動，全部壁立列陣，則亂哄哄到處竄的全是敵人，弓箭手登高四面射箭，多少人進來全給他滅了。

諸葛亮的軍營規畫，就有這番天羅地網。所以他撤退後，司馬懿去觀摩他的營壘，嘆曰：「此天下之奇才也！」

氣勢決勝。要有守氣的意識，要有養氣的辦法

原文

故三軍可奪氣，將軍可奪心。

華杉詳解

「三軍可奪氣」，是打擊敵軍的士氣，讓他氣勢低落頹喪，讓他沒意思，提不起勁。士氣沒了，力氣就沒了，戰鬥力就沒了。

美國心理學家邁爾提出了一個「疲勞動機理論」，可以解釋士氣和戰鬥力的關係問題。該理論認為，人體的總能量是一個常量，每個人每天都根據自己的需要和動機水平對能量進行分配。動機強烈，分配的能量就高，動機強度低，分配的能量就低。

奪敵軍之氣，最著名的戰例，還是之前提到曹劌論戰裡的齊魯長勺之戰。齊軍一鼓，魯莊公要戰。曹劌說：「未可。」嚴擺陣勢，擅自出戰者斬！齊軍衝不破魯軍軍陣，退回去，重整旗鼓，再來。魯軍還是不戰。等齊軍擊了三通鼓了，魯軍才擊鼓衝鋒，衝上去決戰，大勝齊軍。魯莊公問他原因。他說：「夫戰，勇氣也。一鼓作氣，再而衰，三而竭，彼竭我盈，故克之。」

齊軍一鼓作氣，興奮起來，魯軍卻不搭理。搞了三次，他就興奮不起來了，沒氣了。而魯軍將士則憋得氣足足的。這叫彼竭我盈。

同樣的戰例，三國末期司馬師也有過。

魏將文欽反，司馬師去討伐他。文欽的兒子文鴦，才十八歲，勇冠三軍。跟他爸爸說：「敵軍遠來，乘他立足未定，一鼓擊之，可破。」他爹不吱聲。文鴦就讓他的部隊鼓噪起來：「衝啊！殺啊！」鼓噪了三次，文欽還是不下令。文鴦只得退下，跟他爹一起向東退軍。

司馬師這邊看見，說：「文欽要跑！快追！」諸將說：「文鴦勇猛，未戰而退，恐有埋伏。」司馬師說：「一鼓作氣，再而衰，三而竭，文鴦部擂了三次鼓，文欽都不應，其勢已屈，不走何待。」魏軍追殺，文欽大敗。

曾國藩也講奪氣。他說，守城之法，莫過於「妙靜」。就是敵軍來，在城下鼓噪。我們不搭理他，安安靜靜，城牆垛子上人影也不見一個，躲在後面監視。他也不敢往城牆上爬。鼓噪幾次，沒有響應。他自己沒意思了，就走了。

《司馬法》說：「戰以力久，以氣勝。」

《尉繚子》說：「氣實則鬥，氣奪則走。」

這就是氣勢決勝。

什麼叫氣勢呢？《淮南子》說：「將充勇而輕敵，卒果敢而樂戰，三軍之眾，百萬之師，志勵青雲，氣如飄風，聲如雷霆，誠積逾而威加敵人，此謂氣勢。」氣勢的關鍵在哪兒呢，在於「氣機」。氣機的關鍵，在於將領。吳起說：「三軍之重，百萬之師，張設輕重，在於一人，是謂氣機。」孫子講將道，智信仁勇嚴，智排在第一。德國軍事家，《戰爭論》的作者克勞塞維茨講將道，專門提出來勇氣是第一。哪個因素排第一姑且不論，狹路相逢勇者勝。勇者，氣也。

李靖也有論述：「守者，不止完其壁，堅其陣而已，必也守吾氣而有待焉。」所以要有「守氣」的意識，要有養氣的辦法，讓自己的士氣銳盛而不衰，再想辦法奪敵人之氣。

氣勢是篇大文章。**無論我們做什麼事，氣勢都是成事的關鍵。**

領導內心強大，團隊氣勢如虹

原文

將軍可奪心。

華杉詳解

杜牧注解說：「心者，將軍心中所倚賴以為軍者也。」兵熊熊一個，將熊熊一窩。奪心，就是擾亂對方將領的決心。他的決心沒了，他的隊伍就散了。

戰例是前面學「上兵伐謀」時學過的。後漢寇恂征討隗囂。隗囂大將高峻守城。高峻派軍將皇甫文為使者來見寇恂，皇甫文辭禮不屈。寇恂二話不說就把他斬了，把副使放回去，叫高峻投降。高峻第二天就開城投降了。

諸將問怎麼回事。寇恂說：「皇甫文是高峻的腹心，為他設謀定策的，辭氣不屈，必無降心。放他回去，則皇甫文得其計。殺了他，則高峻喪其膽，他就降了。」

所以上兵伐謀，斬一皇甫文，就伐了高峻的謀。將領可以奪心，殺了他的主心骨，就奪了高峻的心。

第二個戰例，五胡亂華十六國時期，北魏拓跋珪和後燕慕容寶作戰，隔河對峙。慕容寶出兵時，他父皇慕容垂正生病。拓跋珪知道消息，派兵斷了燕軍後路，讓他與國內消息斷絕。然後俘虜了燕國使者，強迫他隔河對慕容寶喊：「你父親已經死了，快回去吧！」慕容寶兄弟聽了，憂懼失心，因夜遁去。拓跋珪追擊，大破燕軍於參合陂。

《司馬法》說：「本心固，新氣勝。」

李靖說：「攻者，不止攻其城，擊其陳而已，必有攻其心之術焉。」

要奪別人的心，首先自己要內心強大。領導者能養自己的心，才能養團隊的氣。這樣領導內心強大，團隊氣勢如虹。

戰以力久，以氣勝

力不能久，所以氣沒法總是滿的。要隨時有治氣的意識，治自己的氣，治團隊的氣。至於能不能治別人的氣，我們也不打仗，最好還是集中管好自己，別自己沒管好，老想琢磨別人。

原文

是故朝氣銳，晝氣惰，暮氣歸。故善用兵者，避其銳氣，擊其惰歸，此治氣者也。

華杉詳解

朝氣銳，晝氣惰，暮氣歸。

簡單地說，就是一日之計在於晨，早上起來精神頭足，中午犯睏，晚上想回家。

陳皞注解說：「初來之氣，氣方銳盛，勿與之爭也。」對方初來氣盛，避他一避，熬他一熬，別和他爭。

《司馬法》說：「新氣勝舊氣。」

孟氏注解說：「朝氣，初氣也；晝氣，再作之氣也；暮氣，衰竭之氣也。」就是「一鼓作氣，再而衰，三而竭」的意思。

梅堯臣注解說：「朝，言其始也；晝，言其中也；暮，言其終也。謂兵始而銳，久則惰而思歸，故可擊。」為什麼敵軍一撤退，就要追擊，因為對方人人思歸，沒有鬥志，正好滅他。

所以朝、晝、暮，也不是直接地對應早上、中午、晚上，而是三個階段。

故善用兵者，避其銳氣，擊其惰歸，此治氣者也。

所以善於用兵的人，要避開敵人初來時的銳氣，等他鬆懈思歸時再攻擊他，這就是治氣的方法。

李世民討伐王世充，竇建德怕唇亡齒寒，破了三足鼎立的均勢，帶大軍來救。竇建德大軍在汜水東岸列陣，橫亙數里，兵勢強盛。李世民在山上看了，對諸將說：「賊度險而囂，是軍無政令。逼城而陣，有輕我心。我們按兵不出，等他列陣久了，士卒疲倦了，肚子餓了，必將自退。他一退，我們就出擊，可一戰而勝。」

竇建德列陣，從早上六點到中午十二點，兵士又累又餓，開始坐地上，又搶著喝水。李世民看了，說：「可擊也！」一戰生擒竇建德。

竇建德被捆到李世民跟前。李世民問：「我打王世充，關你什麼事，你天遠地遠地跑來作甚？」竇建德回答：「我自己給您送上門來，不勞您遠取。」這話說出口，啥氣也沒了。

「戰以力久，以氣勝」。力不能久，所以氣沒法總是滿的。要治氣，持續地保持朝氣、銳氣，是個人、團隊的關鍵。

我們觀察自己，和團隊裡的人。初出茅廬時，沒有放鬆自己的資格，個個努力拚命，這是朝氣、銳氣。

幹了十幾、二十年，財務壓力沒了，或小了，有了家庭，便要享受生活。這時候如果認識、能力、水平沒有真正上台階，不能找到自己新的價值，和新的價值釋放方式，不能「轉型升級」，就會有惰氣。

惰氣再發展，就成了暮氣，這人就廢了。

我們檢討自己，隨時要保持自己的銳氣，保持自己的本色，盡自己的本分。精力不如年輕的時候，就要把銳氣集中，既不能離開一線，要保持接地氣，又要轉型升級，從成就自己，到成就他人。

要隨時有治氣的意識，治自己的氣，治團隊的氣。至於能不能治別人的氣，我們也不打仗，最好還是集中管好自己，別自己沒管好，老想琢磨別人。

治自己的心，是一切的根本

原文

以治待亂，以靜待譁，此治心者也。以近待遠，以佚待勞，以飽待飢，此治力者也。勿邀正正之旗，勿擊堂堂之陣，此治變者也。

華杉詳解

以治待亂，以靜待譁，此治心者也。

用自己的嚴整等待敵人的混亂，用自己的鎮靜等待敵人的急躁喧譁，這是治心。

杜牧注解說：「《司馬法》曰，『本心固』。言料敵制勝，本心已定，但當調治之，使安靜堅固，不為事撓，不為利惑，候敵之亂，伺敵之譁，則出兵攻之也。」

什麼叫「亂」，什麼叫「譁」？陳皞注解說：「政令不一，賞罰不明，謂之亂。旌旗錯雜，行伍輕囂，謂之譁。審敵如是，則出兵攻之矣。」

何氏注解說：「夫將以一身之寡，一心之微，連百萬之眾，對虎狼之敵，利害之相雜，勝負之紛揉，權智萬變，而措置於胸臆之中，非其中廓然，方寸不亂，豈能應變而不窮，處事而不迷，卒然遇大難而不驚，案然接萬物而不惑？吾之治足以待亂，吾之靜足以待譁，前有百萬之敵，而吾視之，則如遇小寇。亞夫之遇寇也，堅臥而不起；欒箴之臨敵也，好以整，又好以暇。夫審此二人者，蘊以何術哉？蓋其心治之有素，養之有餘也。」

何氏注得精彩。領導者，一舉一動，都關係著財產萬千、人命關天、是非曲直、毀譽忠奸。領導者的情緒，影響著整個團隊的士氣，也會干擾自己的決策和行動。很多決策都是因為壓力和焦慮作出的，為舒緩自己的壓力和焦慮，而作出輕率的決策。或者在困難和危險面前，不能「卒遇大難而不驚」，慌不擇路，走向滅頂之災。

「亞夫之遇寇也，堅臥不起」。在平定七國之亂過程中，周亞夫曾經遇到軍中夜驚，晚上軍營裡，士兵驚慌譁亂。他怎麼辦呢？他堅臥不起，繼續睡覺，大家就平靜下來了。

「治氣」、「治心」、「治力」、「治變」，是保持隊伍戰鬥力優勢的四個要點。而治自己的心，是一切的根本。

以近待遠，以佚待勞，以飽待飢，此治力者也。

先到戰場，等敵人遠道而來；自己安逸休整，等敵人疲勞奔走；自己吃飽，等敵人挨餓，這是「治力」，保持戰鬥力的方法。

前面說到李世民按兵不動，等竇建德部隊列陣整整一上午，就是讓敵方由治變亂，由靜變譁，由逸變勞，由飽變飢，由不渴變渴，消耗他的戰鬥力。

李靖說兵法，千章萬句，不出一條，就是「致人而不致於人」，掌握主動。這一句也是。

勿邀正正之旗，勿擊堂堂之陣，此治變者也。

曹操注：「正正，齊也。堂堂，大也。」

「邀」，是要攻擊的意思。

如果對方旗幟整齊，陣容堂皇，就不要去攻擊。避他一避，耗他一耗。等他「朝氣銳」沒了、渴了、餓了、不興奮了，變成「晝氣惰，暮氣歸」了，再出戰。

曹操圍了鄴城，袁尚帶兵來救。曹操說：「若從大道來，當避之。若循西山來，此成擒耳。」為什麼呢？他若從大道來，那是正正而來，堂堂而陳，無所畏懼，必有奇變，不可邀擊。他若順著山根溜溜地來，躡手躡腳，那是心中無數，手上無力，打他就是。

袁尚果然循西山而來，曹操逆擊，大破之。

「治變」，是善治變化之道，以應敵人，根據敵人的情況來變通。曹操那麼強，他也不輕視袁尚，若袁尚正正堂堂而來，他也準備避其鋒芒。古兵書《軍政》說：「見可而進，知難而退，強而避之。」

要有政策、戰略、大戰術，也要有基礎戰術工具箱

原文

故用兵之法，高陵勿向，背丘勿逆，佯北勿從，銳卒勿攻，餌兵勿食，歸師勿遏，圍師必闕，窮寇勿迫，此用兵之法也。

華杉詳解

講戰略，十九世紀瑞士軍事戰略家若米尼六個層次的畫分，我覺得是最準確的，無論你的事業是什麼，你都可以按這六個層次來對號入座，規畫清晰。

一是政策，若米尼把政策放在戰略之前，他也認為他是第一個在戰略學上提出政策高於戰略的。就戰爭而言，先有外交政策，後有戰與不戰，或與誰結盟，與誰戰。

就經營而言，先有我們對社會、對消費者的政策，然後才有我們怎麼做的戰略。所謂政策，就是我是誰，我代表誰的利益，我的行事方針。

孫子講政策，五事七計裡面，「道」，就是政策。

政策和戰略的區別是什麼呢？戰略是我的戰略，政策是我對別人的政策。先政策，後戰略，就是先考慮別人，再考慮自己。先考慮利益相關方的利益，和各遊戲參與方的機制。

政策之後，第二才是戰略。

戰略，是我在哪兒，我要去哪兒，怎麼去，是獲取勝利的路線圖。孫子講戰略，先勝而後戰，贏了再打，不戰而屈人之兵，就是戰略。

第三是大戰術。一招鮮，吃遍天。每個成功的人，都有自己的一記絕活，就是那一招鮮，這就是大戰術。

《孫子兵法》的大戰術，就是以正合，以奇勝。無論怎麼打，都是分戰法，正兵、奇兵相互轉換，奇正之變，無窮無盡。

第四是戰爭勤務。孫子《作戰篇》重點講這個，所謂馳車千駟、革車千乘、帶甲十萬、千里饋糧等等。沒有後勤保障，再強大的軍隊也會不堪一擊，非常脆弱。

第五是工程藝術，指對築壘要點的攻守藝術。

第六是基礎戰術，什麼情況怎麼打，就是我們常說的戰術工具箱，經常用來培訓員工的。《孫子兵法》這《軍爭篇》，講到「高陵勿向，背丘勿逆，佯北勿從，銳卒勿攻，餌兵勿食，圍師必闕，窮寇莫追」，就是進入到基礎戰術原則的層面。

兵法不能把所有情況都寫全，所以害死人！

原文

故用兵之法，高陵勿向，背丘勿逆，佯北勿從，銳卒勿攻，餌兵勿食，歸師勿遏，圍師必闕，窮寇勿迫，此用兵之法也。

華杉詳解

高陵勿向，背丘勿逆。

敵人在高處，不可仰攻。敵人從山丘上下來，不可逆襲。如果你仰攻，地勢不便，有勁使不出，還容易有檑木滾石砸下來。

如果敵人背靠山丘衝下來，占了地利，沒有後顧之憂，自高趨下，氣勢又順，力量加倍，就不要逆擊，把他引到平地再戰。

戰例是前面學過的，趙奢與秦軍作戰，離地五十里紮營。軍士許曆建議說：「先占北山者勝。」趙軍占了北山地利。秦軍來，爭山不得上，趙軍縱軍擊之，大破秦軍。

諸葛亮說：「山陵之戰，不仰其高。敵從高而來，不可迎之，勢不順也，引自平地，然後合戰。」

不過萬事都有兩面性。著名的諸葛亮揮淚斬馬謖（《三國演義》裡斬了，正史裡沒斬，死在獄中；還有一個說法是乾脆逃亡了，沒回去報到。）街亭之戰，馬謖就是先占了山，在山上紮營，準備等魏軍來，「居高臨下，勢如破竹，置之死地而後生」。

副將王平諫阻他，說山上一無水源，二無糧道，若被包圍，必自困而死。

這道理馬謖如何不明白？他當然明白，但他要的就是「置之死地而後生」，而且他準備居高臨下、勢如破竹，一舉把魏軍拿下，壓根沒準備在山上久待，水源、糧道什麼的問題，也就不存在。

不過馬謖忘了一件事，韓信當年背水一戰，置之死地而後生，並沒有把全部兵馬放在死地，而是有兩千奇兵去取趙軍大營，正奇配合。如果沒有正奇分戰，只那一支軍背水而戰，那就不是置之死地而後生，而是置之死地而死無葬身之地了。

馬謖卻沒有分戰法的安排，準備把全部兵馬都放在死地。

王平見勸不動他，還被他罵文盲將軍懂啥兵法，因為王平識字不超過十個，馬謖大才子，自然瞧不起他。王平便說要不你在山上紮營，分一支兵給我，駐在平地，成掎角之勢，有事也好相救。馬謖同意了。

所以最後安排還是分兵了，馬謖為正，王平為奇。

魏軍大將張郃來，見馬謖紮營在山上，第一件事，包圍，第二件事，斷水源、絕糧道。這都在馬謖預料之內，這還想不到，就不是諸葛亮的愛徒了。但第三件事他沒想到，《孫子兵法》上沒寫！就是張郃放火燒山。

兵法不能把所有情況都寫全，所以害死人！

這火一上來，就不是「高陵勿向，背丘勿逆」了。馬謖軍隊飢渴難忍，再加煙熏火燎，一時大亂，衝也衝不下去。張郃發動進攻，馬謖大敗。失了街亭，諸葛亮整個戰局就敗了。

還有一支奇兵，王平呢？王平作壁上觀，沒有來救。《三國志．王平傳》記載說：「謖捨水上山，舉措煩擾，平連規諫謖，謖不能用，大敗於街亭。眾盡星散，惟平所領千人鳴鼓自持，魏將張郃疑其伏兵，不往逼也。」王平從此發跡，成為蜀中名將。

用自己作餌，對手才會咬鉤

原文

故用兵之法，高陵勿向，背丘勿逆，佯北勿從，銳卒勿攻，餌兵勿食，歸師勿遏，圍師必闕，窮寇勿迫，此用兵之法也。

華杉詳解

「佯北勿從」，假裝敗北的敵軍不要追。後面有一句「餌兵勿食」，也有這意思，作誘餌的敵軍，你不要上鉤。

派一支部隊上去打，假裝敗退，引敵人大部隊過來，然後出奇兵滅他。這個標準戰術，地球人都知道。

但是，到了戰場，你還是沒法判斷他是不是假裝敗退，看見餌，還是不知道裡面有沒有鉤。所以才有「紙上談兵」之說，你似乎什麼都知道，但判斷不了，就不是真知道。

「佯北勿從，餌兵勿食」，讀了《孫子兵法》，咱們知不知道呢？正確答案是不知道。知道自己不知道，兵法就算沒白讀。

韓信破趙之戰，著名的背水一戰，就是用的佯北、餌兵。

韓信先在河邊布了一萬人的陣地，然後派餌兵出戰。誰作餌呢？他自己作餌！這由不得趙軍不咬鉤！見了韓信你不咬，那還咬誰呢？

拿主帥，甚至拿皇上作餌兵，這在歷史上不只一回，因為這個餌讓人無法拒絕，知道是餌，也要咬鉤，更別說一興奮起來，哪管什麼餌不餌的。不過這主意，只能老闆自己拿，謀臣一般不敢建議老闆當餌。

韓信親率餌兵出戰，大張旗鼓，戰鼓喧天，帥旗飄揚，趙軍都興奮了，萬馬軍中取韓信首級，大丈夫建功立業，就在今日！

打了一陣子，韓信開始敗退——「佯北」——其實他不佯也得北，因為趙軍人數比他多得多，直接就這麼打，他是打不過的。所以他的佯北，妙就妙在是真的，真打不過，假裝得真不像假裝的了。

佯北的時候，韓信開始放餌、下鉤，就是他的帥旗，一套儀仗、戰鼓什麼的。這是巨大的戰利品，得了韓信帥旗，那是極豐厚的賞賜，趙軍空營而出，搶奪戰利品，爭著咬鉤。

「佯北勿從，餌兵勿食」，兩個禁條趙軍都犯了。前頭韓信退到水邊，與列陣的一萬人合兵一處，再殺回來。後頭兩千奇兵奪了趙軍大營。趙軍前有勁敵，後丟老巢，就潰敗了。

俗話說，捨不得孩子套不來狼。從韓信身上，我們看到了：還要捨得拿自己做餌去套狼。

長平之戰的分析：我們自己就常常是趙括，也常常是趙王

原文

故用兵之法，高陵勿向，背丘勿逆，佯北勿從，銳卒勿攻，餌兵勿食，歸師勿遏，圍師必闕，窮寇勿迫，此用兵之法也。

華杉詳解

「佯北勿從，餌兵勿食」，著名的「紙上談兵」的趙括，在戰國最慘烈一戰，趙國被坑四十萬卒的長平之戰，就犯了這兩條。如果再加兩條，「高陵勿向，背丘勿逆」，也有份。

秦軍主帥白起呢，「歸師勿遏，圍師必闕，窮寇勿迫」——敵軍退回本國不要攔截，包圍敵人要留缺口，敵人到了絕境可能拚命，不要迫近——這三條，他一條也沒遵守，全部違反了，把趙軍圍

得死死的，全殲了。

戰鬥過程是這樣的：秦軍先派出餌兵，然後佯北，趙括即刻率大軍追擊。秦軍將趙括引到預設陣地長壁，秦軍主力已經布好陣地在那裡，就等著趙括來。這就是「孫子曰：凡先處戰地而待敵者佚，後處戰地而趨戰者勞。故善戰者，致人而不致於人」，又是「知戰之地，知戰之日」，「能使敵自至者，利之也」。秦軍知道在長壁決戰，先布好口袋，引趙括來。趙括不知道。

「以正合，以奇勝」，秦軍先以餌兵為正，長壁主力為奇。

趙括到了長壁，餌兵和主力合兵一處為正，該出第二支奇兵了。

趙括被阻於長壁，作戰不利，準備退軍，這時秦軍預先埋伏在兩翼的二萬五千奇兵出擊，穿插到趙軍身後，占了西壁壘高地有利地形，擋住了趙括退路，並切斷了趙括與大本營的聯繫。趙軍被分割為二。

白起再派出五千精騎，插到留守大本營的趙軍營壘間，牽制趙軍行動，切斷所有糧道，讓趙軍動彈不得。

趙括被圍，只好築壁堅守待援，白起一刻也不讓他休息，輪番派出輕騎攻擊騷擾。這叫「敵佚能勞之，飽能飢之」。

秦昭王接報白起得手，即刻出發，親自到前線河內，發動當地十五歲以上男子全部參軍，投入長平戰場，徹底包圍斷絕趙軍糧道和外援。

趙括斷糧四十六日，趙軍達到了相互殘殺食人的地步，只得孤注一擲突圍，結果趙括陣亡，趙軍投降，四十萬人被活埋。

有個問題：趙括熟讀兵書，為什麼會犯這麼簡單的錯誤呢？

因為自信。

初生牛犢不怕虎，但是牛犢還是要被虎吃掉。

在趙括心目中，廉頗老矣，趙國現在的將星就是我。廉頗在長平，跟秦軍耗了三年，國家都要被他耗垮了，還得靠我來解決問題。

自信必然輕敵，一接戰，果然得勝，證明自己是對的、是強的，馬上追擊。你說是「佯北勿從」，他認為是「擊其惰歸」，是乘勝追擊，這一追出去，就不可挽回了。

第二個問題，為什麼趙括他爹趙奢，跟兒子一談兵，難不倒他，說不過他，卻知道他不行呢？

趙奢對趙括他媽說：「兵，死地也，而括易言之。使趙不將括即已，若必將之，破趙軍者必括也。」軍事是生死存亡的大事，而趙括說得輕鬆容易，沒有他不知道的。如果趙國不用趙括為將便罷，用他為將，必破趙軍。

有人說趙括熟讀兵書，但不能活用。這不是本質。本質是熟讀兵書，不等於懂得兵法。

俗話說：「沒吃過豬肉，還沒見過豬跑嗎？」這話大錯！見過豬跑，不等於知道豬是怎麼回事，一定要親自吃過豬肉了，才知道豬是怎麼回事。更何況趙括見的豬跑，是在書上跑。地裡跑的豬他還沒見過呢！

所以我們讀書，每讀到一條，是知道有這麼一條，不是真會了這一條。一定要實踐過了，練習過了，才算真知道了。知道的程度，還不一定，永無止境。

孔子說：「學而時習之，不亦樂乎！」學「到」的時候其實不知道，一定是練習過了，實踐過了，體會到了，才真知道了，才不亦樂乎！

上課沒體會嗎？老師一講，你就聽懂了，一做習題，又不會了。所以之前不是真懂，把題做會了才算學到一點點。

趙括他媽媽也知道趙括不行。一是趙奢身前跟她交代過，二是她勸阻趙王不要任趙括為將時說的：「以前您任他爸爸為將，趙奢從得令之日起，不問家事，所得金帛，全部分給將士們。今天您任趙括為將，給他的賞賜，他全部交給家裡收起來，叫家裡看看哪裡有好地好房子快買。他就不是當領導的樣子。」

第三個問題：趙王為什麼不聽呢？他為什麼一定要換掉廉頗，要用趙括呢？他真是中了秦國的離間計嗎？秦國間諜來散布謠言，說廉頗不戰，是要投降秦國。秦軍不怕廉頗，就怕趙括。這他就上鉤了？

非也！

趙王的決策錯誤，是因為焦慮，因為壓力。太焦慮了，太鬱悶了，壓力太大了，他必須作出改變，就是死，他也要搏一把！

為什麼？

看看這仗是怎麼打起來的。

秦國打韓國，韓國頂不住，割上黨郡給秦國求和。上黨郡守馮亭，不願意跟秦國，把上黨獻給趙王。趙王貪心，大喜，馬上派兵把上黨占了。這叫虎口奪食。

奪了秦王嘴邊的肉，秦王怎能罷休，戰爭機器就開到上黨來了。接收上黨那點趙軍當然頂不住，退守長平。趙王也派大軍，廉頗為將，雙方在長平丹河，隔河相峙。廉頗知道打不過，占據有利地形，堅守不戰。這一守，就守了三年！

雙方百萬大軍在那兒耗了三年，兩國都要被拖垮了，經濟瀕臨崩潰。趙王本來是貪圖上黨之利，結果上黨在屁股底下還沒坐熱，全國都要被拖垮。這樣拖下去，肯定不行！這不是偷雞不成蝕把米，是蝕了全國所有糧倉！

但是不拖又行不行呢？

他顧不上了。

趙王對廉頗的不滿已經到了頂點，他必須改變！但卻不知道改變並不等於解決問題，甚至可能更糟。連廉頗都不能打，其他老將，更不消說，只能用年輕人了。你們也許說趙括不行，但我清楚其他人沒有行的，就趙括還沒試過，我就賭他一把！

我們的很多決策，大抵也和趙王差不多。**我們總是想解決問題，卻顧不上我們為解決問題而作出的舉措，並不能解決那問題，反而會帶來新的問題，甚至是災難。**

如果讓我們回到兩千多年前，去做趙王，我們又應該如何決策呢？

猛將，就是對方猛的時候就躲起來。等對方沒力氣了，我就猛了

原文

故用兵之法，高陵勿向，背丘勿逆，佯北勿從，銳卒勿攻，餌兵勿食，歸師勿遏，圍師必闕，窮寇勿迫，此用兵之法也。

銳卒勿攻。

「銳卒勿攻」的「銳」，和前面「朝氣銳，晝氣惰，暮氣歸」的「銳」，是一個意思，避其銳氣，擊其惰歸。敵軍銳氣正盛的時候，避他一避，熬他一熬，等他興奮勁過了，餓了、渴了、累了、倦了、疲了，再打。

還是治氣。

這是唐太宗李世民的強項。

前面學過他打竇建德的戰例，就是「銳卒勿攻，擊其惰歸」。今天再學兩個。

先看打劉武周，也是這麼打的。

劉武周本是隋朝將領，隋末天下大亂，遂起兵造反，自稱皇帝，又得了突厥外援，一路勢如破竹，和唐交兵，連勝數陣，李元吉被他打得落花流水，棄晉陽城（太原）而逃，李淵集團的老巢都被他占了。黃河以東，盡歸劉武周。

李淵被他打怕了，說：「賊勢如此，難與爭鋒，宜棄大河以東，謹守關西而已。」李世民說：「太原，王業所基，國之根本；河東富實，京邑所資。若舉而棄之，臣竊憤恨。」並主動請纓，親率三萬精兵，平劉武周以克復太原。

這就有了柏壁之戰。

李世民率軍乘堅冰渡過黃河，與劉武周部將宋金剛在柏壁對陣。李世民和李道宗登高觀察，問李道宗：「敵人兵多，來邀我戰，你看如何？」

李道宗回答：「群賊鋒不可擋，易以計屈，難與力爭。」

李世民說，咱倆想到一塊兒了，「金剛懸軍深入，精兵猛將，咸聚於是，武周據太原，依金剛為扞蔽，軍無蓄積，以虜掠為資，利在速戰。我閉營養銳以挫其鋒，分兵衝其心腹，彼糧盡計窮，自當遁走。當待此機，未宜速戰。」

「銳卒勿攻」。這時候，宋金剛的銳氣，正在頂點。李世民就跟他熬，熬了他整整五個月，堅壁不戰，只是派軍騷擾，斷他糧道。金剛糧盡，銳氣全沒了，只得退軍。

他一退，李世民就「擊其惰歸」，猛追，一晝夜追了兩百里，打了八仗，唐軍三天沒解甲，兩天沒吃飯，將領們說差不多了，不能再追了，讓大家休息休息，等兵糧齊備，再打不遲。李世民說，我早就想透了，接著追，接著打，就這一戰徹底打垮他！繼續追擊，抓住宋金剛主力，一戰殲滅。劉武周見大勢已去，棄太原城逃往突厥，不久為突厥所殺。劉武周政權就滅亡了。

李世民征薛仁杲，還是一樣。

薛仁杲十餘萬兵馬，兵鋒正銳。李世民還是那一招，銳卒勿攻。諸將請戰，李世民下令：「敢言戰者斬！」相持六十多天，薛仁杲糧食吃完了。沒了糧食，部下開始有來投降的，因為這邊到點就開飯，那邊沒有飯啊。

李世民看敵軍銳氣已失，離心離德，說：「可以戰了。」先派出餌兵，把敵軍中還有鬥志的人誘出來，再把他剩下的銳氣泄一泄。

就派總管梁實分兵到淺水原設營。薛仁杲部下猛將宗羅睺，一貫驕悍，兩個月求戰不得，憋得都要炸了，盡出精銳攻打梁實。梁實堅壁不出，繼續耗他，宗羅睺攻得更急。

李世民等宗羅睺銳氣體力都耗得差不多，親率大軍投入戰場，大敗宗羅睺。宗羅睺一退，他就窮追猛打，一直追到薛仁杲城下，調集大軍把他圍了。薛仁杲心驚膽裂，開城投降。李世民把他押送到長安，斬了。

隋末英雄輩出，李密、竇建德、劉武周，都是牛人。可惜出了一個千年一遇的超級猛人，李世民，就都給收拾了。

李世民能打，主要是他知道什麼時候不能打。李世民最猛，是他知道在對方猛的時候就躲起來。等對方沒力氣了，他就猛了。而且都不打第二仗，一次就收拾乾淨，都給他算絕了。

為什麼很多人讀書都白讀了？因為不是學習型讀書，是糾錯型讀書

讀書之病，在於有勝心。讀書要有收穫，關鍵在於有正確的讀書觀。

原文

故用兵之法，高陵勿向，背丘勿逆，佯北勿從，銳卒勿攻，餌兵勿食，歸師勿遏，圍師必闕，窮寇勿迫，此用兵之法也。

餌兵勿食。

敵人下餌誘你，你不要咬鉤。

梅堯臣注解說：「魚貪餌而亡，兵貪餌而敗。敵以兵來釣我，我不可從。」

戰例是曹操餌劉備、文醜。

曹操與袁紹作戰，斬顏良，解白馬之圍後，親率數百騎兵押送糧草輜重撤退，與劉備、文醜數千追兵遭遇。諸將震恐，以為敵騎太多，不如還營。荀攸說：「此所以餌敵也，安可去之？」於是拋棄輜重，解鞍放馬，引誘袁軍。劉備、文醜果然爭搶輜重。袁軍士兵都忙著搶東西，沒有戰意。曹操率軍上馬，衝殺進去，又斬了文醜。

杜牧給了完全不同的注解，他說「餌兵勿食」的意思，是敵人丟下的食物你不要吃，小心有毒！「敵忽棄飲食而去，先需嘗試，不可便食，慮毒也」。

他還講了一個戰例。

後魏文帝時，庫莫奚侵擾，詔濟陰王拓跋新成率軍討之。拓跋新成兌了很多罈毒酒放軍營裡，敵人來攻的時候，他就假裝不敵，棄營而去。敵人攻入空營，得了許多酒，大喜，開懷暢飲，酒酣毒發。這時新成再殺回來，不費吹灰之力，俘虜萬計。

杜牧注解得對不對？當然不對。孫子的原意，肯定不是提醒你不要吃不認識的叔叔給的食物。但是杜牧注解錯也無所謂，錯得有價值，讓我們知道了還有毒酒破敵這個戰例。

我們讀書，或者跟人討論問題，有一個非常非常普遍的毛病，就是有勝心。不是專注於我有什麼體會，學到了啥，而是想勝過他。他說得很好了，但我想方設法，非要另立一說以勝之。或者換個角度，跟他討論討論，總之要讓他站不住腳，顯我的本事，至少顯示我知道得多！

上課向老師提問題，不是真有問題，就是展示一下自己的「智慧」。聽完老師的課，或讀完某著名的書，跟人交流，不是交流學到了啥。而是一開口就是：「我覺得他那個地方說得也不對嘛！」

勝心是讀書學習的大病，跟同學討論，要壓倒同學；上老師的課，想挑戰老師；讀古人的書，還想勝過古人。一有勝心，讀書就不是懷著學習的虔誠，而是抱著糾錯的快感，不是「學習型讀書」，是「糾錯型讀書」。

我讀《十一家注孫子校理》，因為是歷代十一人所注留下來，每個人都在前人的基礎上注，這種感受就特別明顯。第一個注的是曹操，他就是靶子了。誰的靶子呢？主要攻擊他的是杜牧，幾乎把曹操射成個刺蝟。杜牧的注，常常第一句就是「曹說非也」——曹操說得不對！曹操死了，沒法從墳墓裡起來跟他辯論，所以每次論戰當然都是杜牧獲勝。杜牧為什麼老說曹操說得不對呢？因為勝過曹操比較有快感。

那杜牧是個詩人，是個文人。他就特別喜歡標新立異。我想他在注《孫子兵法》的時候，他不太關心《孫子兵法》對自己有什麼用，而是關心自己的文章，如果和前人注得一樣，就沒什麼意思了。

孔子說：「恭則不侮。」那不恭，就要受辱了。杜牧老說前人不對。後面自然就有人說他不對。所以《十一家注孫子校理》裡，每一句「曹說非也」後面，都有一句「杜說非也」。「撥亂反正」比較多的，是梅堯臣。他是宋朝人，也是詩人，杜牧死了兩百年了，他也沒法起來論辯。

那麼我們認為誰對呢？

首先，我們關心的不是誰對。我們關心的是自己學到了什麼，有什麼用。讀書是觀照自己，放自己身上體會，放實際事上琢磨，這才是真讀書。搞些標新立異，徒事講說，是讀書的大病！

其次，錯的也有價值。杜牧的注，也讓我們知道不少新鮮事，不也挺好的嗎？再說他下的工夫很大，是十一家裡成就最大、影響最大的，我們也不必去糾他的錯，得我所取就行了。

克勞塞維茨說：「錯誤的意見不管多麼荒謬，至少讓我們知道了別人看問題的角度。」這也是價值。有時候別人跟你說個道理，你覺得他太荒謬了，簡直不可忍受。這時候你要往好處想，他讓你知道了，還有人是這麼看問題的！

第三，到底誰對？這個問題我們當然是關心的，不是沒對錯，是有對錯的。誰對呢？我基本一律是以曹操的意見為準。因為曹操才是吃過豬肉的嘛！其他人豬跑都沒見過。

除了曹操，我還有一本注本作標準，就是郭化若譯注的《孫子兵法》。郭化若是中國人民解放軍中將，黃埔軍校畢業，又多年在抗日軍政大學教書。他的注本，可以作為標準答案。

關於《孫子兵法》，我也經常碰到人跟我討論。比如兩個問題，一是說孫子與孫臏是同一個人。這個討論純屬無聊。孫子是春秋時期跟吳王一起的，《孫子兵法》裡有的內容就是具體針對越國的。而孫臏是戰國時期齊國人，那時候吳國已經亡了。兩人差了一百多年，怎麼可能是同一個人？無非是有人提出一些說法，顯示自己學問。但是這些提法根本不值得採信，這就叫徒事講說，不是真讀書。

第二個經常被討論的問題，是「小敵之堅，大敵之擒」。那上下文意思本來清楚明白到不能再明白。「故用兵之法，十則圍之，五則攻之，倍則戰之，敵則能分之，少則能逃之，不若則能避之。故小敵之堅，大敵之擒也。」

打得贏就打，打不贏就跑。你是「小敵」，打不贏別人，還非「堅」，堅持不跑，就要被人擒了。但中國某研究《孫子兵法》的大家，他說，大家都認為是這意思，但我認為不是，真正的意思是「如果弱小的一方能堅，那就一定能把大敵活捉」。如果孫子是這意思，那他前面的話都白說了。對「小敵之堅」的解釋，還有更過分的，也是一位大師。

他學問大呀！如果解得跟別人一樣，就顯不出學問了。他說這個「堅」，是財寶，是裝備，敵人的財寶、裝備，鎖得再緊密，只要我們打敗他，就可以歸我們了！為了論證這個解釋，他還以《莊子》為證，「莊子曰：將為胠篋探囊發匱之盜，為之守備，則必攝緘縢，固扃鐍。」人們把財寶鎖起來有什麼用呢？還不是引盜賊來罷了。

同學們一聽，都震了！哇！還是老師學問大！

對於這些讀書之病，王陽明說了很多：「其說本已完備，非要另立一說以勝之。」不是真讀書，而是有勝心，徒事講說，求些虛榮。

讀書只問對自己有什麼益，有什麼用，不要去文字上訓詁糾結，自以為在做學問。所以我讀兵法還有一個體會，就是把自己代入進去，假如我是他，我怎麼做？而且我們讀書，跟看電影一樣，自然就把自己代入勝利的一方。要再反過來，把自己代入失敗的一方，假如我是他，我怎麼辦？

把自己代入書中，再把書代入自己工作生活中。這書上的道理、案例，在我的實際工作中有什麼相應的情況，有什麼啟示。

「如切如磋，如琢如磨」，這才算書沒白讀。

治氣，就是衡量意志力，較量意志力

原文

歸師勿遏，圍師必闕，窮寇勿迫，此用兵之法也。

華杉詳解

這三條都是講治氣，還是「銳卒勿攻」的道理。

歸師勿遏。

退回本國的軍隊，不宜去遏止他。因為那些人要回家，個個歸心似箭，你去攔他，他跟你拚命。前面不是說擊其惰歸嗎？怎麼又歸師勿遏呢？那是方向不同。他要回家，你從後面追著打，他想趕緊跑掉到家，不想跟你打，那你在氣勢上就占便宜。這是「擊其惰歸」。

但如果你是在他前面的路上攔住他，擋了他回家的路。他回不去，便要跟你拚命。這時候他的氣勢就強過你了。

戰例是曹操討張繡，作戰不利，要退。劉表又發兵來救，斷了曹操退路。曹操前後受敵，便在夜晚悄悄運過了輜重，設了伏兵，等張繡來追。次日張繡追來，曹操伏兵出，步騎夾攻，大破張繡。戰畢，曹操對荀彧說：「賊遏吾歸師，而與吾死地，吾所以知勝矣。」

杜佑注解說：「若窮寇遠還，依險而行，人人懷歸，敢能死戰，徐觀其便，而勿遠遏截之。」

圍師必闕。

「闕」，同「缺」。包圍敵人要給他留一個缺口，放一條生路給他跑。

《司馬法》說：「圍其三面，闕其一面，以示生路也。」

這裡的意圖，是不要讓他置之死地而後生，人人死戰。而是讓他跑，在跑的過程中再設伏兵擊他。最好是在他的歸路上多設伏兵，跑一段，吃他一口；再跑一段，又一支伏兵吃他一口，多吃幾口就消化完了。

我們再回到前面曹操討張繡的戰例，劉表、張繡應該如何用兵呢？首先他們不應該把曹操圍死了，因為他們並沒有能力吃掉曹操。圍死了，曹操軍隊人人死戰，他們更擋不住。應該是放他走，張繡在後面追，劉表在路上設伏。而劉表的做法是據險而守，擋住曹操歸路。兵法說，「十則圍之」，他哪有十倍於曹操的實力呢。

我們再回憶一下，前面從另一個角度學過這個戰例。張繡的謀士賈詡在張繡去追擊曹操時，他說不能追，必敗，因為肯定有埋伏。張繡不聽，追了，中伏了，敗了，回來問：「你知道我什麼時候必敗，能知道我什麼時候必勝不？光知道敗沒用，知道勝才能打勝仗呀！」賈詡說：「就是現在，趕緊再追，必勝。」張繡翻身上馬，馬上就追，果然得勝回來。

為何？

第一次追是「歸師勿遏」。

第二次追是「擊其惰歸」。

氣不一樣了。

氣不一樣，是意志力不一樣。意志力不一樣，戰鬥力就大不一樣。治氣，就是衡量雙方的意志力，較量雙方的意志力。

窮寇勿迫。

困獸猶鬥，狗急跳牆，敵人已到了絕境，不要急於迫近，不要逼得他無路可走，那樣他會跟你死戰的。

這「窮寇勿迫」，不知怎麼的就傳成了「窮寇莫追」。孫子可從來沒說過窮寇莫追。「勿迫」，和「莫追」，是完全不同的兩個概念。

要追，怎麼不追呢？

毛澤東說：「宜將剩勇追窮寇，不可沽名學霸王。」

附錄：《軍爭篇》全文

孫子曰：凡用兵之法，將受命於君，合軍聚眾，交和而舍，莫難於軍爭。軍爭之難者，以迂為直，以患為利。

故迂其途，而誘之以利，後人發，先人至，此知迂直之計者也。故軍爭為利，軍爭為危。舉軍而爭利則不及；委軍而爭利則輜重捐。是故卷甲而趨，日夜不處，倍道兼行，百里而爭利，則擒三將軍，勁者先，疲者後，其法十一而至；五十里而爭利，則蹶上將軍，其法半至；三十里而爭利，則三分之二至。是故軍無輜重則亡，無糧食則亡，無委積則亡。故不知諸侯之謀者，不能豫交；不知山林、險阻、沮澤之形者，不能行軍；不用鄉導者，不能得地利。故兵以詐立，以利動，以分和為變者也。故其疾如風，其徐如林，侵掠如火，不動如山，難知如陰，動如雷震。掠鄉分眾，廓地分利，懸權而動。先知迂直之計者勝，此軍爭之法也。

《軍政》曰：「言不相聞，故為金鼓；視不相見，故為旌旗。」夫金鼓旌旗者，所以一人之耳目也。人既專一，則勇者不得獨進，怯者不得獨退，此用眾之法也。故夜戰多火鼓，晝戰多旌旗，所以變人之耳目也。

故三軍可奪氣，將軍可奪心。是故朝氣銳，晝氣惰，暮氣歸。故善用兵者，避其銳氣，擊其惰歸，此治氣者也。以治待亂，以靜待譁，此治心者也。以近待遠，以佚待勞，以飽待飢，此治力者也。勿邀正正之旗，勿擊堂堂之陣，此治變者也。

故用兵之法，高陵勿向，背丘勿逆，佯北勿從，銳卒勿攻，餌兵勿食，歸師勿遏，圍師必闕，窮寇勿迫，此用兵之法也。

第八章

九變第八

進步，就是不斷地發現自己不會

什麼叫學會？沒法說。只有會的人才知道什麼叫會。而且每過一陣子又發現自己不會了。這時候就是又要進步了，功力又要增長了。

原文

九變篇

孫子曰：凡用兵之法，將受命於君，合軍聚眾，圮地無舍，衢地交合，絕地無留，圍地則謀，死地則戰。塗有所不由，軍有所不擊，城有所不攻，地有所不爭，君命有所不受。

故將通於九變之利者，知用兵矣；將不通於九變之利者，雖知地形，不能得地之利矣。

華杉詳解

《九變》是《孫子兵法》最短的一篇，只有二百多字，但內容比較錯雜，和其他篇內容有交叉，且先後次序也有點亂。特別是他總結說，如果不知道九變，雖然知道地形，也不能得地利。所以有研究者說，這部分內容，似乎應放在第十篇《地形》之後，講完地形，再講你要知道變通。而且一些地形的術語，也是在第十篇《地形》裡才提出來，並給予定義的。

不管怎麼說，我們還是按原書順序學吧。

「變」，是變通。不按正常原則處置。「九」，中國人說數字，都是泛指，九，就是多，多種情況。所以「九變」，可譯為「注意變通的幾種情況」。

不過曹操注解說：「變其正，得其所用者九。」明確了是九種情況。這大家就不好辦了，往下一數，怎麼數也不是九條。

一、圮地無舍；

二、衢地交合；

三、絕地無留；

四、圍地則謀；

五、死地則戰；

六、塗有所不由；

七、軍有所不擊；

八、城有所不攻；

九、地有所不爭；

十、君命有所不受。

十條呀！

於是又有學者提出，是「九變一結」，前面九條是九變，最後一條「君命有所不受」是總結。

關於《孫子兵法》，這類的研究非常非常多。我一般都不取，不討論。管他九條還是十條，對我們學習他的思想關係不大。這些研究若鑽研進去，一輩子都研究不完，那是學者專家的工作，不是我們學習的範圍了，學這個，不能增加思想功力。

張預注解說：「變者，不拘常法，臨事適變，從宜而行之之謂也。凡與人爭利，必知九地之變，故次軍爭。」

你若不懂兵法，則不會作戰。你若按兵法行事，卻敗了，那是你不懂得九變。

所以什麼叫學會，沒法說。只有會的人才知道什麼叫會。而且每過一陣子又發現自己不會了。這時候就是又要進步了，功力又要增長了。

進步，就是不斷地發現自己不會。

寧肯找死，不可等死，陷入死地，要堅決奮戰

原文

圮地無舍，衢地交合，絕地無留，圍地則謀，死地則戰。

華杉詳解

圮地無舍。

「圮地」，曹操注：「無所依也，水毀曰圮。」圮地，就是水網、濕地、湖沼等難行的地區，在這樣的地形就不要宿營。因為水汪汪的，本身紮營住宿就困難，而且敵人如果打過來了，你一方面難以構築防禦工事，另一方面也進退困難，行動不便。

衢地交合。

「衢地」，四通曰衢。衢地，就是指四通八達的地方。浙江有衢州市，為什麼叫衢州，就是四省通衢，浙江、福建、安徽、江西，四通八達，所以是兵家必爭之地。

在四通八達的地方，和各諸侯國來往都方便，衢地交合，就要搞好外交。一來交結外援，二來至少人家不要以你為敵，或被敵人爭取去。

絕地無留。

「絕地」，李筌注解說：「地無泉井、畜牧、采樵之地，為絕地，不可留也。」沒水喝，沒東西吃，沒柴火，趕緊走，不要久留。

賈林注解：「溪谷坎險，前無通路，曰絕，當速去勿留。」走到死胡同，地形險要，趕緊撤，別被人堵了。

圍地則謀。

「圍地」，賈林注解：「居四險之中，曰圍地，敵可往來，我難出入。居此地者，可預設奇謀，使敵不為我患，乃可濟也。」

四面皆險，前進的道路狹窄，退歸的道路也險迂，敵人要來則方便，我要出入卻困難。這種地形，是圍地，必須預設奇謀，讓敵人傷不到我，才度得過去。

比如前面學過的戰例，韓信破趙之戰，他要經過的井陘，就是險塞之圍地。看名字都看得出來，「井」，是像井底一樣；「陘」，是山脈中段的地方。所以韓信小心翼翼，不敢進兵。派出間諜，偵察清楚，沒有埋伏，才大搖大擺出井陘口，演了一齣背水一戰的好戲。

死地則戰。

「死地則戰」，戰例就是韓信出了圍地，在水邊布陣，背水一戰，置之死地而後生。

梅堯臣注解說：「前後有礙，決在死戰。」

何氏注解說：「此地速為死戰則生，若緩而不戰，氣衰糧絕，不死何待也。」

到了死地，那就真是等死不如找死。寧肯找死，不可等死，陷入死地，要堅決奮戰。

決策心理學：任何決策的背後，都是決策者的「個人需求」

這種需求，可能是個人和小集團利益，可能是個人抱負，可能是某種情緒，可能是某種焦慮、某種心結、某種心理陰影。都有可能。一定要從他個人的角度，去分析他的決策。而自己在決策的時候，則要有「無我」的意識，把自己的個人因素、情緒因素，從決策中剝離出來，才能作出正確的選擇。

原文

塗有所不由。

華杉詳解

「塗」，同「途」。道路有的雖可以走，但不走。反過來，有的不可以走的，也可能走。這就是變。

李筌注解說：「道有險狹，懼其邀伏，不可由也。」險狹之地，怕有埋伏，所以不走。

曹操注解說：「隘難之地，所不當從；不得已從之，故為變。」不該走的地方，有時候不得不走，這也是變。

前面學過幾遍的韓信破趙的戰例，就有一條不該走的行軍路線——井陘口。韓信得到諜報，陳餘不用李左車的計策，沒有分兵在井陘口設伏，才敢通過。如果有伏，如他後來俘虜了李左車後對他說：「陳餘如果用您的計策，那我就被您擒了。」

漢伏波將軍馬援，最後一戰，討伐五溪蠻苗族叛亂，就敗在走錯一條路。

馬援和副將耿舒出兵，初戰得勝，蠻兵躲入山林，馬援要去搗他老巢。有兩條路選擇，從充縣走，路好走，但是路途遠；從壺頭走水路，則路近而水險。

馬援認為走充縣陸路，路遠費糧，不如走水路，直搗匪巢，則充縣不攻自破。

耿舒堅決不同意，說陸路雖然遙遠，但比較安全，即使不能攻入苗境，撤退也方便。水路則太危險，除非能神不知鬼不覺摸到敵人老巢。否則，一旦被敵人發現行蹤，兩岸據險而守，居高臨下，官軍插翅難飛，山高水窄，那是真真正正的死無葬身之地！

馬援不同意，陸路也不那麼安全，到處都可能有埋伏。兩人爭執不下，上書朝廷，光武帝劉秀支持了馬援的意見。

於是，漢軍乘船逆流而上，進軍壺頭。形勢發展果如耿舒所料。苗人很快發現漢軍意圖，乘高守隘。沅江水疾，船不得上，加之夏天暑濕，軍中起了瘟疫，士卒大批死去，馬援自己也病死軍中。

馬援為什麼會犯這樣的錯誤？

首先陸路也不一定對。我們都是從事後結果來論「對錯」，實際上「對」不一定對，「錯」不一定錯。

但是，水路是條險路，風險更大，是毫無疑問的，馬援這是捨命一搏。他為什麼捨命一搏？馬援出兵之前，他的心理、他的情緒，就已有徵兆。

馬援出征時已六十二歲。

五溪蠻搶掠郡縣。光武帝遣武威將軍劉尚征討，「戰於沅水，尚軍敗歿」。次年，遣謁者李嵩、中山太守馬成征討，仍無戰績。馬援請求將兵征討，光武帝擔心他年事已高，不許。馬援說：「臣尚能被甲上馬。」光武帝令他試騎。馬援「據鞍顧眄，以示可用」。光武帝笑道：「矍鑠哉是翁也！」遂令馬援率中郎將馬武、耿舒、劉匡、孫永等，帶領四萬餘眾征討五溪蠻。

馬援夜與送者訣別，對友人杜愔說，我已年老，「常恐不得死國事。今獲所願，甘心瞑目」。

馬援素有烈士之志，大家都熟悉的成語「馬革裹屍」，就是他的典故，他的原話：「男兒要當死於邊野，以馬革裹屍還葬耳，何能臥床上在兒女子手中邪？」他就想死在戰場上，不想死在家裡床上。

出征平苗叛的時候，他已經老了，六十二歲了，對死亡無所謂了，而這是最後一次為國家建立奇功的機會。水路之險，他如何不知？打了一輩子仗，當然一清二楚。但仗已經打了兩年，換了三撥將領，陸路無非是方便撤退，利於自保，並非利於得勝。

這是我最後一仗了，再不建功，就沒機會了，馬援決定賭上一條老命。

而年輕人怎麼願意跟老傢伙賭命呢？

漢軍被困在河谷之中，進退不得，瘟疫橫行，每天都一批一批死去。耿舒焦慮萬分。人微言輕，皇上也不聽他的。沒辦法，給他哥哥耿弇寫信，述說情況，說你去跟皇上說。

耿弇感覺事態嚴重，即刻上奏皇上。耿弇的話分量不一樣，加之軍情確實緊急。劉秀派梁松去責問馬援，並代理監軍事務。梁松到時，馬援已經死了。

這一仗的最後結局，不是打贏的。還是用計誘降，苗人自己殺了首領來降，叛亂平定。

馬援賭命，賭得一個「馬革裹屍」的千古美名，但被他所誤，馬革裹屍的，還有千千萬萬的漢軍將士。對他決策的心理分析，或許是我的臆斷。但是——

任何決策的背後，都是決策者的「個人需求」。

這種需求，可能是個人和小集團利益，可能是個人抱負，可能是某種情緒，可能是某種焦慮、某種心結、某種心理陰影，都有可能。一定要從他個人的角度，去分析他的決策。**而自己在決策的時候，則要有「無我」的意識，把自己的個人因素、情緒因素，從決策中剝離出來，才能作出正確的選擇。**

無我，是客觀的基礎，決策的保障。

不戰，是戰鬥的重要組成部分

原文

軍有所不擊。

華杉詳解

敵軍有的雖可以打，但是不打。

曹操注解說：「軍雖可擊，以地險難入，留之失前利，若得之，則利薄。困窮之兵，必死戰也。」發現敵軍，雖然可以打，但是如果小股困窮之兵，又據險地死戰，吃掉他沒多大利益，而代價很大，甚至耽誤整個戰局進展，那就不要打。

杜牧注解說，前面說的「銳卒勿攻」、「歸師勿遏」、「窮寇勿迫」、「死地不可攻」，都是軍有所不擊。還有一種情況，如果我強敵弱，敵人前軍先至，也不可擊，不要把他打跑了，等他後軍到齊，一舉全殲。

賈林注解說，「不戰而屈人之兵，善之善者也」，如果可以招降，也不必擊。還有，如「窮寇固險而守，擊則死戰」，也不要擊，靜觀其變，等他心惰，再取之。

張預補充說，「縱之而無所損，克之而無所利」，也不必擊。

莫貪小利，雞肋、雞肋，食之無味，棄之不必可惜。看見利就想取，反而耽誤正事，壞了大局。

前面我們說過，行軍是戰鬥的一部分，甚至是比戰鬥本身更重要的部分；宿營，也是戰鬥的一部分。這裡，我們看到，不戰，也是戰鬥的一部分。這是一個利弊衡量，也是一個全域觀。利弊衡量，是殺敵一千，自傷八百，不值。全域觀，是局部有利，全域可能不利，耽誤時間，耽誤決勝的戰機。

「軍有所不擊」，這話看起來簡單，一聽就懂。但是，我們讀書是為了觀照自己。對照一下自己呢，就發現沒有一天是做到的。沒有做到事有所不幹，沒有做到應酬有所不去，沒有做到酒有所不喝。

別認為勤奮光榮，別以為自己是戰鬥英雄，別一歇下來不幹活就有負罪感，**如果你每天忙得要死，恨不得抓住所有機會，最後是猴子掰包穀，沒有多大成效，也沒有真正的積累，不如停下來，好好計畫一下，到底要什麼。**

造反兵法，關鍵是快

原文

城有所不攻。

華杉詳解

城池有的雖可以攻下的，但是也不攻。

曹操注解說：「城小而固，糧繞，不可攻也。操所以置華、費而深入徐州，得十四縣也。」這裡曹操舉了自己的一個戰例。他說如果那城又小，又堅固，守軍糧食又多，就不要攻，因為利益不大，代價卻很大。所以他在攻打徐州的時候，放棄了華、費二城，得以兵力完全，直取徐州，得十四縣地盤。

杜牧注解說，如果敵人在要害之地，深挖城壕，多積糧食，就是為了拖住我們的部隊。如果攻拔他，不足為利；如果攻不下來，更是挫我兵勢，這種情況，就不要去攻打他。

「城有所不攻」，這一條對於造反來說最重要，可以稱為「造反兵法」。

但凡你要造反，上策就是最快的速度直搗京城，把皇上拿下，你就稱帝了。一旦被拖住，全國動員，勤王大軍集結，造反的事就沒希望了。

前面我們學過王陽明破寧王之叛的戰例，寧王猛攻安慶，安慶一下，則南京必然落入寧王手中。寧王進了南京，便有了稱帝的資本，他若稱帝，大臣們就得選邊戰，正德皇上本是個荒唐天子，寧王的機會不是沒有。

但是王陽明乘虛取了寧王的老巢南昌，就賭他回師來救。寧王的幕僚嘴皮子都說破了：「城有所不攻，南昌咱不要了，得了南京，得了天下，南昌不還回來嗎？如果在南昌被拖住，失了戰機，大事就完了。」

但寧王受不了老巢被端，放棄了馬上就要攻下的安慶，回師來救。結果南昌他沒能回去，半道在鄱陽湖就被王陽明擒了。

寧王造反，是受前輩明成祖朱棣造反成功的鼓舞，而朱棣成功的戰略，恰恰是「城有所不攻」。開始時也戰事膠著，主要在河北打，在山東打，燕軍雖然勝仗多些，但損失也慘重，而朝廷兵源充足，要拖，燕軍還是拖不過朝廷。

後來朱棣得到內臣密報，知道南京城防空虛，於是改變戰略，親率大軍，直搗南京，一路攻到揚州，江防都督陳瑄以舟師降燕，燕師渡江，下鎮江，直逼南京。谷王朱橞與李景隆開金川門降燕，朱棣就造反成功了。

唐朝徐敬業反武則天，有謀士勸他直取洛陽，這樣兵鋒所指，不服武則天的人多著呢，還有可能響應，這是造反成功唯一的希望。徐敬業卻不往北邊打，往南邊打，想攻下常州、鎮江、南京，以成帝業。那一看就是個割據的志氣，就沒人跟他了。

杜牧也講了一個造反的戰例。劉宋順帝的時候，荊州沈攸之造反。他的本錢不小，史書說他素養士馬，多積糧食，戰士十萬，甲馬兩千。叛軍到了郢城，功曹臧寅說，攻守易勢，郢城易守難攻，沒有十天半月拿不下來。如果不能順利拿下，銳氣兵威就沒了。造反這事，兵士們是被裹挾著幹，一看不行，軍心也有變。不如放棄郢城，順流而下，直取建康（南京），拔了劉宋的根本，郢城不就傳檄而定嗎？

沈攸之不聽，盡出精銳攻城。郢城郡守柳世隆拒之，攻不下來。跟著造反的士兵們看見第一仗就這麼難，造反成功希望渺茫，都不想擔這族滅之罪，紛紛當了逃兵，潰而走之。沈攸之見大勢已去，自己走到樹林裡上吊了，造反大業就這麼稀里糊塗結束了。

後世西方有戰略家，總結為戰略縱深，或戰略癱瘓，一路攻到敵人中樞，把他中樞神經打癱瘓了，全國就投降了。不要步步為營，步步布防，甚至不要等補給線，關鍵是快。這就是希特勒、古德里安的閃電戰。

萬事都有代價

我們的社會有一種「狠話文化」，就是好說狠話，比如「不惜一切代價」如何如何。這世上沒有什麼事是不惜一切代價的，萬事都有代價。

原文

地有所不爭。

華杉詳解

有的地方雖可爭而不爭。

曹操注解說：「小利之地，方爭得而失之，則不爭也。」

杜牧注解說：「言得之難守，失之無害。伍子胥諫夫差曰，『今我伐齊，獲其地，猶石田也。』」

伍子胥要夫差去爭越國的地，不要去爭齊國的地。因為吳國是南方人，滅了越國，得了越國的地，又能守住，也能耕種。取多了北方齊國的地，沒什麼用，也守不住。

不過此時夫差志得意滿，又正被勾踐伺候得舒服，每天摟著勾踐送給他的西施，根本不認為有滅越的必要，北向中原，與齊晉爭霸天下，才是他的志向。結果，他又中了勾踐的離間計，殺了伍子胥。正在他舉兵北上的時候，勾踐乘他後方空虛，突然襲擊，殺了他的太子。又過了幾年，吳國為越所滅，夫差自殺。

讀史者難免扼腕，伍子胥那麼大功勞，對吳國那麼重要，夫差怎麼能殺他，自毀長城呢？這是旁觀者的看法。在夫差看來，吳國的勝利和強大都是我自己的本事，怎麼會是伍子胥的功勞呢？

杜牧還講了一個戰例：

東晉的時候，陶侃駐守武昌，長江北岸有邾城，諸將都說應分兵鎮之，陶侃不回答，而諸將反覆說。陶侃就帶大家渡江去打獵，帶他們到現場說：「我之所以設險而禦，憑藉的是長江之險。邾城在江北，內無所依，外有群夷。貪圖邾城的利益，不僅守不住，還招惹夷人來。所以得了邾城，無益於江南，反而招禍。」

後來庾亮守邾城，果然大敗。

開疆拓土，代價最大，人民最苦。所謂「漢武大帝」，還有那句「明犯強漢者，雖遠必誅」，今天很多人認為他是英雄，歷史課本稱他為偉大的政治家、軍事家。但你若生活在他的時代，就註定逃脫不了悲慘的命運。要麼在前方流血，要麼在後方受苦，因為全中國都被他搞破產了。

漢武帝晚年，國家瀕於崩潰的邊緣，在巨大的政治壓力下，他下了著名的輪台罪己詔，其中「狂悖」二字，作為漢武帝對自己的自我鑒定，算是恰當。

八百年後，唐代詩人杜甫，還留下一首千古名篇〈兵車行〉，就講這漢武帝開疆拓土的：

邊庭流血成海水，武皇開邊意未已。
君不聞漢家山東二百州，千村萬落生荊杞。
縱有健婦把鋤犁，禾生隴畝無東西。
況復秦兵耐苦戰，被驅不異犬與雞。
長者雖有問，役夫敢伸恨？
且如今年冬，未休關西卒。
縣官急索租，租稅從何出？
信知生男惡，反是生女好。
生女猶得嫁比鄰，生男埋沒隨百草。

「君命有所不受」這句兵法主要是說給國君聽的，不是說給將領聽的

前線將領要君命有所不受，就要先有犧牲自己的決心。

原文

君命有所不受。

故將通於九變之利者，知用兵矣；將不通於九變之利者，雖知地形，不能得地之利矣。治兵不知九變之術，雖知五利，不能得人之用矣。

華杉詳解

國君的命令，有時是不應接受的，比如不符合前線實際情況的，可以不接受。

「君命有所不受」，這也算是《孫子兵法》裡最有名的名句之一。曹操注解說：「苟便於事，不拘於君命也。」只要有利於戰事，不必拘泥於國君的命令。

《尉繚子》說：「兵者，凶器也；爭者，逆德也；將者，死官也。無天於上，無地於下，無敵於前，無主於後。」意思說這人在生死之間，為了生存，什麼都可以幹，沒有道德標準，無法無天，也不存

在什麼主君了。

真是這樣嗎？

真這樣，就沒法指揮了。

因為大將對國君是君命有所不受，小將對大將也君命有所不受。每個人都自己判斷，不接受上級的判斷，那還怎麼指揮呢？

所以這句話，有兩個關鍵理解：

第一，這句兵法主要是說給國君聽的，就是說您要讓聽得見炮聲的人作決策，儘量控制自己遙控指揮的衝動。

第二，這是九變之一，是講變通。所謂變通，就是說這不是一般情況，是很特殊的情況。君命有所不受，意思是說不聽國君的命令是死罪，但是遇到極特殊的情況，聽了肯定得死，不聽卻可以為國家建功，這時候可以變通，不聽。

「君命有所不受」，為將者千萬不能當真。這句話本來就是帶兵的人寫在兵書裡給國君看的，別國君沒當真，自己當真了，以為自己有了至高無上的決策權力。

我們看看歷史上的真實情況，是不是「君命有所不受」呢？不是！

唐代安史之亂，哥舒翰守潼關，堅壁不出，唐玄宗卻催他出戰。他知道出戰必敗，想不想「將在外，君命有所不受」呢？他想。但是，君命有所不受的下場就是被處死，前面高仙芝、封常清這樣的名將，國家柱石，都被玄宗斬了。所以哥舒翰「慟哭出關」，率軍出戰。唐軍大敗，潼關失守，哥舒翰被俘，唐玄宗也丟棄長安逃往四川。

還有著名的岳飛，北伐功虧一簣，被宋高宗召還，他能不能「君命有所不受」呢？不受就是死，派一個監軍帶聖旨來，在軍營中就斬了。

再複習一個我們之前學過的戰例，講小將對大將，「君命」受不受的。

戰國時秦趙閼與之戰，秦國重兵包圍了閼與，趙奢率軍去救。但他離邯鄲三十里就停下紮營固守，假裝無意進取，傳軍令說：「有以軍事諫者死！」

秦軍在包圍閼與的同時，為防止趙軍來救，又分兵一支，直插武安，成掎角之勢。趙軍中一位小將，憂心如焚，向趙奢進諫，快去救武安，否則如何如何，趙奢立馬把他斬了。

等把秦軍麻痹夠了，秦軍相信趙奢只是應付一下，根本無意來戰。趙奢突然輕兵連夜急進，插到閼與城外五十里紮營。這時軍士許曆看了地形，進言說：「先占北山者勝，請在北山紮營列陣。」趙奢同意了他的意見。許曆說：「我的話已說完了，請您行軍法斬我吧！」趙奢說：「回去再說吧。」

得勝還師後，許曆被封為國尉，升官了。

從這個案例我們看到什麼？第一個被斬的，他只看到局部，未看到全域；只看到現象，未看到本質；他的判斷，並不如上級的判斷，但他要「君命有所不受」，結果他被斬了，而他的人頭，也成了趙奢戰略的一部分。

第二個「君命有所不受」的，許曆，首先他有必死之心。我這條命就是國家的，我的話能對國家有用，我說出來，死而無憾。

所以你要「君命有所不受」，就要先有犧牲自己的決心。

故將通於九變之利者，知用兵矣；將不通於九變之利者，雖知地形，不能得地之利矣。治兵不知九變之術，雖知五利，不能得人之用矣。

這一段是對前面的總結。將帥能精通以上變通的應用，就是懂得用兵了。如果不懂得變通，即便了解地形，也不能得到地利。如果指揮軍隊不懂得變通，則雖然知道五利，也不能充分發揮出軍隊的戰鬥力。

這裡出現一個詞，「五利」，其實和九變是一個意思，就是九變裡面的五種情況。哪五種？一說是「塗有所不由，軍有所不擊，城有所不攻，地有所不爭，君命有所不受」。一說是「圮地無舍，衢地交合，絕地無留，圍地則謀，死地則戰」。

總之就是要懂得變通。

利害哲學：要能利中見害，要能害中見利

趨利莫忘避害。但人都有僥倖心理，一廂情願。利中見到害，也認為那害發生機率很小，沒事！害中見利，沒有的利他也能看出來，並堅信一定會發生！

原文

是故智者之慮，必雜於利害。雜於利，而務可信也；雜於害，而患可解也。

華杉詳解

智者之慮，必雜於利害。

智者能兼顧利、害兩方面的考慮，既看到有利條件，也看到不利條件。這有點像我們現在常用的SWOT分析，優勢、劣勢、機會、威脅。利就是機會，害就是威脅，你兩方面都得分析到，不能只顧一頭。

曹操注解說：「在利思害，在害思利，當難行權也。」看到利，就多想想它有什麼隱患，藏著什麼危險。看到害，就多想想它有什麼積極的一面，能轉害為利。遇到困難或突發事變，要懂得變通。

曹操注得深刻。我們自己呢？在害思利易，在利思害難！因為人們的心理，總是一廂情願，總是貪利而避害，總是僥倖心理。貪利是真貪，避害卻不是真避，而是在心理上逃避，僥倖而疏於防範。見到利的時候，心裡知道背後有害，但卻認為那不會發生。見到害的時候，堅決相信背後有利，並且一定會發生！

看看人們對「危機」的解釋就知道了。人人都同意，危機＝危險＋機會，我們要化危險為機會，危機的「機」，就是機會的「機」。

實際上危機的「機」，是扳機的「機」，你不要去扣那個扳機，該買單的時候買單，低調買單認賠，就是最積極的處理。誰不遇到點壞事呢？不要老想「壞事變好事」，試圖在壞事上還能另外撈一筆。

認輸才會贏。不認輸，不買單，就繼續投入進去，害沒能轉化為利，反而越來越大，那就不是《孫子兵法》教給我們的本意了。

賈林注解：「言利害相參雜，智者能慮之慎之，乃得其利也。」

張預注解：「智者慮事，雖處利地，必思所以害；雖處害地，必思所以利。此亦變通之謂也。」

雜於利，而務可信也。

「雜於利」，是以害雜於利。把不利的一面、有害的可能，都放進去考慮過，都能夠應對，則我們對要做的事就有了信心，就能夠實現。

曹操注解說：「計敵不能依五地為我害，所務可信也。」

把敵人可能害我的地方都考慮過，怎麼算他都害不到我，則我們的計畫就可以實行了。

杜牧注解說：「信，申也。言我欲取利於敵人，不可但見敵人之利，先須以敵人害我之事參雜而計量之，然後我所務之利，乃可申行也。」

要取利於敵人，不能只見到利。要把敵人可能害我的地方都考慮到，要做的事才能成功。

張預注解說：「以所害而摻所利，可以伸己之事。」

張預講了一個案例。鄭國出兵打敗了蔡國，國人皆喜，唯有子產很憂懼，說：「小國無文德而有武功，禍莫大焉。」果然，很快楚國就興兵發鄭了。因為楚國歷來將蔡國視為他的勢力範圍，你打我的小兄弟，我就打你！

雜於害，而患可解也。

「雜於害」，是以利雜於害。在害中能發現有利的一面，發揮出有利的一面，則可解除患難。

杜牧注解說：「我欲解敵人之患，不可但見敵人能害我之事，亦須先以我能取敵人之利，參雜而計量之，然後有患乃可解釋也，故上文云：智者之慮必雜於利害也。譬如敵人圍我，我若但知突圍而去，志必懈怠，即必為追擊。未若勵士奮擊，因戰勝之利以解圍也。」

杜牧說，我想解敵人之患，不能只看到敵人能害我的一面，還要看我能取利於敵的一面，摻雜對照衡量，才能解患。比如我們被敵人包圍了，如果只想著突圍而去，那就鬥志懈怠，最終被人追殺。不如以戰勝之利鼓舞將士，拚死一戰，則更能解圍。

賈林注解說：「在害之時，則思利而免害。故措之死地則生，投之亡地則存，是其患解也。」

張預講了一個戰例，西晉八王之亂，張方入洛陽，連戰皆敗，有人勸他宵遁，逃跑。他說：「兵之利鈍是常，貴因敗以成耳。」當夜潛進逼敵，遂至克敵。

張方的話，前一句，意思是勝敗乃兵家常事，後一句，很有味道，「因敗以成」，貴在因敗以成，一路失敗，最後把事辦成了。這就像搞科學發明實驗，或經營創業，全部是因敗以成，順著失敗，一路總結，最後成功。

害人兵法，教你不要被人害

這段是教怎麼害人的。簡單看看就行了，不要被人害，更不要去害人。

原文

是故屈諸侯者以害，役諸侯者以業，趨諸侯者以利。

華杉詳解

屈諸侯者以害。

想辦法讓他自己去做對自己不利的事，使他的力量不得伸展。

曹操注解說：「害其所惡也。」對他不利的事，想辦法讓他自己幹。

李筌注解說：「害其政也。」損壞他的政治。

賈林注解說：「為害之計，理非一途，或誘其賢智，令彼無臣；或遺以奸人，破其政令；或為巧詐，間其君臣；或遺工巧，使其人疲財耗；或饋淫樂，變其風俗；或與美人，惑亂其心。此數事，若能潛運陰謀，密行不洩，皆能害人，使之屈折也。」

這都是教怎麼害人，我們看看就行。

「誘其賢智，令彼無臣……」，把他的賢良智慧之人拉走，讓他沒人用；扶持他的奸人，讓他政令敗壞；以巧詐之計離間他們君臣。

這樣的案例太多了，之前學過的戰例，長平之戰，秦國使間諜去邯鄲散布謠言，說廉頗不出戰，是要投降秦國。秦國根本不怕廉頗，最怕的就是趙括，目的就是讓趙國撤換廉頗，讓趙括來送死。

「饋淫樂，變其風俗；或與美人，惑亂其心」。著名的西施，就是去完成這救國任務的，惑亂夫差之心，再加上買通奸臣伯嚭，破其政令，吳國就亡了。

「遺工巧，使其人疲財耗」。送給他能工巧匠，讓他花錢。錢都拿去修頤和園了，軍費自然就沒了。日本戰國，豐臣秀吉死後，德川家康為了滅豐臣家族，就用了這招，讓淀夫人和豐臣秀賴大修佛寺，就是為了讓他們把金子用完，沒有軍費招募武士。

役諸侯者以業。

「業」，就是事，找點事來折騰他，勞役他，讓他疲憊。

曹操注解說：「業，事也。使其煩勞。若彼入我出，彼出我入也。」

折騰他，比如他回去我就出來，他出來我又回去。戰例是前面學過的，春秋時吳國折騰楚國。伍子胥把吳軍分為三軍，一軍出擊，楚國全國動員，吳軍又回去休息了。楚軍解散，吳軍二軍又去騷擾，楚國全國動員，吳軍又休息了。楚軍解散，吳軍第三軍又上。車輪戰搞了幾輪，楚國精神崩潰了，吳國三軍齊出，就攻陷了郢都，成為春秋時期攻陷國都的第一戰。

戰國時韓國為了勞役秦國，誘使秦國把人力物力消耗在水利建設上，無力進行東伐，派水工鄭國到秦國執行疲秦之計。鄭國給秦國設計興修引涇水入洛陽的三百餘里灌溉工程。在施工過程中，韓王的計謀暴露，秦要殺鄭國，鄭國說：「當初韓王是叫我來做間諜的，但是，水渠修成，不過為韓延數歲之命，為秦卻建萬世之功。」秦王政認為鄭國的話有道理，讓他繼續主持這項工程。

鄭國渠修成後，大大改變了關中的農業生產面貌，雨量稀少、土地貧瘠的關中，變得富庶甲天下。韓國「役諸侯以業」之計，反而讓秦國成就了千古偉業。

趨諸侯者以利。

用利誘讓敵人自己送上門來。

曹操注解說：「令自來也。」

張預注解說：「動以小利，使之必趨。」

這些都是教怎麼害人的。簡單看看就行了，不要被人害，更不要去害人。

居安思危，在治思亂，戒之於無形，防之於未然

居安思危，在治思亂，戒之於無形，防之於未然，每天都在解決困難，隨時都在準備出事，因為出事是必然的，不出事是不可能的。當領導，就是解決困難和平事兒的。

原文

故用兵之法，無恃其不來，恃吾有以待也；無恃其不攻，恃吾有所不可攻也。

華杉詳解

用兵的法則，不指望敵人不來，而要依靠我有充分的準備來應對他。不要指望敵人不向我們進攻，而要依靠我們有敵人進攻不下的力量和辦法。

梅堯臣注解說：「所恃者，不懈也。」所依靠的，就是自己永不鬆懈。

曹操注解說：「安不忘危，常設備也。」時刻都防備著，準備著。

吳起講將道，有一句話，叫「出門如見敵」。就是保持高度戒備。

《左傳》說：「不備不虞，不可以師。」

王晳注解說：「凡兵之所以勝者，謂擊其空虛，襲其懈怠。」所以你一空虛，一懈怠，馬上就有巨大的危險，因為敵人嚴陣以待，就等你懈怠。所以「嚴整終事，則敵人不至」。

有人常說，白準備了，敵人也沒來。事實上，你有準備，正是敵人沒來的原因。你一旦沒準備，他馬上就到。

所以有事，要解決困難。沒事，要防著隨時會出事，領導人沒法不焦慮，每天都在精神高度緊張和焦慮中度過。

王晳舉了幾個例子：

昔晉人禦秦，深壘固軍以待之，秦師不能久。楚為陳，而吳人至，見有備而返。程不識將屯，正部曲行伍營陳，擊刁鬥，吏治軍簿，虜不得犯。朱然為軍師，雖世無事，每朝夕嚴鼓兵，在營者咸行裝就隊，使敵不知所備，故出則有功。

晉人禦秦，深溝高壘，嚴陣以待，秦軍找不到空虛懈怠之機，就拖不起，撤回去了。吳攻楚，到了那兒發現楚軍列陣等著，占不到便宜，轉頭就撤回去了。

程不識這段很有意思。程不識是漢代和李廣同時代的名將，因為兩人是兩個極端，所以也常被放在一起比較。

不過今天，飛將軍李廣的故事還婦孺皆知，知道程不識的就太少太少了。因為李廣的故事太多，而程不識的故事根本沒有，他可能就沒打過什麼仗，為什麼呢？因為敵人不敢來打他。他可能打不敗你，你卻肯定打不敗他。

程不識為什麼打不敗呢？因為他太嚴謹！他的部隊，首先「正部曲」，層級指揮系統非常嚴格。

然後是「正行伍營陳」，安營紮寨很有章法。行動起來，全軍一起行動；紮下營來，敵人衝不動。

擊刁鬥，刁鬥是古代一種器具，哨兵巡查的時候敲擊來自我防衛。唐代杜甫有詩云：「念彼荷戈士，窮年守邊疆……竟夕擊刁鬥，喧聲連萬方。」程不識行軍，前面有斥候，後面有後衛，宿營有警戒，防得鐵桶一般。

「吏治軍簿」，每天晚上還處理文件，軍簿文書一件件處理到天亮。所以他從未讓匈奴人得逞，但他自己也沒有取得過重大的勝利。跟他的士兵，不得休息，非常緊張艱苦。

李廣則恰恰相反，沒有什麼「正部曲」的層級指揮系統，和手下將領恩義相結，大家都是兄弟。行軍也是沒有什麼部伍行陳，宿營是哪有水源就在哪兒宿營，人人自便，你怎麼舒服就怎麼來，也沒有擊刁鬥警戒那回事。所以士兵都喜歡跟著李廣，不喜歡跟著程不識。匈奴人也一樣，都喜歡找李廣交手，不去程不識那裡討晦氣。所以程不識是永遠不敗，他防備得連敵人都不願意來，想起他都鬱悶。

李廣則不是大勝就是大敗，還被敵人俘虜過，又很精彩地裝病奪馬逃回來，被判了死罪，交罰款贖罪為平民，後來又得到起用，最終還是在戰場上迷路不能建功，羞憤自殺。

李廣這種做法，就不是正規部隊，沒有正式的管理。所以他帶不了大部隊，只能帶兄弟伙。這就是為什麼皇上始終不讓他帶主力大部隊，都是打側翼配合。他那麼多戰功，那麼有名，卻始終不得封侯，以至於「馮唐易老，李廣難封」都成了笑話。

該學程不識，還是學李廣呢？伏波將軍馬援點評最準確：「效程不識不得，猶為謹敕之士，所謂刻鵠不成尚類鶩者也；效李廣不得，陷為天下輕薄子，所謂畫虎不成反類狗者也。」

司馬光也有評論：「效不識，雖無功，猶不敗；效李廣，鮮不覆亡。」學程不識，即便不能建功，也能不敗。學李廣，沒有不滅亡的，因為你不是李廣。

王晳還舉了一個人的例子是朱然，三國時孫權的大將。朱然沒有周瑜那麼有名，但他的地位可不低，最後官至左大司馬右軍師，是東吳政治軍事的最高決策人之一，一生戰功赫赫，活了六十八歲，在亂世中可謂善終。他就是沒有戰事的時候，也每朝每夕擂鼓演兵，在軍營中全副武裝，隨時都可能開拔出去。敵人也不知道他在備戰什麼，所以他每次出兵都能建功。

所以居安思危，在治思亂，戒之於無形，防之於未然，每天都在解決困難，隨時都在準備出事，**因為出事是必然的，不出事是不可能的。當領導，就是解決困難和平事兒的。**

領導者的五個性格缺陷最危險

領導力，很大程度上是一種性格。反之，領導者的災難，往往也是一種性格缺陷。將領有五種性格缺陷，是最危險的。

原文

故將有五危：必死，可殺也；必生，可虜也；忿速，可侮也；廉潔，可辱也；愛民，可煩也。凡此五者，將之過也，用兵之災也。覆軍殺將，必以五危，不可不察也。

華杉詳解

領導力，很大程度上是一種性格。反之，領導者的災難，往往也是一種性格缺陷。

將領有五種性格缺陷，是最危險的：

一、不怕死，一味死拚，就會被敵人所殺。

二、貪生怕死，沒有必死之心，又會被俘虜。

三、憤怒急躁，經不起刺激，會中人激怒之計，憤而出戰送死。

四、廉潔，愛惜名譽，受不得汙辱，會為了維護自己的名譽，洗清別人潑自己身上的髒水，而不顧巨大的風險出戰，中計。

五、愛護居民，也會被人利用，或讓他為掩護居民而煩勞，或驅使人民為炮灰，讓他不忍作戰，而敵人就藏在裡面。

這五種性格缺陷，都是將領的過錯，用兵的災害。軍隊覆滅，將領身死，都是由於這五種危險造成的，不可不警惕！

性格即命運

原文

故將有五危：必死，可殺也；必生，可虜也；忿速，可侮也；廉潔，可辱也；愛民，可煩也。凡此五者，將之過也，用兵之災也。覆軍殺將，必以五危，不可不察也。

華杉詳解

必死，可殺也。

曹操注解說：「勇而無慮，必欲死鬥，不可曲撓，可以奇伏中之。」遇到那有勇無謀、拚死要鬥的，不跟他正面爭鋒，引他來，設伏兵吃掉他。

《司馬法》說：「上死不勝。」就是說如果將領沒有謀略，只是知道身先士卒去冒死作戰，那就沒法取勝。

黃石公，就是傳說中送《太公兵法》給張良的那位神仙，說：「勇者好行其志，愚者不顧其死。」勇者好行其志，勇敢的人，就喜歡按自己的意願行事，不願意因為危險而放棄自己的計畫。如果他正好又愚蠢，他就不顧其死，看不到死亡的危險。

吳起說：「凡人之論將，常觀於勇；勇之於將，乃數分之一耳。夫勇者必輕合，輕合而不知利，未可將也。」

吳起說，一般人論將，都把勇敢放在第一。其實，勇敢的品質，對於將領來說，不過占幾分之一。因為勇敢的人，必然輕於合戰。沒有把怎麼做對自己有利想清楚，就揮師合戰，那是不能做將領的。

孫子講將道，排序是智信仁勇嚴。克勞塞維茨講將道，專門強調勇敢是第一。吳起則乾脆說勇敢只占將領必備品質的幾分之一。

必生，可虜也。

曹操注解說：「見利畏怯不進也。」

《司馬法》說「上死不勝」，也說「上生多疑」。貪生怕死，就疑神疑鬼，放大危險，害怕損失。沒有鬥志，那也是兵家大患。

東晉時，桓玄篡晉稱帝。晉將劉裕起兵討伐，溯江而上進擊桓玄，戰於崢嶸洲。那時候劉裕只有幾千兵，而桓玄兵馬頗盛。但是桓玄怕失敗，怕死。在他的戰船旁總繫著輕舟，隨時準備跑。他的士兵看在眼裡，也就都沒有鬥志。結果劉裕乘風縱火，盡銳爭先，桓玄大敗。

孟氏注解說：「將之怯弱，志必生返，意不親戰，士卒不精，上下猶豫，可急擊而取之。」

這幾句很深刻，如果你怯弱，志必生返，心裡想著一定要活著回來。那你不能去打仗，**因為打仗沒有一定要活著回來這一說，一定要活著，只能逃跑或投降。**

「意不親戰」，不準備親自上陣作戰，讓手下在前線衝殺，那也不行。因為要打仗，是你的事，大家是跟你辦事，幫你辦事。不能你不去辦，都讓別人辦，那就不用你了。

今天我們做任何工作都一樣，你不能脫離一線，脫離了一線，從思想上來說，你不接地氣，脫離實際，領導力會削弱；從組織上來說，你沒有跟戰士們在一起，沒有親自帶兵，那麼就會「士卒不精，上下猶豫」，就會被別人「急擊而取之。」

忿速，可侮也。

杜牧注解說：「忿者，剛怒也。速者，褊急也，性不厚重也。」

王皙注解說：「將性貴持重，忿狷則易撓。」

曹操注解說：「疾急之人，可忿怒侮而致之也。」

為將者，性格一定要持重，要厚重，要穩重。如果剛急易怒，心胸偏狹，敵人就會利用你的性格弱點，激怒你，侮辱你，引你上鉤。

五胡亂華十六國時期，姚襄攻黃落。前秦苻生派苻黃眉、鄧羌討伐。姚襄深溝高壘，固守不戰。鄧羌對黃眉說：「姚襄性格剛狠，容易激動。如果我們大張旗鼓，長驅直進，直壓他的營壘，他肯定受不了我們的囂張氣焰，一定要出來決個高下，可一戰而擒之。」黃眉依計而行，姚襄果然受不了，忿而出戰，被黃眉等所斬。

李世民斬隋將宋老生，也是一例。宋老生率精兵兩萬守霍邑城。李淵來攻。李世民說宋老生有勇無謀，肯定出戰。於是李淵在城外埋伏，李建成、李世民帶幾十騎到城下去辱罵宋老生。宋老生果然受不了，率軍出城。結果中了李淵埋伏，後面又被李世民奪了城門，斷了歸路，被擊斬於陣。

廉潔，可辱也。

這廉潔，不是說不貪汙，是潔身自好，極端愛惜自己的羽毛，愛惜名聲，容不得自己身上有一點汙點、一滴髒水。你壞他名聲，他覺得跳進黃河也洗不清，那麼他一要找你拚命，二是寧死也要證明自己清白，就會乖乖地中計送上門來，甚至明知是計，也甘願來上當。

受不了汙名，是一大性格弱點；沽名釣譽，追求自己的清名，也是一大毛病。因為你越是清清白白閃閃亮亮，就是害周圍的人得強迫症，每個人都想揭你汙點，潑你髒水，因為你太刺眼。所以中國古代有「君子自汙」之說，我自己給自己灑點無傷大雅的汙垢，不要那麼刺眼，作為一種避禍之道。

愛民，可煩也。

這就跟綁架一樣。你看電影上的大英雄，最後都是把他女朋友抓住了，他就是刀山火海也得來。將領如果愛惜人民，就以人民為人質去脅迫他。大家熟悉的就是《三國演義》的故事，赤壁之戰前，曹操打來了，劉備帶著人民走，所以走得慢，被曹操追上了。

但是有的人不吃這一套，比如周亞夫，七國之亂，叛軍攻打梁國，非常緊急，危若累卵。梁王苦戰求救，他根本置之不理，任由梁國掙扎在生死邊緣。實際上他壓根就是讓叛軍的士氣、糧草都在梁國耗盡，他最後以逸待勞收拾殘局。最後結果如他所算，梁國頂住了，叛軍糧食沒了，撤退，周亞夫「擊其惰歸」，一舉平叛。不過梁王恨他也恨透了：苦戰的是老子！平叛的是周亞夫！

周亞夫不顧梁王，比他更狠的是劉邦，他連自己的父親、妻子、兒女，統統都不顧。項羽捉了他的父親和妻子呂雉，把他爹剝光了衣服捆在案板上，旁邊架一口大鍋，說你不出戰，就把你爹烹了，把你老婆殺了。劉邦站在城牆上大聲回應說：「咱倆在懷王面前約為兄弟，我爹就是你爹，你要烹了咱爹，那也分一碗湯給我喝。至於我老婆，你要殺便殺，無所謂。」項羽在他這流氓嘴臉面前，氣得臉色鐵青，但最終還是沒傷害他家人。

又一次，劉邦被項羽打得大敗，落荒而逃，夏侯嬰駕車，他和一對兒女在車上，也就是後來的漢孝惠帝和魯元公主。後有追兵，情況緊急，劉邦嫌車上人太多，跑得不夠快，兩腳把一對兒女蹬下車不要了，自己跑。夏侯嬰趕緊停下車，把兩個小孩抱上來，「如是者三」，搞了三回。而且每次夏侯嬰把孩子們抱回來，驚恐的孩子緊緊摟著他脖子，他還不馬上催馬狂奔，而是慢慢地哄孩子們平復一下，才快馬走。劉邦氣得想殺掉夏侯嬰，但殺了他又沒人趕車了。最終還是安然無恙逃離了險境。

像劉邦這樣，「不必死，不必生，不忿速，不廉潔，不愛民」，就是人至賤，則無敵了。

附錄：《九變篇》全文

孫子曰：凡用兵之法，將受命於君，合軍聚眾，圮地無舍，衢地交合，絕地無留，圍地則謀，死地則戰。塗有所不由，軍有所不擊，城有所不攻，地有所不爭，君命有所不受。故將通於九變之利者，知用兵矣；將不通於九變之利者，雖知地形，不能得地之利矣。治兵不知九變之術，雖知五利，不能得人之用矣。

是故智者之慮，必雜於利害。雜於利，而務可信也；雜於害，而患可解也。是故屈諸侯者以害，役諸侯者以業，趨諸侯者以利。故用兵之法，無恃其不來，恃吾有以待也；無恃其不攻，恃吾有所不可攻也。

故將有五危：必死，可殺也；必生，可虜也；忿速，可侮也；廉潔，可辱也；愛民，可煩也。凡此五者，將之過也，用兵之災也。覆軍殺將，必以五危，不可不察也。

第九章

行軍第九

僥倖是決策者最可怕的心態

懂兵法，不一定會用兵法，因為具體時候心態不一樣。

原文

行軍篇

孫子曰：凡處軍、相敵：絕山依谷，視生處高，戰隆無登，此處山之軍也。絕水必遠水；客絕水而來，勿迎之於水內，令半濟而擊之，利；欲戰者，無附於水而迎客；視生處高，無迎水流，此處水上之軍也。

華杉詳解

《行軍篇》，王皙注解說：「行軍當據地便，察敵情也。」行軍，包括行軍、宿營、布陣，一是要利用地形便利，二是要注意偵察敵情。所以《行軍篇》，就是講不同地形的注意事項，和觀察敵情判斷的要訣。

曹操注解說：「擇便利而行也。」

張預注解：「知九地之變，然後可以擇利而行軍，故次九變。」懂得九地之變，才懂得行軍，所以放在《九變篇》後面。

處軍、相敵。

「處軍」，就是駐軍、宿營，安營紮寨。「相敵」，就是觀察敵人，判斷徵候，出現什麼現象，說明什麼問題。王晳注解說：「處軍凡有四，相敵凡三十有一。」本章內容，講了四種地形的紮營方法，和三十一種敵情表徵判斷。

絕山依谷，視生處高，戰隆無登，此處山之軍也。

這是第一種地形——山地的行軍要訣。

「絕山依谷」，杜牧注解說：「絕，過也。依，近也。」絕，就是通過；依，就是靠近。行軍通過山地，要靠近山谷。

山谷有什麼呢？曹操注解說：「近水草便利也。」山谷才有水源，又有草可以放牧。因為軍隊有馬，要吃草。炊事班還帶著豬、羊，也要吃草。

李筌注解說：「夫列營壘，必先分卒守隘，縱畜牧，收樵採，而後寧。」宿營要在險要地方分兵把守，然後能放牧牲畜，打柴煮飯。

後漢時期，武都羌族叛亂，馬援去征討。羌族在山上，馬援占據山谷，奪其水草，堅守不戰。

羌人水源斷絕，糧食吃盡，窮困不堪，就都投降了。

視生處高。

曹操注解：「生者，陽也。」生，就是陽面，就是朝南。

李筌注解：「向陽曰生，在山曰高。生高之地，可居也。」

所以絕山依谷，要靠近山谷，但可不能在谷底紮營，要在高處向陽的地方。在高處，視野開闊，便於防守。如果在山谷裡紮營，就容易被人包圍，居高臨下攻擊。

為什麼強調要在陽面呢，因為陽面相對乾燥、溫暖、舒適，不易生病。如果在陰濕的陰面，那士兵就很容易感冒了，若流感橫行，在缺醫少藥的古代，則可能造成大規模的死亡。拿破崙說，再殘酷的戰鬥，也沒有營地不衛生對士氣的打擊大。瘟疫流行的非戰鬥減員，也遠比戰鬥減員來得可怕。因為戰鬥減員，你的人戰死，敵人也在戰死。而非戰鬥減員，是你自己病死，一點沒傷到敵人。

前面說馬援在平定羌族叛亂的時候，是占據有利地形，困死了羌人。但之前我們學過的，他人生中最後一戰，討伐湖南苗族叛亂，則是冒險從水路進軍，被困在山高林密的河谷裡，紮營在陰濕的河岸邊，苗人從河岸高處鼓噪攻打，而他的部隊瘟疫流行，他自己也病死了。馬援決策的時候知不知道有這危險呢？當然他一清二楚，但他老了，最後一次立功機會，不在乎自己的危險生死，想冒險一搏，心態不一樣，犯了上一章講的「將有五危」中的第一條：「必死，可殺也。」這一條，他肯定也會背的。但為什麼違反呢，**因為他這時有了決策者最可怕的心態——僥倖**。

僥倖心理，人人常有。所以決策前，一定要作「僥倖檢查」——我這樣決定，有沒有僥倖心理？

戰隆無登。

杜牧注解說：「隆，高也。言敵人在高，我不可自下往高，迎敵人而接戰也。」仰攻總是吃虧的，不要硬上。

此處山之軍也。

以上就是在山地行軍紮營作戰的處置辦法。

水戰兵法，也是陸戰兵法

原文

絕水必遠水；客絕水而來，勿迎之於水內，令半濟而擊之，利；欲戰者，無附於水而迎客；視生處高，無迎水流，此處水上之軍也。

華杉詳解

「絕」，過。上條說「絕山依谷」，通過山地要靠近山谷。這條說「絕水必遠水」，渡河之後要遠離河流。

客絕水而來，勿迎之於水內，令半濟而擊之，利；欲戰者，無附於水而迎客。

敵軍渡河來攻，首先我們列陣要遠水，不要「附水」，依附在水邊。也不要在水上迎擊敵人，等他渡過一半再擊。

所以孫子的水戰法，還是陸戰法，如果都在水上打，就是水軍了。

不在水邊列陣，水邊列陣可以阻止敵軍渡河，但他不渡過來，我們也沒法打他。我們放棄河岸防守陣地，引他渡河。他渡河，也不在水面上迎擊他。等他渡過一半的時候打。這樣敵軍只有一半的兵力能投入戰鬥，而且他們在河灘，在低處，我們自高往低衝擊他，對我們有利。

這和我們平時想像的防守和登陸作戰不一樣。比如諾曼第登陸，德軍如果不在海岸上設防，還等盟軍「半渡」再打，那真是不可想像。所以這個做法有個前提——「欲戰者」，就是我方的目的是作戰消滅對方，而不是防守，才適用這一條。

宋襄公東施效顰，是荒唐，不是仁義

原文

絕水必遠水；客絕水而來，勿迎之於水內，令半濟而擊之，利；欲戰者，無附於水而迎客；視生處高，無迎水流，此處水上之軍也。

華杉詳解

杜牧講了一個戰例：

三國時，魏將郭淮在漢中，劉備欲渡漢水來攻。郭淮部下將領認為劉備勢大，眾寡不敵，應該依水為陣，不讓他渡河。郭淮說：「不對。如果我們依水為陣，那是示弱，劉備一看就知道我們不敢跟他打，那他就敢過來。不如遠水為陣，引他過來，等他渡過一半，再攻擊他。」於是遠水為陣。劉備在對岸看了，知道這是「半濟而擊」的套路，不敢過來，撤兵了。

春秋時，齊桓公死後，天下沒了霸主。宋襄公想繼承齊桓公的地位，又沒有那個實力，便東施效顰，以「仁義」為標榜，希望天下服他，於是留下了泓水之戰的笑話。

宋襄公要稱霸，柿子揀軟的捏，討伐不服他的弱國鄭國。鄭國向楚國求救，楚國即刻發兵討伐宋國。宋襄公看事態嚴重，回師在泓水布防。

宋楚戰於泓。宋軍已經列陣，楚軍還沒渡過河來。右司馬公孫固向宋襄公建議：「彼眾我寡，可半渡而擊。」襄公不同意，說我們是仁義之師，「不推人於險，不迫人於阨」。

楚軍安然渡河，開始列陣，公孫固又請宋襄公乘楚軍列陣混亂、立足未穩之際發起進攻，襄公又不允許，說：「不鼓不成列」。直待楚軍列陣完畢後方下令進攻。結果宋軍大敗。宋襄公親軍全部被殲，襄公自身亦傷重而死，宋的霸業夢也不作了。

世人都笑宋襄公「蠢豬式的仁義」，哀嘆人心不古，三代以前的君子之戰傳統沒了，仁義已死，詭詐當立。

事實上宋襄公哪有什麼仁義，他就是一個傳統的老貴族，夢想恢復祖先的榮耀，宋國是殷商後裔，周滅殷後將殷商王室，封在宋國。宋襄公看齊桓公死了，天下共主應該輪到我了。但是他長於深宮婦人之手，沒出過門，根本不知道天下是怎麼回事，更別說政治軍事了。他知道自己沒有軍事實力，以為齊桓公是以仁義霸天下，我只要仁義，天下就會推舉我為霸主。但大家不買他的帳。特別是楚國在他發起的會盟大會上居然把他綁架了，在魯國協調下才放回來。他吃了楚國的大虧大羞辱，卻不敢報復楚國，找楚國的小兄弟鄭國出氣。楚國打過來，他又演了那麼一齣荒唐鬧劇。

所以宋襄公和仁義沒半點關係，甚至用愚蠢來形容他，都把他抬高了。他就是荒唐而已。

學習兵法的痛苦是對方也懂兵法，學習博弈論的痛苦是對方不懂博弈論

因為兵法是要我贏，對方也懂，就不容易贏。博弈是追求共贏，對方不懂博弈論，你能算出雙方共同的最優解，他卻不懂，不會算，結果把你拖下水兩敗俱傷。

原文

絕水必遠水；客絕水而來，勿迎之於水內，令半濟而擊之，利；欲戰者，無附於水而迎客；視生處高，無迎水流，此處水上之軍也。

華杉詳解

劉備看見郭淮遠水而陳，就不敢渡河。唐朝初年則有個類似戰例，結局相反。

薛萬均與羅藝守幽燕，竇建德率眾數十萬寇范陽。薛萬均對羅藝說：「眾寡不敵，我們如果出戰，百戰百敗，只能計取。我們可以羸兵弱馬阻水背城為陣，引誘他渡河來戰，您率精騎數百在城側埋伏。等他渡了一半，出擊破他。」羅藝依計而行，竇建德果然渡河，半渡而擊，大破之。

張預注解說：「敵若引兵渡水來戰，不可迎之於水邊，俟其半濟，行列未定，首尾不接，擊之

必勝。」

欲戰者，無附於水而迎客。

想和敵人交戰，就不要在水邊列陣迎敵。因為你若列陣在水邊，敵人就不敢渡河來戰。

張預注解說：「我欲必戰，就不要近水迎敵，因為怕他不渡河。反之，我不想戰，則阻水拒之，讓他渡不了河。」

不過由於雙方都懂得這道理，我們看見前面的戰例對這一條的運用都是反的。郭淮不想跟劉備打，他知道根據兵法，不想打的話，就在水邊列陣，擋住他不讓渡河。但是他知道，劉備也知道兵法，如果他近水列陣，劉備就知道他實力不濟，不想打，則劉備反而要渡河來打他，在水邊那點兵力也不一定擋得住。而郭淮遠水列陣，根據兵法，劉備認為這是郭淮實力在手，自信，必欲戰，準備半渡而擊，劉備就不敢來了。

結果郭淮賭贏了，劉備判斷錯了。

張預還講了一個有意思的戰例。春秋是晉楚交戰，晉將陽處父與楚將子上夾泜水而軍。陽處父想讓楚軍渡河，半渡而擊，於是退軍一舍。子上也想到了半渡而擊之計，要誘使晉軍渡河，他也退軍一舍。大家想到一塊兒去了，相互都不中計，越退越遠，沒意思了，乾脆各自退回國內去了。**所以學習兵法的痛苦是對方也懂兵法，學習博弈論的痛苦是對方不懂博弈論。**因為兵法是要我贏，對方也懂，就不容易贏。博弈是追求共贏，對方不懂博弈論，你能算出雙方共同的最優解。他卻不懂，不會算，結果把你拖下水兩敗俱傷。

我們常說「形勢比人強」，就這兩敗俱傷的形勢，咱們合作吧！但對方對形勢的判斷跟你不一樣，他認為他能贏，你就只能陪他敗了。

視生處高。

前面講到在山地宿營要「視生處高」，在水邊也要視生處高，在高處，在向陽面。

曹操注解說：「水上亦當處其高也。前向水，後當依高而處之。」

要向陽面，前面說了，乾燥衛生不生病。

居高處，一是視野遼闊便於觀察敵情；二是不要被人放水淹了，或夜間大雨山洪暴發河水上漲什麼的；三是若敵人來襲擊，還是高處勢便。

無迎水流。

曹操注解說：「恐溉我也。」怕敵人放水淹我，跟前面「視生處高」一個意思。

賈林注解說：「水流之地，可以溉吾軍，可以流毒藥。」這是除了水淹，還有被敵人在水中放毒的危險。

諸葛亮說：「水上之陳，不可逆其流。」這是講水戰了。水戰是順流而下的占便宜，占大便宜。若逆流去攻敵，則還要和水流作戰，勝算就很低了。所以歷代襄陽和安慶是軍事重鎮，襄陽或安慶一陷落，順流而下，南京基本就守不住。

此處水上之軍也。

這就是在水上用兵的方法。

鹽鹼沼澤地和平原地帶的用兵之法

原文

絕斥澤，惟亟去無留；若交軍於斥澤之中，必依水草而背眾樹，此處斥澤之軍也。平陸處易，而右背高，前死後生，此處平陸之軍也。

凡此四軍之利，黃帝之所以勝四帝也。

凡軍好高而惡下，貴陽而賤陰，養生而處實，軍無百疾，是謂必勝。丘陵堤防，必處其陽，而右背之。此兵之利，地之助也。

華杉詳解

「斥」，鹽鹼地；「澤」，沼澤地。

「絕斥澤，惟亟去無留」，部隊通過鹽鹼地、沼澤地，要快速通過，不可久留。

陳皞注解說：「斥，鹼鹵之地，水草惡，漸洳不可處軍。《新訓》曰『地固斥澤，不生五穀者』

是也。」

王晳注解說：「斥，鹵也，地廣且下，而無所依。」

張預注解說：「以其地氣濕潤，水草薄惡，故宜急過。」

這些注釋，講了斥澤——鹽鹼沼澤——的四大威脅：

一、不生五穀，沒有食物，得不到補給。

二、水草薄惡，難以宿營。

三、地勢寬廣而低下，防守無所依靠，難以構築工事。

四、地氣濕潤，容易生病疫。

所以，「惟亟去無留」，趕緊走，不要留。這裡我們也看到當年紅軍長征過草地的苦處。

若交軍於斥澤之中，必依水草而背眾樹。

萬一和敵人在斥澤之地遭遇，一定要靠近水草而背靠樹林。近水草，是必須要有水源。如果鹽鹼地，沒有水喝，軍隊就支持不了。背靠樹木，一是背靠險阻，不至於四面對敵。二是沼澤地你不知深淺，說不定哪個地方一個泥塘，一腳踩進去就出不來，我們在電影裡都看過，紅軍過草地，走著走著一個戰士突然就陷進水中沒了頂。沙漠也有這種情況，某些地方沙是鬆的，一個深坑，你一旦踩進去，自己爬不出來，一點點陷進去被沙埋了。去拉你的人也危險，說不定給一起陷下去。而長有樹木的地方，地面就比較堅實，沒有這種危險。

李筌的注釋講到了這一點：「急過不得，戰必依水背樹。夫有水樹，其地無陷溺也。」如果不能快速通過，比如這沼澤地太大，一天走不完，宿營、備戰，一定要尋找有水有樹的地方。

此處斥澤之軍也。

這就是在鹽鹼沼澤地區用兵的辦法。

平陸處易。

杜牧注解說：「言於平陸，必擇其中坦易平穩之處以處軍，使我車騎得以馳逐。」

曹操注解說：「車騎之利也。」

張預注解說：「平原曠野，車騎之地，必擇其坦易無坎陷之處以居軍，所以利於馳突也。」

軍隊在平原駐紮，要選擇平坦的地方，沒有溝溝坎坎，便於車騎奔馳往來。

所以古代為了防止北方游牧民族南侵，不僅有長城，還在平原地帶大量種樹，就是因為北方匈奴是騎兵為主，我們是步兵。要用樹林來減緩他們的速度，否則「突突突」地就長驅直入了。

而右背高，前死後生。

平陸處易，要找平坦的地方，但不是四面都平坦。四面都平坦，我們就四面受敵了。最好要「右背高」，右邊背靠著高地，左邊平坦。這樣我們後有屏障，前可殺敵。前死後生，前面是戰場，是死地；後面有靠山，沒危險，是生地。這樣我們打起仗來就便利了。

所以兩軍交戰，誰先到達戰場，先占了有利地形，誰就多了很大勝算。

曹操注解說：「戰便也。」這麼安排，我比較方便。

為什麼是右背高，不是左背高呢？

李筌注解：「夫人利用，皆便於右，是以背之。」都是用右手，端槍也是左手在前，右手在後，所以右邊方便。

賈林注解說：「崗阜曰生，戰地曰死。後崗阜，處軍穩；前臨地，用兵便；高在右，回轉順也。」山岡是生，戰地是死。背靠山岡，軍形穩定。前臨平地，用兵方便。高處在右，回轉比較順。比如喊口令「向後轉！」都是向右順時針轉，也有向左反著轉的，那大家就要哄笑了。

姜太公說：「軍必左川澤而右丘陵。」右邊靠山，左邊臨水。那最好了，我們要啥有啥，敵人只有一條路可以來，我軍防守的壓力也輕些。

此處平陸之軍也。

這就是在平原地區的用兵之法。

凡此四軍之利，黃帝之所以勝四帝也。

這是最後總結，這四種情況，山、水、斥澤、平陸的處軍之法。

諸葛亮說：「山陸之戰，不升其高；水上之戰，不逆其流；草上之戰，不涉其深；平地之戰，不逆其虛。此兵之利也。」

山陸之戰，不要仰攻高處；水上之戰，不要逆流而上；草澤之戰，不可深入；平地之戰，要背靠實地。

黃帝之所以勝四帝也。

黃帝就是靠這些辦法戰勝四方諸侯的。

這四帝是誰？上古時代，只有三皇五帝，沒有四帝之說。曹操注解說：「黃帝初立，四方諸侯無不稱帝。」那就是泛指當時的各個諸侯王。

孫子從哪兒學的兵法，是從天上掉下來的嗎，是他自己想出來的嗎？都不是，他也和孔子說自己一樣，「述而不作」，只是敘述，不是創作，是從古人那裡學來的。

天下兵法，始於黃帝，黃帝兵法，作於他的大將風后。前面我們說過，「以正合，以奇勝」之道，源自黃帝風后兵法的《握奇文》。由黃帝而姜太公，由姜太公而孫子，終於集中國兵法之大成，《孫子兵法》，直到今天，其戰略思想，還在時代的最前沿。

英國著名戰略家李德哈特評論說：「世上只有兩部軍事戰略書籍，超越所有其他兵書戰策，就是《孫子兵法》和克勞塞維茨的《戰爭論》，而《戰爭論》比起《孫子兵法》來，還是過時了。」《戰爭論》比《孫子兵法》晚了兩千多年，李德哈特還說《戰爭論》過時了，《孫子兵法》才是前沿。這就是孫子的價值。

凡軍好高而惡下，貴陽而賤陰，養生而處實，軍無百疾，是謂必勝。丘陵堤防，必處其陽，而右背之。此兵之利，地之助也。

最後再概括一下。

軍隊駐紮，總是選擇乾燥的高地，而避開潮濕的窪地。要向陽面，不要背陰。「養生」，是靠近水草，便於放牧戰馬，放牛放羊餵豬，打水砍柴，糧道便利。「處實」，「實」，是虛實的實，占高地，有靠山，就是實。背後是空的，沒有屏障，就是虛。「養生處實」，就是生活條件有保障，後防屏障沒有後顧之憂，就留一面殺敵。在高處，在陽面，養生處實，軍中不容易生病，這樣戰鬥力才強，才能保證必勝。

丘陵堤防，必處其陽，而右背之。

杜牧注解說：「凡遇丘陵堤防之地，當居其東南也。」

所以駐軍也和買房子差不多，要選好朝向，朝向好，住起來才舒服。

王皙注解說：「處陽則人舒以和，器健以利也。」

孫子給驢友的救命兵法

原文

上雨，水沫至，欲涉者，待其定也。

華杉詳解

這是開始講各種可能遇到的情況。

上雨，水沫至，欲涉者，待其定也。

渡河的時候，如果發現河水渾濁，水面有泡沫，那就說明上游有大雨，一會兒河水可能會暴漲。如果此時渡河，可能渡一半，河水暴漲，就給淹死了。所以不要渡，等一等，等水面平靜了，水勢穩定了，再渡。

我經常看到報導，因為上游水庫放水，淹死下游民眾的新聞。大家只是憤怒，卻沒有提出一個技術解決方案。為什麼不能先放下一些信號標呢？比如你一開始，水不要放那麼大，放下一些紅色警示彩球，隔十分鐘放一批，一小時後再正式放水，這樣不就給下游河邊的人準備時間了嗎？否則你就是挨村通知，也必然有沒通知到的，突然排山倒海的大水放下來，還是誤了人的性命。

這條兵法，對我們一些喜歡戶外驢友（旅友）運動的人也有用。出去登山，在水邊宿營，山洪暴發，被淹死的事情也時有發生。台灣阿里山下也發生過這樣的悲劇，遊客在河灘上釣魚，上游洪水下來，河水暴漲。救援人員到了，電視轉播車也到了，就是救不下來，最後遊客在電視直播下被洪水淹沒了。

你記住孫子這條救命兵法：如果看見水開始渾濁並有水沫，那就是上游有雨，水勢隨時會暴漲！下雨引起的漲水，畢竟和水庫放水不一樣，是有時間逃生的。

六種危險地形

原文

凡地有絕澗、天井、天牢、天羅、天陷、天隙，必亟去之，勿近也。吾遠之，敵近之；吾迎之，敵背之。

華杉詳解

這是六種危險地形，近不得。

「絕澗」，梅堯臣注解說：「前後險峻，水橫其中。」曹操注解說：「山深水大者為絕澗。」

總之是一條深溝，前面水還不小，你過不去。
「天井」，梅堯臣注解說：「四面峻坂，澗壑所歸。」
曹操注解說：「四方高，中央下者為天井。」
杜牧引了《軍讖》的解釋：「地形坳下，大水所及，謂之天井。」
天井是四面都高，下面還有水，是個天然的大井。
「天牢」，梅堯臣注：「三面環絕，易入難出。」
曹操：「深山所過，若蒙籠者，為天牢。」
杜牧：「山澗迫狹，可以絕人，謂之天牢。」
三人注解有區別，《十一家注孫子校理》以梅堯臣注解為準。天牢是三面環絕，有一面可以進去，但進得去出不來，那就是天然牢獄。
「天羅」，梅堯臣注：「草木蒙密，鋒鏑莫施。」
就是草木深密，行動困難，刀槍施展不開，弓也拉不開，箭也射不出來。就像你打高爾夫球，進了樹林，你揮不了杆。
「天陷」，梅堯臣注：「卑下汙濘，車騎不通。」
地勢低窪，道路泥濘，車馬過不去，天然陷阱。
「天隙」，梅堯臣注：「兩山相向，洞道狹惡。」
就是我們經常去旅遊景區碰上的「一線天」，大家都喜歡去看。不過旅遊是好玩，如果是打仗、行軍在一線天裡面，就凶多吉少了。

必亟去之，勿近也。

遇到這六種地形，必須迅速離開，不可靠近。

吾遠之，敵近之；吾迎之，敵背之。

我們離這六種地形遠遠的，讓敵人靠近它。如果在這六種地形附近和敵人交戰，則對我們有利的陣地，是我們面對這六種地形，而敵人背靠著它。

曹操注：「用兵常遠六害，令敵近背之，則我利敵凶。」

杜牧注：「迎，向也；背，倚也。言遇此六害之地，吾遠之，向之，則進止自由；敵人近之，倚之，則舉動有阻。故我利而敵凶也。」

所以用兵的關鍵，是搶先占據有利地形，若碰見六害絕地，我們離得遠遠的，面向它，等敵人來，把他擠進去。

三十二種敵情觀察法（一）

原文

軍行有險阻、潢井、葭葦、山林、蘙薈者，必謹覆索之，此伏奸之所處也。

敵近而靜者，恃其險也；遠而挑戰者，欲人之進也；其所居易者，利也。眾樹動者，來也；眾草多障者，疑也；鳥起者，伏也；獸駭者，覆也；塵高而銳者，車來也；卑而廣者，徒來也；散而條達者，樵采也；少而往來者，營軍也。

華杉詳解

軍行有險阻、潢井、葭葦、山林、蘙薈者，必謹覆索之，此伏奸之所處也。

曹操注：「險者，一高一下之地；阻者，多水也；潢者，池也；井者，下也；葭葦者，眾草所聚；山林者，眾木所居也；蘙薈者，可屏蔽之處也。」

進軍路上遇到險要之地，湖泊沼澤、蘆葦、山林等等容易隱蔽的地方，要仔細搜索，防止敵人有伏兵或斥候。

以下開始講相敵，一共三十二種敵情觀察法。

一、**「敵近而靜者，恃其險也」**

敵人離我們很近，卻不動，那是占據了險要、有利地形，有恃無恐。「靜」，是靜止不動，不一定安靜不出聲。前面學過馬援討伐湖南苗族叛亂的戰例。馬援被困在河灘上，苗人就在峽谷高處對他鼓噪，因為知道他上不去，奈何不得。

二、**「遠而挑戰者，欲人之進也」**

敵人離我們很遠，又派少數部隊來挑戰，那是要引誘我們前進。上一條說敵軍相近而不動，是恃險無懼。這一條相反，敵軍相遠而挑戰，是要誘我前進。《尉繚子》說：「分險者，無戰心。挑戰者，無全氣。」若敵人先占了險地，我們不要與他作戰。若敵人隔得遠又來挑戰，我們不要全氣擊之，留一手，打打看看。

三、**「其所居易者，利也」**

如果敵人占據開闊地帶，地形肯定對他有利，他想誘我們過去決戰。

張預注解說：「敵人舍險而居易者，必有利也。」他放著險要地形不占，要在平坦開闊的地方布陣，那是他根本不怕我們，就等我們去決戰。那我們就要謹慎了。這和前面《軍爭篇》說的「勿邀正正之旗，勿擊堂堂之陣」差不多一個意思。

四、**「眾樹動者，來也」**

看見樹木搖動，那就是敵人來了。

張預注：「凡軍，必遣善覘者登高觀敵，若見林木動搖者，是斬木除道而來也。或曰，不只除道，亦將為兵器也。」

大部隊開來，要一路伐木開道，或伐木製作兵器，搭建營盤。總之看見樹木搖動，就是敵軍來了。

五、**「眾草多障者，疑也」**

曹操注：「結草為障，欲使我疑也。」

如果在草叢中設置障礙，那是布下疑陣。敵人可能已經跑了。

杜牧注：「言敵人或營壘未成，或拔軍潛去，恐我來追，或為掩襲，故結草使往往相聚，如有人伏藏之狀，使我疑而不敢進也。」

敵人可能是營壘工事還未完成，怕我們襲營，或者已經拔營撤退，怕我們追擊，往往就會把草結成一堆，假裝好像藏了人一樣，嚇唬我們，不讓我們過去。

六、**「鳥起者，伏也」**

曹操注：「鳥起其上，下有伏兵。」

張預注得更形象：「鳥適平飛，至彼忽高起者，下有伏兵也。」

那鳥本來飛得挺正常，到那兒突然高高飛起，那就說明下面有伏兵。

七、**「獸駭者，覆也」**

陳皞注：「覆者，謂隱於林木之內，潛來掩我。」

曹操注：「敵廣陳張翼，來覆我也。」

所以這「覆」，一是敵人藏在林木之中，偷襲過來；二是「廣陳張翼」，兵相當多，攻擊面相當大，傾覆式掩殺，所以樹林裡野獸都藏不住，全趕出來了。這問題嚴重！

八、「**塵高而銳者，車來也**」

塵土高而尖的，是戰車來了。

張預注解說：「車馬行疾而勢眾，又轍跡相次而進，故塵埃高起而銳直也。」

九、「**卑而廣者，徒來也**」

若塵土低而寬廣的，是步兵來了。

戰車是排成一行前後走，所以揚塵比較窄。步兵列隊比較寬，所以揚塵也寬，但人步行揚起的塵土，沒有車揚得那麼高。

所以古代交兵，專門有人負責望敵塵。三國時期，曹操追劉備，張飛為了疑惑曹操，派一隊騎兵，馬尾巴上拖一根樹枝，來回奔馳，揚起沖天塵土。不知曹操看了那塵，能看出是假的不？

十、「**散而條達者，樵采也**」

塵土分散而成條狀的，是敵人在砍柴。

為什麼分散而成條狀呢？首先砍柴是到處去砍，所以是分散的；砍完拖回去，所以煙塵呈條狀。

李筌注解說：「晉師伐齊，曳柴從之；齊人登山，望而畏其眾，乃夜遁。」晉軍把柴火拖著行軍，揚起大塵。齊軍看了，以為人很多，嚇跑了。

十一、「**少而往來者，營軍也**」

塵土很少，有來有往，時起時落，那是在紮營。

張預注：「凡分柵營者，必遣輕騎四面近視其地，欲周知險易廣狹之形，故塵微而來。」要紮營，一定派輕騎四面觀察地形敵情，所以灰塵少，疏疏落落。

三十二種敵情觀察法（二）

原文

辭卑而益備者，進也；辭彊而進驅者，退也；輕車先出居其側者，陳也；無約而請和者，謀也；奔走而陳兵車者，期也；半進半退者，誘也。杖而立者，飢也；汲而先飲者，渴也；見利而不進者，勞也；鳥集者，虛也；夜呼者，恐也；軍擾者，將不重也；旌旗動者，亂也；吏怒者，倦也。

華杉詳解

十二、「辭卑而益備者，進也」

曹操注：「其使來卑辭，使間視之，敵人增備也。」

敵軍使者來，言辭謙卑。我們派斥候去偵察，發現他正加緊戰備。這是敵人在麻痹我們，讓我們驕傲，給我們放鬆，他準備進攻了。

杜牧講了一個戰例，就是我們之前學過的，趙奢救閼與之戰。趙奢去邯鄲只三十里，就紮營不進了。秦軍使者來，都好吃好喝好招待。秦將就以為趙奢不敢來。秦使一走，趙奢倍道兼行，掩秦不備，大敗秦軍。

張預講了一個戰例，田單守即墨，燕將騎劫圍城。田單把自己的妻妾都編進隊伍裡守城，自己也親自上陣，都安排好了，派女子登上城牆求降。騎劫大喜。

田單又收民金千鎰，讓城中富豪拿去獻給騎劫，說：「城要降了，希望您的士兵不要搶掠和傷害我的妻妾。」燕軍就更加鬆懈了。

這時田單率軍出擊，大破燕軍。

其實騙人的招，就那幾招，書上都寫著，但是人們還是會上當，以至於有人感嘆：傻子太多，騙子都不夠用啊！

人們為什麼會上當呢？西方有諺語說：「人們相信一些事情，只是因為他們希望那是真的。」別人製造的假象，如果符合你的期望，你就會信心滿滿，甚至得意洋洋地認為：「果然不出我所料！」

比如秦將認為：趙奢小子，他怎麼敢來跟我大秦軍隊交戰呢？他肯定不敢來！他果然不敢來！

燕將騎劫則認為：田單怎麼是我的對手呢？果然不是對手！不過他還算識時務。你看，城裡的土豪都來交保護費了。

十三、「辭彊而進驅者，退也」

卑辭而來的是要進攻，反之，來使措辭激烈，擺出前進架勢的，就是色厲內荏，要跑了。

杜牧講了一個戰例，吳王夫差北伐，和晉國爭霸，與晉定公在黃池對峙。兩軍還沒接戰，越王勾踐乘虛伐吳。夫差害怕，要回師去救。但跟晉軍對峙著，不戰而退，一怕折了士氣，二怕對方追擊，和手下大夫們商議，問：「不戰而退，和戰而爭先，怎麼做有利？」

王孫雒說：「今天必須挑戰，振奮人心，然後才能退。」

於是，吳王帶了甲士三萬，去到離晉軍一里的地方列陣，聲動天地。晉定公派董褐出使，來問啥意思。夫差親自接見，厲聲對他說：「孤之事君在今日，不事君亦在今日！」要戰要和，今日了斷！

董褐回去見了晉定公，說：「我看吳王那臉色，似乎有大憂之事，今天如果作戰，就是要拚命，不能跟他作戰。」於是晉定公讓步，先同意講和。

夫差占了先，得了合約，保了面子，馬上撤兵回國。

十四、「輕車先出居其側者，陳也」

曹操注：「陳兵欲戰也。」

杜牧注：「出輕車，先定戰陳疆界也。」

輕車先出來，是要列陣作戰，派輕車到兩邊定下列陣的邊界。車定好位，插上旗，各個部隊在自己旗下集結。這是擺好陣勢準備開戰了。

十五、「無約而請和者，謀也」

沒有實質性的謀約就請和的，一定是有陰謀。

前面講的田單向騎劫請和，先是女子登城示弱請和，然後是城裡土豪以私人身分來交保護費。沒發現田單自己開出什麼實質性的投降條件來，這就一定是有陰謀。如果他真要投降，肯定要認真講價錢，不是嗎？

紀信誑項羽，也是一樣。

劉邦在滎陽被項羽包圍，十分危急。紀信獻計，說我跟主公您長得像，我假扮成您從東門出降，您從西門逃走。劉邦依計而行，給項羽送了降書，說漢王今天晚上出降。項羽大喜。

到了半夜，先是大批婦女陸陸續續從東門湧出，楚軍都來圍觀，等劉邦出來。婦女們走完，天已經亮了，紀信臥在一乘龍車上施施然出來，楚軍看劉邦降了，都喊「項王萬歲」。等項羽發現這「劉邦」是假的，真劉邦早已從西門跑遠了。

項羽就沒想一想，劉邦怎會啥條件也不談，送封信來就說今晚出降？這不科學啊！但是他太驕傲了，認為劉邦就該無條件向我投降。

唐德宗年間，平涼劫盟，也是一個著名案例。

吐蕃首領尚結贊因侵掠河曲，遇瘟疫，人馬死者過半，怕回不去了，於是遣使到唐侍中馬燧軍中，卑辭厚禮，請求會盟議和。馬燧同意了。

當時河中節度使渾瑊說：「如果國家勒兵境上，以謀伐為計，吐蕃請盟，也許可以聽信。現在吐蕃無所求於國家，莫名其妙請盟，一定有陰謀。」

唐德宗不聽。

渾瑊和尚結贊在平涼會盟，渾瑊帶了三千人去。尚結贊預先埋伏騎兵於盟壇西部，數萬吐蕃騎兵一起殺出，唐軍的外圍部隊被吐蕃擒獲。渾瑊迅速跳上身邊一匹馬，逃出平涼川。結果唐朝除了主盟官員外，其餘六十多名官員，包括副使崔漢衡和宦官俱文珍等其他會盟人員，全部被吐蕃擒獲。唐軍死五百多人，被俘一千多人，史稱平涼劫盟。

陳皞注解說，兩國之師，或侵或伐，如果雙方都沒有屈弱，無緣無故來請和，那要麼是敵人國內有憂危之事，欲為苟且暫安之計。要麼是知道我有可圖之事，欲使我不疑，先求和好，然後突襲害我。

張預注解說，「無故請和，必有奸謀。」漢高祖劉邦欲擊秦軍，先派酈食其持重寶去見秦將賈豎請和。這仗還沒打呢，怎麼就送禮講和呢？賈豎卻信了。劉邦乘他懈怠放鬆，一舉擊破了秦軍。

十六、「**奔走而陳兵車者，期也**」

敵軍士兵奔走，展開兵力，擺開兵車列陣的，是期待著和我們交戰。

杜牧注解說，這與上文「輕車先出，居其側者，陳也」相應。輕車出來，兩邊列界，是要擺陣。輕車畫好界豎好旗了，就「奔走而陳兵」，士兵開始奔走各就各位。

《周禮》說：「車驟徒趨，及表乃止。」「驟」，是驟雨的驟，奔馳的意思，車奔馳過去，步兵就要跟上。「及表乃止」，「表」，就是「立旗為表」，是個標誌。車先開過去，插上旗，步兵趕緊跟上，跑到自己的旗下就位。

對「期」的解釋，也可說「期」的對象是自己的士兵。

張預注解說：「立旗為表，與民期於下，故奔走以赴之。」把旗插好，期待大家來就位。

十七、「**半進半退者，誘也**」

半進半退，就是進退不一，有的在進，有的在退；有時在進，有時在退，隊形雜亂不整，那就是要引誘我們前進。他進，怕我們跑了；退，又怕我們不追。所以半退半進。

十八、「**杖而立者，飢也**」

斥候去偵察，如遠遠看見敵軍都倚仗矛戟而立的，證明他們飢餓疲憊，軍糧沒了。

十九、**「汲而先飲者，渴也」**

如果看見敵軍出來打水的人，打了水自己先咕咚咕咚喝一通的，證明敵軍營中沒水了，都渴得不行了。

二十、**「見利而不進者，勞也」**

敵軍來，見我有利可圖而不能進取的，證明他們士卒疲勞，沒有戰鬥力了。

二十一、**「鳥集者，虛也」**

張預注解說，敵人如果已經偷偷撤退，還留下營帳在那兒虛張聲勢，而鳥兒看見營中沒人，必鳴集其上。所以看見鳥兒在敵營聚集，就知道那已是一座空營了。

楚伐鄭，鄭軍頂不住，準備逃走。斥候來報，說楚營有鳥。原來楚軍也頂不住，他們先跑了。

晉伐齊，叔向說：「城上有鳥，齊師其遁。」城牆上都有鳥站著，肯定沒人守城了，都跑了。

後周齊王憲伐高齊，將班師，就以柏葉偽裝成營幕，拿牛糞馬糞燒些煙起來。齊軍看了兩天，才知道是空營，想追也追不上了。

二十二、**「夜呼者，恐也」**

「夜呼」，也稱「驚營」，軍心不穩，夜間驚慌。

曹操注：「軍士夜呼，將不勇也。」士兵夜間驚叫喚，肯定是大將自己不勇敢，壓不住，軍隊沒有主心骨，草木皆驚。

張預注解說：「三軍以將為主，將無膽勇，不能安眾，故士卒恐懼而夜呼。若晉軍終夜有聲是也。」

陳皞說：「十人中一人有勇，雖九人怯懦，恃一人之勇可自安。今軍士夜呼，蓋是將無勇。」有一人勇敢，就能讓九人鎮定。都鎮不住，證明是將領無勇。

驚營不僅是驚叫，慌亂間晚上看不清甚至會互相攻打、自相殘殺，以為對方是敵人。所以前面關於紮營的規矩，相聚多遠，何處舉火，講得很細緻。如果敵軍來襲，或有驚營之事，各營出營在自己的位置列隊，都不許動，火堆全部點燃，亮如白晝，則敵我自分。再有弓箭手在高處射箭，則射殺入侵之敵。

周亞夫平七國之亂，也遇到驚營之事，亂到互相攻擾，甚至鬧到他的中軍帳下。他的辦法是高臥不起，睡覺。大家就自然平息了。

二十三、**「軍擾者，將不重也」**

「軍擾」，軍中擾亂，那是將領沒有威望、不穩重。杜牧注解說：「言進退舉止輕佻率易，無威重，軍士亦擾亂也。」

三國時張遼屯長社，夜，軍中忽亂，一軍盡擾。張遼說，一定有敵軍奸細作亂，大家都不要動。於是令軍士安坐，張遼在中陣肅立。過了一會兒，軍營中就安靜了。

二十四、**「旌旗動者，亂也」**

張預注：「旌旗所以齊眾也，而動搖無定，是部伍雜亂也。」

旌旗是用來指揮的，如果旌旗亂動，那就證明已經沒有指揮系統了，部伍亂了。齊魯長勺之戰，齊軍敗退，魯莊公要追，曹劌說：「等等！」登上車遠望觀察，說：「可以追了。」

魯莊公問：「你看啥？」

曹劌說：「我看他旌旗亂不亂，如果旌旗沒亂，證明有人指揮，不一定是真敗，可能有埋伏。旌旗亂了，證明各自奔逃，沒有指揮，所以可以追了。」

魯軍追擊，果然又得勝。

二十五、**「吏怒者，倦也」**

賈林注：「人困則多怒。」軍吏無故發怒，表明敵人已經厭倦了。

張預注：「政令不一，則人情倦，故吏多怒也。」或統帥無方，政令不一，或賞罰不均，人人怨憤。軍吏就拿下面人出氣，無故發怒。這樣的隊伍，軍心已失，很多人都反而會希望自己方失敗，藉以報復主帥。

典型戰例是晉楚爭霸，邲城之戰。開始時雙方都並無戰心，準備講和。晉軍主帥荀林父一心與楚定盟，也不太積極備戰。荀林父手下將領魏錡、趙旃，曾向荀林父要求公族大夫和卿之職未得，挾私怨欲敗荀林父之功，先後向荀林父請命出使赴楚營挑戰，荀林父不許。又請命赴楚營約盟，荀林父許了。這兩個傢伙到楚營後，都並不請盟，而是向楚王挑戰。

二人走後，晉將郤克說：「二憾往矣，不備必敗。」兩個心懷怨憤的傢伙去了，不會幹什麼好事，不積極備戰必然失敗。荀林父卻還是不重視。

楚軍本來也有戰和兩派，楚王發現了晉軍的將帥矛盾，就堅定了戰心。楚軍揮師大進，結果晉軍被打得大敗。楚國就成了中原新霸主。

三十二種敵情觀察法（三）

原文

粟馬肉食，軍無懸缻，不返其舍者，窮寇也；諄諄翕翕，徐與人言者，失眾也；數賞者，窘也；數罰者，困也；先暴而後畏其眾者，不精之至也；來委謝者，欲休息也。兵怒而相迎，久而不合，又不相去，必謹察之。

華杉詳解

二十六、「粟馬肉食，軍無懸缻，不返其舍者，窮寇也」

「粟馬」，把人吃的糧食拿來餵馬。

「肉食」，把運糧的牛殺來吃了。

「軍無懸缻」，樹枝架著煮飯的陶鍋沒了，砸了，不要了，不準備煮飯了。

「不返其舍者」，不回軍營。

這是破釜沉舟，「窮寇」，準備與咱們以死決戰，拚命了。

《史記・項羽本紀》：「項羽乃悉引兵渡河，皆沉船，破釜甑，燒廬舍，持三日糧，以示士卒必死，無一還心。」

遇到這樣破釜沉舟的窮寇，怎麼辦？張預注解說：「敵如此者，當堅守以待其弊也。」你跟他打，他銳氣盛得很。堅守不戰，熬他一熬，他所有家當糧食都沒了，餓也把他餓死了。

二十七、**「諄諄翕翕，徐與人言者，失眾也」**

曹操注：「諄諄，語貌；翕翕，失志貌。」

「諄諄」，老師的諄諄教導，很懇切的樣子。「翕翕」，是閉合狀，嘴巴翕動，嘴巴得巴得巴的。這「諄諄翕翕，徐與人言」，跟人講話的，可能是上對下，也可能是士卒相互之間。總之，若斥候看見敵營中總是有人站著談心的，就是敵將已經失去眾心了。如果是將領找人談，那是軍心不穩，他在做工作。如果是士卒之間相互談，那是他們在誹議他們的主將。

二十八、**「數賞者，窘也」**

李筌注：「窘則數賞以勸進。」

拚命地賞賜將士，那是已經非常窘迫了，大家都不願幹，對主帥也沒有什麼敬畏，那主帥喊誰也喊不動了，只有把家底拿出來，期待重賞之下必有勇夫了。

二十九、**「數罰者，困也」**

賞得多是問題，罰得多也是問題。杜牧注解說：「人力困弊，不畏刑罰，故數罰以懼之。」大家都疲了，寧願被處罰也不願幹了，就會以加大處罰來脅迫他。

三十、「先暴而後畏其眾者，不精之至也」

先是粗暴嚴厲，之後又害怕部下，這是最不精明的將領了。

賈林注：「教令不能分明，士卒又非精練，如此之將，先欲強暴伐人，眾悖則懼也，至懦之極也。」

賈林注得深刻，有這樣毛病的領導還真不少！首先他自己並沒有負起領導的責任，教令不能分明，士卒又缺乏訓練，上上下下能力都不夠。這時候他怎麼辦呢？他不是精心規畫，也不能輔導士卒，帶領大家解決問題，而是態度很強硬地要求部下，比如說：「我只要結果！給我上！」做不到則處罰部下。

部下自然不服，知道自己不能讓領導滿意，而自己對領導也不滿意，覺得你丫自己行嗎？光在這兒讓我們賣命！大家看出他的色厲膽薄，就不幹了，開始反抗了。他一看手下不聽他的，壓不住陣，又害怕了。

賈林說，這就是「至懦之極」，最懦弱的將領了。

三十一、「來委謝者，欲休息也」

賈林注：「氣委而言謝，欲求兩解。」

敵軍來使態度委婉謙遜的，是想休兵息戰了。

不過前面說過：「辭卑而益備者，進也。」氣委而言謝，不就是辭卑麼？怎麼一個是要戰，一個是要和呢？前面辭卑，加了一個益備，實際上是在加緊戰備。那麼他來「委謝」，我們怎麼知道他背後沒有益備呢？

所以對「委謝」，還有一個解釋，是「委質來謝」，送來了人質。

杜牧注：「所以委質來謝，此乃勢已窮，或有他故，必欲休息也。」

張預注：「以所親愛委質來謝，是勢力窮極，欲休兵息戰也。」他最親愛的人都被送來做人質，那是已經窮極無路了。

三十二、**「兵怒而相迎，久而不合，又不相去，必謹察之」**

敵軍盛怒出陣，但搞了半天，既不接戰，又不退去，必有蹊蹺，一定要仔細偵察。

曹操注：「備奇伏也。」要防備他有埋伏。

張預注：「勇怒而來，既不合戰，又不引退，當密伺之，必有奇伏也。」

打仗靠自己的子弟兵，別指望「友軍」

很多人每天跑各種場子希望「認識人」。其實，你要是自己有點本事，有點自己的正事，根本沒時間、也沒動力去「認識人」，不如在家帶孩子。在孩子身上投資時間不夠，才是職場人士的通病和戰略投資的重大錯誤。

原文

兵非益多也，惟無武進，足以並力、料敵，取人而已。夫惟無慮而易敵者，必擒於人。卒未親附而罰之，則不服，不服則難用也。卒已親附而罰不行，則不可用也。

華杉詳解

兵非益多也，惟無武進，足以並力、料敵，取人而已。

兵力不在於越多越好，而在於不盲目冒進，又能集中力量，判明敵情，就夠了。而要能「並力、料敵」，關鍵在於選拔人才。

兵非益多也。

曹操注：「權力均一。」

王皙注：「權力均足矣，不以多為善。」

「權力均」怎麼解？是說你能駕馭。如果兵多到超出了你的權能，超出了你的駕馭，那就不是多多益善了。

韓信說他帶兵是多多益善，十萬、百萬，他都能駕馭，但劉邦就只能帶十萬兵。對於劉邦的帶兵才能來說，十萬就是臨界點，超過十萬，就權力不均，駕馭不了了。不過他也說劉邦不善將兵，但善於將將，所以把韓信駕馭了。

惟無武進。

王皙注：「不可但恃武也，當以計智料敵而行。」不能只憑勇猛而冒進。

足以並力、料敵，取人而已。

曹操注：「廝養足也。」

「足以並力、料敵」，在於取人，在於選拔人才。選拔人才在哪兒選拔呢？曹操說了：「廝養足也。」不假外求，就在我自己養的兵裡面。廝養的，就是自己的子弟兵。那自己的兵該怎麼廝養呢？後面的內容就講廝養之道。

這是一個重大的戰略和組織觀念，就是依靠自己內部的力量，從內部選拔人才，不依靠外援。因為兵本來就不貴多，又要權力均，能團結兵力，能駕馭指揮，所以不靠別人。

《尉繚子》說：「天下助卒，名為十萬，其實不過數萬。其來兵者，無不謂其將曰：無為天下先戰。」凡是友軍來支援的，都是號稱十萬，實際就幾萬。而且來之前，君主都對將領諄諄教誨：咱們別打頭陣哈！讓他們先打！

秦滅六國，就是這情況。秦軍就是秦軍，為秦國而戰，打贏了是自己的，打輸了也是自己的。而六國聯軍，誰也不想先戰，打輸了是自己的，打贏了可能還是自己是輸家。

企業發展戰略也是一樣，要靠自己力量去發展。如果要和別的企業「優勢互補」，搞企業聯盟，都指望對方能幫助自己發展，那最好死了這個心吧！

個人也同理。我們常說，多個朋友多條路。但是，朋友可以幫你，你不能指望朋友。很多人每天跑各種場子希望「認識人」。其實，**你要是自己有點本事，有點自己的正事，根本沒時間、也沒動力去「認識人」，不如在家帶孩子**。在孩子身上投資時間不夠，才是職場人士的通病和戰略投資的重大錯誤。

夫惟無慮而易敵者，必擒於人。

沒有深謀遠慮而又輕敵的人，一定會被敵人俘虜。

《左傳》說：「君其無謂邾小。蜂蠆有毒，而況國乎？」您不要輕視邾是個小國。蜜蜂蜇一下都有毒，何況一個國家？蠆，也是一種毒蟲，類似蠍子。

兵不在多，禍患也不在多，有一點小問題都可能讓你滅亡。所以如果有勇無謀，輕敵大意，就一定會為敵所擒。

春秋時宋楚交戰，宋軍主將華元，煮了一鍋羊湯，給部下們一起其樂融融分著吃了，但是忘了分給他的車夫。車夫流了一夜口水，也流了一夜怨恨的眼淚。第二天上戰場，還沒有下令出戰，他二話不說，突然駕著車猛衝，單車一直衝進楚軍陣裡，華元就被俘虜了。

這就是小蜜蜂都蜇死人。

卒未親附而罰之，則不服。

這是講廝養之道了。

相互馴養，是人與人之間關係最深刻的本質

原文

卒未親附而罰之，則不服，不服則難用也。卒已親附而罰不行，則不可用也。故令之以文，齊之以武，是謂必取。令素行以教其民，則民服；令不素行以教其民，則民不服。令素行者，與眾相得也。

華杉詳解

曹操說：「廝養足也。」要用自己廝養的兵。「廝養」這個詞，大有意思。

「廝」，廝磨，廝混，廝守。總之是打成一片，混得精熟。

廝養和豢養差不多。豢養有點貶義，但一罵人，說誰是誰豢養的走狗，便知這走狗，對主子是死心塌地的。

反過來想，如果不是罵人，是用自己身上，如果自己帶的兵都跟自己豢養的犬一樣，對自己死心塌地，那不是挺好的嗎？

看來這豢養，也挺不錯的。

那我們懂得如何豢養人嗎？我們豢養過某人嗎？

再反過來，我們希望被人豢養嗎？我們懂得被人豢養嗎？

有時候我們會說某人：「唉！這人，養不家！」是說你對他怎麼好，他也不知道你的心，跟你不一條心，你就放棄他了。

反過來想，有沒有別人認為我是「養不家」的人呢？恐怕也有過，別人對我們好，好到我們自以為常了，理所當然了，反而放鬆了對自己的要求，結果把對方傷害了。

這思想太深刻了，學問太大了。不過豢養這個詞有點不好聽，我們換一個中性的詞，叫「馴養」。

有一本影響深遠的世界文學名著，被稱為寫給成年人的童話，叫《小王子》，就專講這馴養之道。

《小王子》是作家安東尼・聖修伯里於一九四二年寫成的著名法國兒童文學短篇小說。本書的主人公是來自外星球的小王子。書中以一位飛行員作為故事敘述者，講述了小王子從自己星球出發前往地球的過程中，所經歷的各種歷險。

其中小王子遇到狐狸這一段，狐狸要求小王子馴養他，道出了馴養關係的本質：愛與責任。領導者對下級的廝養、豢養、馴養，就是愛與責任。

我們先來讀讀這一段吧，很長，但絕對值得反覆讀，仔細想：

「來和我一起玩吧，」小王子建議道，「我很苦惱……」

「我不能和你一起玩，」狐狸說，「我還沒有被馴養呢。」

「啊！真對不起。」小王子說。

思索了一會兒，他又說道：

「什麼叫『馴養』呀？」

「你不是此地人。」狐狸說，「你來尋找什麼？」

「我來找人。」小王子說，「什麼叫『馴養』呢？」

「這是已經早就被人遺忘了的事情，」狐狸說，「它的意思就是『建立聯繫』。」

「建立聯繫？」

「一點不錯，」狐狸說，「對我來說，你還只是一個小男孩，就像其他千萬個小男孩一樣。我不需要你，你也同樣用不著我。對你來說，我也不過是一隻狐狸，和其他千萬隻狐狸一樣。但是，如果你馴養了我，我們就互相不可缺少了。對我來說，你就是世界上唯一的了；我對你來說，也是世界上唯一的了。」

「我有點明白了。」小王子說，「有一朵花……我想，她把我馴養了……」

「這是可能的。」狐狸說，「世界上什麼樣的事都可能看到……」

可是，狐狸又把話題拉回來：

「我的生活很單調。我捕捉雞，而人又捕捉我。所有的雞全都一樣，所有的人也全都一樣。因此，我感到有些厭煩了。但是，如果你要是馴養了我，我的生活就一定會是歡快的。我會辨認出一種與眾不同的腳步聲。其他的腳步聲會使我躲到地下去，而你的腳步聲就會像音樂一樣讓我從洞裡走出來。再說，你看！你看到那邊的麥田沒有？我不吃麵包，麥子對我來說，一點用也沒有。我對麥田無動於衷。而這，真使人掃興。但是，你有著金黃色的頭髮。那麼，一旦你馴養了我，這就會十分美妙。麥子，是金黃色的，它就會使我想起你。而且，我甚至會喜歡那風吹麥浪的聲音……」

狐狸沉默不語，久久地看著小王子。

「請你馴養我吧！」他說。

「我是很願意的。」小王子回答道，「可我的時間不多了。我還要去尋找朋友，還有許多事物要了解。」

「只有被馴養了的事物，才會被了解。」狐狸說，「人不會再有時間去了解任何東西的。他們總是到商人那裡去購買現成的東西。因為世界上還沒有購買朋友的商店，所以人也就沒有朋友。如果你想要一個朋友，那就馴養我吧！」

「那麼應當做些什麼呢？」小王子說。

「應當非常耐心。」狐狸回答道，「開始你就這樣坐在草叢中，坐得離我稍微遠些。我用眼角瞅著你，你什麼也不要說。話語是誤會的根源。但是，每天，你坐得靠我更近些……」

第二天，小王子又來了。

「最好還是在原來的那個時間來。」狐狸說道，「比如說，你下午四點鐘來，那麼從三點鐘起，我就開始感到幸福。時間越臨近，我就越感到幸福。到了四點鐘的時候，我就會坐立不安，我就會發現幸福的代價。但是，如果你隨便什麼時候來，我就不知道在什麼時候該準備好我的心情……應當有一定的儀式。」

「儀式是什麼？」小王子問道。

「這也是一種早已被人忘卻了的事。」狐狸說，「它就是使某一天與其他日子不同，使某一時刻與其他時刻不同。比如說，我的那些獵人就有一種儀式。他們每星期四都和村子裡的姑娘們跳舞。於是，星期四就是一個美好的日子！我可以一直散步到葡萄園去。如果獵人們什麼時候都跳舞，天天又全都一樣，那麼我也就沒有假日了。」

就這樣，小王子馴養了狐狸。當出發的時刻就快要來到時：

「啊！」狐狸說，「我一定會哭的。」
「這是你的過錯，」小王子說，「我本來並不想給你任何痛苦，可你卻要我馴養你……」
「是這樣的。」狐狸說。
「你可就要哭了！」小王子說。
「當然囉。」狐狸說。
「那麼你什麼好處也沒得到。」
「由於麥子顏色的緣故，我還是得到了好處。」狐狸說。
然後，他又接著說：「再去看看那些玫瑰花吧。你一定會明白，你的那朵是世界上獨一無二的玫瑰。你回來和我告別時，我再贈送給你一個祕密。」
於是小王子又去看那些玫瑰。
「你們一點也不像我的那朵玫瑰，你們還什麼都不是呢！」小王子對她們說。
「沒有人馴養過你們，你們也沒有馴養過任何人。你們就像我的狐狸過去那樣，牠那時只是和千萬隻別的狐狸一樣的一隻狐狸。但是，我現在已經把牠當成了我的朋友，於是牠現在就是世界上獨一無二的了。」
這時，那些玫瑰花顯得十分難堪。
「你們很美，但你們是空虛的。」小王子仍然在對她們說，「沒有人能為你們去死。當然囉，我的那朵玫瑰花，一個普通的過路人以為她和你們一樣。可是，她單獨一朵就比你們全體更重要，因為她是我澆灌的。因為她是我放在花罩中的。因為她是我用屏風保護起來的。因為她身上的毛蟲（除了留下兩三隻為了變蝴蝶而外）是我除滅的。因為我傾聽過她的怨艾和自詡，甚至有時我聆聽著她的沉默。因為她是我的玫瑰。」

《小王子》被稱為成年人的童話，因為他揭示了人與人之間關係最深刻的本質，就是相互馴養。

上下級之間相互馴養，夫妻之間相互馴養，企業和消費者之間相互馴養，官府與百姓之間相互馴養。馴養，就是建立聯繫，咱們之間有聯繫，我知道你會對我怎樣，在什麼條件下會怎樣，在什麼情況下會怎樣，在什麼時間會怎樣。我也知道，我該對你怎樣。

馴養，就是愛與責任、期待與依賴。

馴養關係是深刻的，但又是越深刻，越脆弱！經不起任何一丁點兒背叛。

馴養是沒有意外的，一切都很踏實，比如馬戲團馴獸，訓練海豚頂球，頂一次一定會得到一條小魚，絕不會落空，如果有一次落空，這馬戲就演不起來了。

回到兵法，西點軍校對領導人的訓誡有一條：

「心裡要裝著手下人的利益，並且有能力讓對方知道這一點。」

馴養關係，你心裡一定要裝著對方，不能只裝著你自己的目的。並且要讓對方知道、信賴你心裡替他想著。**如果你覺得對方「養不家」，恐怕還是你心裡替他想得不夠，或沒有能力讓他知道你替他想著。**

一個團隊，就要有相互馴養的意識、精神和儀式。

這本事一輩子都修煉不完。

接著讀孫子：

卒未親附而罰之，則不服，不服則難用也。

如果在士卒對你還沒有親近依附之前，就用處罰去管理，他們就會不服。不服，就很難使用了。
杜牧注：「恩信未洽，不可以刑罰齊之。」
梅堯臣注：「德以至之，恩以親之，恩德未敷，罰則不服，故怨而難使。」
所以你一定要先對大家有恩德，你的處罰，才是令人信服的。要先讓人們敬愛你，人們才會敬畏你。一去就想讓大家都怕你，那當不了領導。

卒已親附而罰不行，則不可用也。

反過來，如果大家對你已經親附，但你卻不能嚴格執行紀律，那這隊伍也不能用於作戰。
曹操注：「恩信已洽，若無刑罰，則驕惰難用也。」
只有恩，沒有威，只有愛，沒有罰，則驕兵惰將，不可用也。
這都是廝養之道。廝養不是廝混，打成一片沒問題，紀律嚴格也不含糊。

故令之以文，齊之以武，是謂必取。

曹操注：「文，仁也。武，法也。」
「文」是懷柔安撫，是胡蘿蔔；「武」是軍紀軍法，是大棒。胡蘿蔔加大棒，才能打造必勝之軍。
晏子舉薦司馬穰苴，說他「文能附眾，武能威敵」。
吳起說：「總文武者，軍之將；兼剛柔者，兵之事也。」

令素行以教其民，則民服；令不素行以教其民，則民不服。令素行者，與眾相得也。

「令素行」，「素」，平素、平時。軍令不是上了陣才開始執行，說：「現在開始要打仗了哈！軍令要開始執行，不像平時那麼隨便了哈！」而是平時就嚴格執行，讓大家養成服從執行的習慣。如果平時很放鬆，不給大家養成好習慣，要上戰場了才開始宣布要嚴格，那大家就會不服，因為沒有服從的習慣。

只有平時就令行禁止的軍隊，才能兵將相得，上下協調一致。

杜牧注解說：「居常無事之時，須恩信威令先著於人，然後對敵之時，行令立法，人人信伏。」「令要在先申，使人聽之不惑；法要在必行，使人守之，無輕信者也。三令五申，示人不惑也。法令簡當，議在必行，然後可以與眾相得也。」

法令的關鍵，一在事先申明，人人明瞭；二在有法必行，沒有例外。

「三令五申」，是我國古代軍事紀律的簡稱。

「三令」：一令「觀敵之謀，視道路之便，知生死之地」；二令「聽金鼓，視旌旗，以齊其耳目」；三令「舉斧，以宣其刑賞」。

「五申」：一申「賞罰，以一其心」；二申「視分合，以一其途」；三申「晝戰陣旌旗」；四申「夜戰聽火鼓」；五申「聽令不恭，視之以斧」。

三令五申都搞清楚，法令簡單恰當，而且議在必行，沒有例外，這就大家都踏踏實實，清清楚楚，明明白白。

如果三令五申，都是空話；人人犯錯，選擇性執法，那就個個僥倖，人人焦慮，心裡都不踏實。

《尉繚子》說：「令之之法，小過無更，小疑無申。故上無疑令，則眾不二聽，動無疑事，則眾不二志，未有不信其心而能得其力者也，未有不得其力而能致其死戰者也。」

這是講制定法令的方法，你制定的法令，如果之後發現有問題，有些小的缺點，如果不是要命的，也不要變更，就這麼執行。有些小的不明白的地方，也不要重申補充。這樣法令就是法令，下了就執行。

法令的嚴肅性、權威性、穩定性，比法令的現實性更重要。諸葛亮和魏軍作戰，以寡敵眾。但是，正在此時，有一批士兵的服役時間到了，按法令應該回家。諸葛亮說：「信不可失。」沒有留他們打完這仗再走，照樣到時間就放他們回去。結果人人願意留下一戰，上下相得，士氣暴漲，大敗魏軍。

這就是諸葛亮和士卒之間的相互馴養。

附錄：《行軍篇》全文

孫子曰：凡處軍、相敵：絕山依谷，視生處高，戰隆無登，此處山之軍也。絕水必遠水；客絕水而來，勿迎之於水內，令半濟而擊之，利；欲戰者，無附於水而迎客；視生處高，無迎水流，此處水上之軍也。絕斥澤，惟亟去無留；若交軍於斥澤之中，必依水草而背眾樹，此處斥澤之軍也。平陸處易，而右背高，前死後生，此處平陸之軍也。凡此四軍之利，黃帝之所以勝四帝也。

凡軍好高而惡下，貴陽而賤陰，養生而處實，軍無百疾，是謂必勝。丘陵堤防，必處其陽，而右背之。此兵之利，地之助也。

上雨，水沫至，欲涉者，待其定也。

凡地有絕澗、天井、天牢、天羅、天陷、天隙，必亟去之，勿近也。吾遠之，敵近之；吾迎之，敵背之。

軍行有險阻、潢井、葭葦、山林、蘙薈者，必謹覆索之，此伏奸之所處也。

敵近而靜者，恃其險也；遠而挑戰者，欲人之進也；其所居易者，利也。

眾樹動者，來也；眾草多障者，疑也；鳥起者，伏也；獸駭者，覆也；塵高而銳者，車來也；卑而廣者，徒來也；散而條達者，樵采也；少而往來者，營軍也。

辭卑而益備者，進也；辭彊而進驅者，退也；輕車先出居其側者，陳也；無約而請和者，謀也；奔走而陳兵車者，期也；半進半退者，誘也。

杖而立者，飢也；汲而先飲者，渴也；見利而不進者，勞也；鳥集者，虛也；夜呼者，恐也；軍擾者，將不重也；旌旗動者，亂也；吏怒者，倦也；粟馬肉食，軍無懸甀，不返其舍者，窮寇也；諄諄翕翕，徐與人言者，失眾也；數賞者，窘也；數罰者，困也；先暴而後畏其眾者，不精之至也；來委謝者，欲休息也。兵怒而相迎，久而不合，又不相去，必謹察之。

兵非益多也，惟無武進，足以並力、料敵，取人而已。夫惟無慮而易敵者，必擒於人。卒未親附而罰之，則不服，不服則難用也。卒已親附而罰不行，則不可用也。故令之以文，齊之以武，是謂必取。令素行以教其民，則民服；令不素行以教其民，則民不服。令素行者，與眾相得也。

第十章

地形第十

六種地形的用兵之道（一）：先占有利地形

我們讀兵法，會發現很多時候，等待都是最好的策略。你一定要懂得等，等得起。有的人不能等，總以為等待就是不作為，那就容易「胡作非為」。

原文

地形篇

孫子曰：地形有通者，有掛者，有支者，有隘者，有險者，有遠者。我可以往，彼可以來，曰通。通形者，先居高陽，利糧道，以戰則利。可以往，難以返，曰掛。掛形者，敵無備，出而勝之；敵若有備，出而不勝，難以返，不利。

華杉詳解

「地形篇」，曹操注：「欲戰，審地形以立勝也。」

地形是作戰的關鍵，所以作戰前，要先熟悉審查地形，才是「立勝」之道。

張預注：「凡軍有所行，先五十里內山川形勢，使軍士伺其伏兵，將乃自行視地之勢，因而圖之，知其險易。故行師越境，審地形而立勝，故次行軍。」

五十里之內，斥候先去打打前站，有沒有敵人伏兵，然後將領要親自去查看地形，知道地形險易，哪裡可以作戰。

李世民打仗，每戰必親自去查看地形，甚至觀察敵營，多次遇到危險，他也絕不把這活派給別人，一定自己去。因為一切答案都在現場，「現場有神靈」，只有到了現場，才知道在什麼地方怎麼用兵，一路打好腹稿，作戰時就胸有成竹。

三國時率軍攻滅蜀漢的魏國大將鄧艾，出身貧寒，曾在屯田部隊裡當一個看管稻草的小吏，他很有才學，又喜歡軍事。每到高山大川，便四處勘察，談論哪裡可以宿營，哪裡可以設伏，敵人會從哪裡來，周圍的人都譏笑他，他也毫不介意。

就像畫家說搜盡奇峰打草稿，看見什麼都在打腹稿，鄧艾是搜盡奇峰打演習，看到什麼地形他心裡都在演兵。這樣平平淡淡過了二十年，終於被提拔當了一個管理屯田的典農都尉的小官，有機會去洛陽彙報，見到了司馬懿，一次談話，就改變命運，進了太尉府，最後建立奇功。

下面講「六形」，六種地形：

地形有通者，有掛者，有支者，有隘者，有險者，有遠者。

有六種基本地形：通、掛、支、隘、險、遠。

一、通形

我可以往，彼可以來，曰通。

梅堯臣注：「道路交達。」四通八達之地。

張預注：「俱在平陸，往來通達。」都是平原地帶，往來通達便利。所以我來得，敵人也來得，誰也擋不住誰。

通形者，先居高陽，利糧道，以戰則利。

遇到這誰也擋不住誰的通形，如何作戰呢？就是先占據視野開闊的高地，占據向陽面，並保障糧道的暢通，這樣作戰就比較有利。

曹操注：「寧致人，無致於人。」我占據有利地形等他來，或引他來，別到他那兒去。

杜牧說，「通形」，是四戰之地，四面八方都可能有敵人來。要先占據高處、陽面，不要讓敵人先得，而我後至。因為這平原地區找一處能駐下大部隊的高地不容易。

「利糧道」，如何利糧道呢，就是在關鍵的要衝地方，修築堡壘或甬道，把糧道保護起來。甬道，就是兩邊築牆的通道。劉邦和項羽對峙，劉邦就是靠修築甬道連接敖倉，保障糧食供應。

張預說，先處戰地以待敵人，則能致人而不致於人。但是我占了有利地形等他來，他老不來，我天天要吃飯，所以必須保證糧餉不絕，然後才有利。

我們讀兵法，會發現很多時候，等待都是最好的策略。**你一定要懂得等，等得起**。有的人不能等，總以為等待就是不作為，那就容易「胡作非為」。

再補充說一下劉邦和項羽對峙的大結局，劉邦占了糧倉，每天吃飽。項羽則糧道被漢軍截斷，供應不上，飢疲不堪。所以項羽同意講和，畫定楚河漢界。等項羽簽完合議一撤兵，劉邦馬上撕毀合議「擊其惰歸」，就在垓下把項羽打得烏江自刎了。

六種地形的用兵之道（二）：真英雄都懂得等待

原文

可以往，難以返，曰掛。掛形者，敵無備，出而勝之；敵若有備，出而不勝，難以返，不利。我出而不利，彼出而不利，曰支。支形者，敵雖利我，我無出也，引而去之，令敵半出而擊之，利。

華杉詳解

二、掛形

可以往，難以返，曰掛。

可以前進，難以返回的地形，叫掛。有去無回，就掛了。杜牧注：「掛者，牽掛也。」這牽掛不是惦記，是有東西把你牽扯住了，掛起來了。

掛形者，敵無備，出而勝之；敵若有備，出而不勝，難以返，不利。

遇到掛形，要看敵人有沒有防備。他若沒有防備，則出兵突然襲擊勝他。他若有防備，我們攻擊不能得手，就進退兩難。

杜牧注：「掛者，險阻之地，與敵共有，犬牙交錯，動有掛礙也。往攻敵，敵若無備，攻之必勝，則雖與險阻相錯，敵人已敗，不得復邀我歸路矣；若往攻敵人，敵人有備，不能勝之，則為敵人守險阻，邀我歸路，難以返也。」

地形險阻，如敵人沒防備，我們去突襲得手，敵人已經敗了，地形也就對我們無所謂。如果敵人有防備，攻不下來，敵人就會斷了我們退路，我們恐怕就要掛了。

如果陷到這種情況怎麼辦呢？陳皞注解說：「不得已陷在此，則須為持久之計，掠取敵人之糧，以伺利便而擊之。」如果不得已被人斷了退路，則須有持久之計，搶奪敵人糧食，等待時機再攻擊他。

陳老師這是安慰人，更是害人！陷到那掛形裡，前面攻不下來，後面被斷了退路，哪裡還能搶得了糧食打持久戰！遇到這種情況，只有三種選擇，一是有援軍來救，萬事大吉；二是拚死一戰，以圖萬一，但拚死的結局基本上是全部戰死，否則那就不叫掛形了；三就得認輸投降。兵法不教投降，是個大問題，該認輸的時候不認輸，那就只有送命了。

為什麼說陳老師害人呢？人家孫子沒教怎麼辦，因為他沒辦法，陳老師卻想出了「辦法」。

這掛形，你不能去，去了就回不來，百分之九十九回不來。一旦被斷了退路，那就是絕人之路。但陳老師告訴你天無絕人之路，還是有辦法的，就鼓起了你本來就蠢蠢欲動的僥倖心理。再一翻歷史，確實有成功的，就更有信心了。其實歷史上這種情況發生過一千次，九百九十九次都死了，不值得寫書裡，就那一個活的，你卻堅信自己會跟他一樣，甚至比他還強。

然後就去了，掛了。

三、支形

我出而不利，彼出而不利，曰支。

敵我雙方處在隘路的兩端，誰先出動，就對誰不利，這就叫支形。比如兩軍之間相隔一個峽谷，誰去攻打，都要先經過峽谷，經過峽谷，就容易中對方埋伏。或者兩軍隔河對峙，誰要進攻，都得渡河，這就給對方半渡而擊的機會，所以誰都不想先進攻。

支形者，敵雖利我，我無出也，引而去之，令敵半出而擊之，利。

遇到這種支形，敵人雖然利誘我，我也不出擊。我們應引軍離開，讓敵人出擊，出了一半我們出伏兵再攻擊他。

陳皞注解說，若彼此出軍，地形不便，敵人若來誘我，我們一定不要追擊。我們引軍離開，敵人如果不來追，就算了；敵若來追，等他出來一半，急擊之。

前面我們學過那個戰例，晉楚交戰，晉將陽處父與楚將子上夾泜水而軍。陽處父想讓楚軍渡河，半渡而擊，於是退軍一舍。子上也想到了半渡而擊之計，要誘使晉軍渡河，他也退軍一舍。大家想到一塊兒去了，相互都不中計，越退越遠，沒意思了，乾脆各自退回國內去了。

這也是一種支形，支形就是誰先出擊對誰不利，所以都想引對方先出擊，又相互都不上當，乾脆就打不起來，各自回家了。

有人會覺得這算什麼兵法呢，都沒打勝仗！

其實兵法最重要的，不是打，而是不打。我們為什麼會失敗呢，為什麼會損兵折將呢，就是因為我們打了。

如果不打，就不會失敗。

不打，永遠有機會打。打敗了，死了，就什麼機會也沒有了。

所以孫子講先勝後戰，贏了再打，沒有贏就不要打。可見打的情況是少數，大多數情況下都是選擇不打。打，就一戰而定。仔細看看那些重大的戰例，比如周亞夫平七國之亂，都是「不戰而等，一戰而定」。

學會等待，學會不打，才是真英雄。從頭打到尾，是電影裡的英雄，為了電影好看。

真英雄都懂得一個最通俗的道理——

不作死，就不會死。

六種地形的用兵之道（三）：「必敗的判斷」比「必勝的信心」更重要

原文

隘形者，我先居之，必盈之以待敵；若敵先居之，盈而勿從，不盈而從之。險形者，我先居之，必居高陽以待敵；若敵先居之，引而去之，勿從也。遠形者，勢均，難以挑戰，戰而不利。凡此六者，地之道也，將之至任，不可不察也。

華杉詳解

四、隘形

隘形者，我先居之，必盈之以待敵。

「隘」，就是狹隘。「隘形」，曹操注：「隘形者，兩山之間通谷也，敵勢不得撓我也。」兩邊高山，中間有谷，我若占了，敵人只有一條路可以進來，我守住谷口，他就沒法攻擊我。

遇到這種地形，如果我軍先到，「必盈之以待敵」。盈，就是滿，像把水裝滿一樣，兵力部署要把山谷填滿。怎麼填滿呢？就是兩頭都要布陣。曹操說「前齊隘口」，陣地與隘口平齊。隘形一前一後有兩個口，兩個口都要與隘口平齊布陣，這樣敵人才進不來。

若敵先居之，盈而勿從，不盈而從之。

如果敵人先占了隘形，盈之以待我，那就別去。如果他只占了一頭，或者沒占隘口，那咱們就攻進去。因為如果他沒有把守兩頭，他就沒有地利，勝敗就取決於敵我雙方，而不取決於地形了。前面我們學過韓信破趙之戰，趙軍沒有守井陘口，韓信就大搖大擺通過了。

五、險形

險形者，我先居之，必居高陽以待敵。

「險形」，就是險要的地形，易守難攻之地。我們如果先到達，就占領高處、陽面以等敵人來。這是要先搶占制高點。

若敵先居之，引而去之，勿從也。

如果制高點被敵人占了，咱們就不打了，撤。

杜牧注：「險者，山峻谷深，非人力所能作為，必居高陽以待敵。若敵人先據之，必不可以爭，則當引去。陽者，南面之地，恐敵人持久，我居陰而生疾也。今若於崤澠遇敵，則先據北山，此乃是面陰而背陽也。高、陽二者，止可捨陽而就高，不可捨高而就陽。孫子乃統而言之也。」

敵人占了險要地形，不是人力能攻下的。明擺著打不過，咱們就不要打，引兵撤退。咱們撤退，他若來追，他就離開了險要地利，我們就可以設伏兵打他。他若不來追，那就讓他自己在那山上待著吧，咱們回家了。

曹操注：「地形險隘，尤不可致於人。」碰到又險又隘的地形，尤其不能去攻打。

李靖說，兵法千章萬句，不出一句：「致人而不致於人。」就是我擺好戰場等你來打，你擺的戰場我不去。

杜牧的注還有內容，占陽面，是怕敵人持久，我們如果駐軍在陰面，容易生病。但是如果碰到峭溷這樣的地形，就要占北山，是陰坡，因為沒有陽坡給你占。所以高和陽，如果不能兼得，捨陽而取高，不能捨高而取陽。孫子是統而言之，你不要看見只有陰坡沒有陽坡，就不會了。

六、遠形

遠形者，勢均，難以挑戰，戰而不利。

「遠形」，指敵我相距較遠。敵我相距較遠，兵力又相當，則不宜主動挑戰。

杜牧注解說，比如我與敵壘相距三十里，如果我們去攻打敵營，走了三十里大家都累了，是我勞敵佚。如果等他們來挑戰，我們就以逸待勞了。

如果你一定要戰怎麼辦呢，杜牧說：「欲必戰者，則移相近也。」你就把軍營往前移。

杜牧這是自己想像，孫子沒給這解決方案。他只是原則性地講遠形特點，具體解決方案，只有上了戰場才知道，每一地、每一戰都不一樣。

凡此六者，地之道也，將之至任，不可不察也。

這就是六形，地形之道，是將領的至關重要的重大責任，不能不知道。

打仗，我們都願意鼓起必勝的信心。**但對於將領來說，「必敗的判斷」比「必勝的信心」更重要。**知道自己失了先機，丟了地利，就不要打。最怕的就是不知道自己會失敗，盲目去打。諸葛亮的中國夢，就是統一中國，所以他明知自己國力不如魏國，還是矢志不渝，六出祁山，九伐中原。但每次他一旦看見勝機已失，馬上撤兵回家。

世上沒有「必勝」這回事，我們要追求的，是「不敗」。

六敗（一）：敗，都是敗給自己，都是主帥的責任

原文

故兵有走者，有弛者，有陷者，有崩者，有亂者，有北者。凡此六者，非天之災，將之過也。夫勢均，以一擊十，曰走；卒強吏弱，曰弛；吏強卒弱，曰陷；大吏怒而不服，遇敵懟而自戰，將不知其能，曰崩；將弱不嚴，教道不明，吏卒無常，陳兵縱橫，曰亂；將不能料敵，以少合眾，以弱擊強，兵無選鋒，曰北。凡此六者，敗之道也；將之至任，不可不察也。

華杉詳解

故兵有走者，有弛者，有陷者，有崩者，有亂者，有北者。凡此六者，非天之災，將之過也。

這是講「六敗」。軍隊有「走、馳、陷、崩、亂、北」六種必敗的情況。這六種情況，不是天災，都是將領的過錯。

一、走

夫勢均，以一擊十，曰走。

雙方其他條件都相當，卻用十分之一的兵力去和敵人作戰，那就一定會敗走。

曹操注：「不料力。」

李筌注：「不量力也。若得形便之地，用奇伏之計，則可矣。」以一敵十，是自不量力。除非你得了地利，一夫當關，萬夫莫開，才能和對方打。

二、弛

卒強吏弱，曰弛。

兵士強悍，將領懦弱，指揮不動，紀律鬆弛，叫「弛」。

吳楚雞父之戰，楚軍是糾結了一些附庸小國的七國聯軍，其中還有小國國君，又碰上楚軍主帥陽匄病亡。吳公子光說：「楚軍多寵，政令不一；帥賤而不能整，無大威命，楚可敗。」最後楚軍果然大敗。

唐穆宗時期，鎮州軍亂，朝廷派田布為魏博節度使平叛。田布從小在魏博長大，魏博鎮的人都輕視他，不聽他的。數萬人在軍營中騎驢而行，田布也管不住。過了幾個月，要合戰，軍士們都不願出戰。田布無奈，給皇上上了一封遺表，陳述軍情，並說自己無能為力，只能以死相謝，自殺了。所以用人，他不僅要有才能，還要有威望，有駕馭人的手腕。只有才能，沒有威望，只能做副手。

三、陷

吏強卒弱，曰陷。

「陷」，陷落。曹操注：「吏強欲進，卒弱則陷。敗也。」將領很強很勇敢，士卒跟不上。將領說：「跟我衝！」他衝進去了，後面兵都沒跟上，他就陷進去了。

張預注：「將吏剛勇欲戰，而士卒素乏訓練，不能齊勇同奮，苟用之，必陷於亡敗。」「齊勇同奮」很重要。將領的責任是訓練帶領士卒，不是單打獨鬥。如果平時不能訓練士卒，上了戰場自己一個人剛勇，那就把自己陷進去了。

四、崩

大吏怒而不服，遇敵懟而自戰，將不知其能，曰崩。

「崩」，崩潰。曹操注：「大吏，小將也。大將怒之，而不厭服，忿而赴敵，不量輕重，則心崩壞。」「大吏」，就是小將。小將對大將不服、怨恨，遇敵時，擅自率自己的部屬出戰，大將不能控制，這樣的軍隊，就會崩潰。

陳皞注：「此大將無理而怒小將，使之心內懷不服，因緣怨怒，遇敵使戰，不顧能否，所以大敗也。」那小將氣急敗壞，看見敵人他就要打一場，也不管自己死活，更不顧整體戰略了。

那小將怨恨在心、情緒失控，他不僅自己要亂打一氣發洩，而且很可能更糟，希望己方失敗，讓主將蒙羞。你不是罵我嗎？看看你自己怎麼樣！

前面學過一個戰例，晉楚爭霸，邲城之戰。晉軍與楚軍對峙於黃河，晉楚決戰在即，是戰是和，晉軍內部分歧。主帥荀林父要守，中軍佐先縠則要戰，激烈爭論，沒有結果。中軍佐先縠就來了個「怒而不服，懟而自戰」，擅自帶著先氏親兵渡河，荀林父聞訊後大驚，司馬韓厥提議全軍出動，防止先氏被殲滅。就這樣，晉國全軍被動應戰。

晉軍內部還有兩個混蛋，比先縠還壞。先縠主觀上是要為國建功，而這兩人，魏錡和趙旃，因為向荀林父要升官被拒絕，心懷怨恨，希望晉軍大敗，好讓荀林父倒楣。二人向荀林父領了出使楚營和談的任務，去了卻根本不談和，而是挑戰。故意讓荀林父沒準備，被楚軍突襲。

這樣的晉軍，自然大敗，晉國就此讓出了霸權。

荀林父的孫子，荀偃，也曾做過晉軍主帥，率軍伐秦。荀偃行令說：「雞鳴而駕，惟吾馬首是瞻。」旁邊欒書大怒，說：「晉國之命，未是有也。」晉國能跟我這麼下命令的人還沒生出來呢！自己率所部回師了，不跟你玩了。

這欒書本是晉國權臣，年紀比荀偃大，輩分比他還高。

看來晉國風氣如此，難怪最後有三家分晉之事，分成韓、趙、魏，戰國七雄居其三。如果晉國不分裂，戰國七雄變五雄，秦國就不一定能統一天下了。

再講一個晉國的驕兵悍將，趙穿。趙穿是個不折不扣富二代，靠著他伯父趙衰和哥哥趙盾。秦國來攻打晉國，趙盾是主帥。趙盾親信上軍佐臾駢獻計，說秦軍不能持久，咱們堅守不戰，他熬不住了，必定撤退，咱們再「擊其惰歸」，可獲全勝。趙盾深以為然，下令堅守，不許出戰。

晉軍不戰，秦康公急了，問流亡到秦國的士會，怎麼回事？士會說，一定是臾駢的主意。晉軍主帥趙盾的弟弟趙穿，對趙盾提拔臾駢非常不服氣：「我們去挑戰趙穿的部隊，他肯定出戰。」

秦軍依計而行，派軍騷擾趙穿部，趙穿果然出戰。趙盾正在開會，聽說趙穿殺出去了，為了弟弟安危，只好全軍出動，混戰一場。

六敗（二）：選鋒之道

五、亂

將弱不嚴，教道不明，吏卒無常，陳兵縱橫，曰亂。

將領懦弱，管理不嚴格，教導不明確，則吏卒沒有規矩章法，出兵列陣縱橫不整，橫衝直撞，這叫「亂」。

張預注：「將弱不嚴，謂將帥無威德也。教道不明，謂教閱無古法也。吏卒無常，謂將臣無久任也。陳兵縱橫，謂士卒無節制也。為將若此，自亂之道。」

「將領懦弱」，是沒有威德。

「教道不明」，是沒有方法。

「吏卒無常」，是軍中什麼職位都沒有任職時間長的。就像一個公司，沒有幾個老員工，所有職位都是新人，誰也幹不長，那公司不亂才怪。

出陣橫衝直撞亂走，那是沒有人節制士卒，都沒人管。這就是亂軍了。

六、北

將不能料敵，以少合眾，以弱擊強，兵無選鋒，曰北。

「北」，就是敗北。將領不能判斷敵情，用少數去打多數，用弱兵去打強敵，用兵也不懂得選擇精銳，這就叫「北」。

這裡關鍵是「兵無選鋒」的「選鋒」，用兵一定要「選鋒」，把最精銳的士卒選拔出來，組成先鋒隊，像一把尖刀，插向敵人。可以說，沒有選鋒，就只有兵，沒有鋒，沒有兵鋒。

齊威王問孫臏，兩軍相向，「地平卒齊，合而北者何？」戰場是平的，人數也差不多，為什麼一方會戰敗，孫臏回答說失敗的一方必然是因為「其陣無鋒也」。

《尉繚子・戰威》也講：「武士不選，則眾不強。」

這個思想給我們一個啟示：你的選鋒在哪兒？**帶隊伍，一定要選鋒**。

杜牧注解說：李靖兵法有戰鋒隊，就是揀選勇敢強健的士卒，每戰都做先鋒。

何氏注得很詳細：「夫士卒疲勇，不可混同為一，一則勇士不勸，疲兵因有所容，出而不戰，自敗也。故《兵法》曰，『兵無選鋒，曰北。』昔齊以伎擊強，魏以武卒奮，秦以銳士勝。漢有三河俠士劍客奇材，吳謂之解煩，齊謂之決命，唐謂之跳蕩，是皆選鋒之別名也。兵之勝術，無先於此。凡軍眾既具，則大將勒諸營各選精銳之士，須矯健出眾、武藝軼格者，「部為別隊」，大約十人選一人，萬人選千人。所選務寡，要在必當，擇腹心健將統率，自大將親兵、前鋒、奇伏之類，皆品量配之也。」

士卒參差不齊，不能混在一起。如果混在一起，勇健的沒有得到重視，沒有榮譽感，沒有戰鬥欲。

疲弱的呢，天塌下來有高人頂著，上了戰場，他躲在強者後面，出而不戰。所以兵法說，兵無選鋒，就要失敗。

所以打仗一定要選出大刀隊、先鋒隊、敢死隊什麼的，這才是兵鋒。

歷代都重視「選鋒」軍的建設，各有專門的命名。如春秋時晉國稱「前行」，秦國稱「銳士」、「陷陣」，戰國時齊稱「伎擊」、「決命」，魏國稱「武卒」，唐朝時稱「戰鋒」、「跳蕩」，等等。

從這些名字我們可以看出選鋒軍的意義。所以兵之用術，無先於此，用兵首先是用鋒。部隊動員集結後，大將要首先選各營精銳之士，大約十人選一人，萬人選千人，部為別隊，一是用於自己的親兵，二是用著先鋒，三是用於出奇設伏之類。兵鋒，是戰勝的關鍵力量。

明代于謙說：「禦侮之道，莫先於練兵，練兵之要，必分其強弱。故兵法曰，『兵無選鋒曰北』，又曰『兵以治為勝』，百萬之眾不用命，不如萬人之鬥；萬人之眾不用命，不如百人之奮，此言兵不貴多，貴乎精；多而不精，莫若少而精。」

東晉時，面臨前秦強大軍事壓力，東晉大將謝玄選拔北方流民中勇勁之士，以劉牢之為參軍，領精銳，每戰用著先鋒，百戰百勝，號稱北府兵。淝水之戰，破苻堅百萬之眾，北府兵一戰成名，始終是東晉最強勁的軍事力量。後來建立劉宋帝國的劉裕，起家就是北府兵參軍。他登基後，北府兵又成為劉宋的軍事力量核心。

孫子的職業道德觀：進不求名，退不避罪

郭子儀代表了中國人民幾千年的終極夢想：榮華富貴，健康長壽，子孫滿堂。

原文

夫地形者，兵之助也。料敵制勝，計險阨遠近，上將之道也。知此而用戰者必勝，不知此而用戰者必敗。

故戰道必勝，主曰無戰，必戰可也；戰道不勝，主曰必戰，無戰可也。故進不求名，退不避罪，唯人是保，而利合於主，國之寶也。

華杉詳解

夫地形者，兵之助也。料敵制勝，計險阨遠近，上將之道也。知此而用戰者必勝，不知此而用戰者必敗。

地形是用兵的輔助條件。判明敵人企圖、研究地形險易、計算道路遠近、制定用兵計畫，這是上將之道。懂得這些道理去指揮作戰的，有勝的把握；不懂得這些道理的，必敗。

地形很關鍵，所謂天時不如地利。但也只是輔助條件，因為地利不如人和。人才是根本。不是說得地利不如得人，而是說得「道」之人，才能審地利、料敵情、決戰得勝。

故戰道必勝，主曰無戰，必戰可也；戰道不勝，主曰必戰，無戰可也。

根據實際戰局發展情況，如果己方有必勝把握的，主君說不戰，也可以戰。如果己方必敗的，主君說必戰，也可以不戰。這還是「將在外君命有所不受」的道理。

故進不求名，退不避罪，唯人是保，而利合於主，國之寶也。

所以，進不求戰勝之名，退不避違命之罪，一切只為保護民眾，真正有利於主君，這才是國家之寶啊！

為什麼這樣的人是寶呢？張預注解說：「進退違命，非為己也，皆所以保民命而合主利，此忠臣，國家之寶也。」進退都不是為了自己，而是為了國家、人民和主君的利益，這是真正的忠誠。

何氏注：「進豈求名也？見利於國家、士民，則進也；退豈避罪也？見其蠹國殘民之害，雖君命使進，而不進，罪及其身不悔也。」

進不是為了求名，見利於國家、人民，則進。退不怕得罪，如果進則有禍國殃民之害，君命讓進也不進，哪怕因此得罪，也不後悔。

何氏這裡自己發揮了：孫子所論，並非僅為了國家人民，而是「唯人是保，利合於主」。保護人民，保護將士們的生命安全，不要他們作無謂的犧牲，而利益呢，要符合主君的利益。主君的利益，和國家人民的利益，是有區別的。

這樣的人，可謂：高超、正直、善良、忠誠、驕傲。

高超，是洞察本質，知勝知敗，知進知退。

正直，是一身正氣，不是在這一件事上正直，而是一貫正直，一貫有原則，所以無論他作什麼決定，上上下下沒有人懷疑他的動機，他才能有資格、有空間獨斷專行。

善良，是真正愛人民、愛國家、愛部下、愛主君，那種真摯的愛，沒有一點虛假，每個人都能感受到。

忠誠，是真正忠誠於國家、人民和主君的利益，而不是忠誠於某人的指示。因為主君的指示，並不一定符合主君自己的利益。主君的判斷不一定對。

驕傲，是所謂戰勝之名，對他來說，毫無價值。他根本不需要一場新的勝利去證明自己。當別人拿這些去衡量他的時候，他覺得非常可笑。

誰是這樣的國寶呢？岳飛是不是？岳飛不是。岳飛的進退，符合國家利益、人民利益，但不符合主利，不符合皇上趙構的利益。迎還二帝，趙構做什麼呢？北宋滅亡，趙構是最大的既得利益者，因為他本來沒資格當皇上的，卻當了皇上。如果戰，不用岳飛打，金國就可能把他哥哥送回來，這會給他帶來巨大的政治危機。俘虜了敵國皇上是沒有什麼用的，因為別人另立新君，你手裡的皇上就作廢了。

明朝土木堡之變，蒙古瓦剌部首領也先俘虜了明英宗。明廷馬上立英宗的弟弟郕王為新君，就是景泰帝。也先手裡的皇上沒用了，無奈將英宗送回。景泰帝將英宗軟禁於南宮，一關就關了七年。

七年後景泰帝病重，石亨等發動奪門之變，英宗復辟。

所以岳飛迎還二帝的主張，是大大地不符合宋高宗的利益。高宗和金國議和，繼續扣留他的哥哥宋欽宗，而送還了他的親生母親顯仁皇后。宋高宗成為南宋中興之主，以八十一歲高齡善終。

所以，利合於主的是秦檜，不是岳飛。岳飛占了個「唯人是保」，秦檜占了個「利合於主」，各占一半。

有一個人，符合「唯人是保，而利合於主」的標準，唐朝的郭子儀。

郭子儀在安史之亂時任朔方節度使，在河北打敗史思明。後聯合回紇收復洛陽、長安兩京，功居平亂之首，晉為中書令，封汾陽郡王。代宗時，叛將僕固懷恩勾引吐蕃、回紇進犯關中地區，郭子儀正確地採取了結盟回紇，打擊吐蕃的策略，保衛了國家的安寧。郭子儀戎馬一生，屢建奇功，以八十四歲的高齡才告別沙場，天下因有他而獲得安寧達二十多年。他「權傾天下而朝不忌，功蓋一代而主不疑」，舉國上下，享有崇高的威望和聲譽。

郭子儀權傾天下，位極人臣。但是，他坦坦蕩蕩，從來不對皇上設防。有奸臣猜忌他，說他要謀反，要皇上召他來，看他來不來。不來，就是要謀反；來，就可以把他拿下。郭子儀從來是一分鐘都不耽誤，馬上就去，不帶任何護衛。他說我這腦袋本來就是皇上的，皇上要取，拿去便是。

公主嫁給他兒子郭曖，兩口子吵架，公主說我爹是皇上，你還敢對我無禮！郭曖說，皇上算個屁！那是我爹不想做罷了。我爹要想做，輪得到你爹麼？把公主罵回去了。

公主回去向皇上哭訴。這事在任何朝代都是死罪。郭子儀聽說這荒唐事，慌忙進宮謝罪。皇上說，小孩子家吵架亂說，咱們管他幹什麼。最後郭子儀自己把兒子打了一頓，這事就過去了。

郭子儀七子八婿，都是朝廷高官。他六十歲生日的時候，兒子女婿們都來賀壽。從朝堂上下來，都帶著笏板（又稱手板、玉板或朝板。是古代臣下上殿面君時的工具，用以記錄君命或旨意）。子婿們把笏板放在床上，放了滿滿一床，這就是「滿床笏」的典故。

你如果去鄉下古村裡看，看到古宅門上的磚雕，郭子儀的故事是最多的。因為郭子儀代表了中國人民幾千年中國夢的終極夢想：榮華富貴、健康長壽、子孫滿堂，全齊了。

愛兵如子，真愛不易！將不容易，兵，更不容易！

原文

視卒如嬰兒，故可與之赴深谿；視卒如愛子，故可與之俱死。

華杉詳解

對待士兵就像對待自己撫養的嬰兒一樣，就可以叫他們一起去跳深溪（冒險）；對待士兵像對自己的孩子一樣，就可以和他們一起去赴死。

戰國時，吳起為將。與下屬最賤者同衣食，臥不設席，行不乘馬，自己背著自己的乾糧，和士卒同勞苦。有一個士兵腿上長了瘡，吳起親自用嘴給他吮吸。那士兵的母親聽說後悲傷地哭了。鄰居問，將軍對你兒子那麼好，你哭什麼呢？那母親回答說，往年他爹腿上長瘡，吳將軍就替他吮吸，他很快就戰死了。如今吳將軍又為我兒子吮瘡，我兒子也要為他而死了。

梅堯臣注：「撫而育之，則親而不離；愛而勖之，則信而不疑；故雖死與死，雖危與危。」你撫育他，他就和你親，不離不棄；你愛他幫助他，他就對你信任，可以和你同生共死，赴湯蹈火。所以對士兵要有撫育的真心。你別認為吳起那是「手腕」，若認為是手腕，你就自己去吮吸別人腿上的膿瘡試試！沒有真誠的愛，和帶兵如帶子的心，做不了傑出的將領。

何氏注解說，後漢破羌將軍段熲，也是行軍仁愛，士卒受傷的，他都親自去探視，親自替他們包紮。在邊疆十幾年，「未嘗一日褥寢」，沒有一天是在正經床上睡的，都是與將士同苦。所以人人樂意為他死戰。

所謂身先士卒，兵法云：「勤勞之師，將必先己。暑不張蓋，寒不重衣，險必下步，軍井成而後飲，軍食熟而後飯，軍壘成而後舍。」這不是一次兩次，一天兩天，而是幾十年如一日都這樣，這是裝不出來的，能裝幾十年，那也不是裝，是做到了。

能做到嗎？極少人能做到！

何氏還講了西晉巴郡太守王濬的故事。西晉滅了蜀漢，王濬做巴郡太守，因為靠近吳國邊境，要準備戰事，兵士百姓苦於勞役，「生男多不舉」，不舉，就是不養育，生了兒子就殺掉，或遺棄，扔掉。

生男不舉的事，中國歷代都有，因為很多人頭稅是按男丁徵收的，勞役是按男丁分派的，你家有幾個男孩，就交多少稅，分擔多少勞役。漢武帝的時候，窮兵黷武，沒有錢了，《漢書》記載：「武帝征伐四夷，重賦於民，民產子三歲則出口錢，故民重困，至於生子則殺，甚可悲痛！」如果你生了兒子，到他三歲就要交人頭稅。人民交不起稅，就不敢養兒子，生下來看是兒子就殺掉。我們知道因為計畫生育有殺女嬰棄女嬰的，可能不知道歷代都有因為兵役稅負殺男嬰的。杜甫詩中說：「信知生男惡，反是生女好。生女猶得嫁比鄰，生男埋沒隨百草。」實際情況比這更慘！

知道了這種情況，王濬怎麼辦呢？他一是嚴懲棄嬰殺嬰，二是只要有生孩子的，都給產假、免勞役、減賦稅，就這樣，救了幾千男嬰！這樣過了十幾二十年，到了他奉命興師伐吳的時候，這些男丁正好都到參軍年齡。父母們都對孩子說：「你們不是爹媽生的，都是王府君生的，一定為府君效力，不要愛惜自己的生命！」結果王濬以七十多歲高齡，完成了滅吳大業，三國歸晉。

上級要比敵人更可怕

原文

厚而不能使，愛而不能令，亂而不能治，譬若驕子，不可用也。

華杉詳解

如果只知厚待而不能指使，一味溺愛而不能命令，違法亂紀也不能治理，那士兵就成了驕子，沒法使用了。

杜牧注解說，黃石公說：「士卒可下，而不可驕。」你可以平易近人，禮賢下士，但不可驕縱下屬。恩以養士，謙和待人，這叫「可下」；制之以法，這叫「不可驕」。

《陰符》說：「害生於恩。」我們往往對一個人太好，結果卻害人害己，把他害了，把自己也害了。為什麼呢？因為一味只有恩，只有愛，卻沒有規矩，沒有法，他習慣了、驕縱了、墮落了。你這時候想把關係調整過來，也不可逆，調不了了。你就只好放棄他了。你放棄他，他機會沒了。你呢，也白培養人了。

一旦已經習慣了的恩情沒了，就成了仇人。其實有什麼仇呢？並沒有任何傷害，只是停止了恩情而已。但對你來說，是停止了給予；對他來說，卻是被奪走了既得利益。

所以恩怨、恩仇，沒有恩，就沒有怨，沒有恩，就沒有仇。曾經有多大恩，就有多大怨，就有多大仇。

吳起說：「鼓鼙金鐸，所以威耳，旌旗麾章，所以威目，禁令刑罰，所以威心。耳威以聲，不得不清；目威以容，不得不明；心威以刑，不得不嚴。三者不立，雖有其國，必敗於敵。故曰，將之所麾，莫不從移；將之所指，莫不前死。」

吳起提出威耳、威目、威心。要經常訓練，要有操練，要有儀式，強化指揮系統的權威，養成令行禁止的習慣，這樣才能做到不怕犧牲，指哪打哪。旌旗一指，戰鼓一敲，馬上就衝，因為不衝的後果很嚴重！

李靖說：「畏我者不畏敵，畏敵者不畏我。」怕將領的，不怕敵人；怕敵人的，不怕將領。所以將領一定要比敵人更可怕。衝鋒陷陣的，不一定會死；吹了衝鋒號不衝的，馬上正法。

李靖後面說得更恐怖：「古之為將者，必能十卒而殺其三，次者十殺其一。十殺其三，威震於敵國。十殺其一，令行於三軍。」

什麼意思呢，先殺自己人。差的殺十分之一，厲害的殺十分之三。殺十分之三，威震敵國；殺十分之一，三軍聽令。

所以古代出軍前要殺人祭旗，不是殺敵國人質。殺敵國人質，比如康熙殺吳三桂的兒子，那只是表示決裂，並不能立威。殺自己內部不聽令的，才是立軍威、立軍法，讓三軍聽令。什麼樣的人是最好的斬殺對象呢，最好是跟皇上有點關係的寵臣。他以為沒人敢動他，吊兒郎當，殺了他，三軍將士就都明白人人可殺。先斬後奏，跟皇上彙報，皇上也覺得殺得合適。

這樣的故事數不勝數，孫子跟吳王談兵，吳王把自己的妃子們交給他，讓他演練看看，說你要能把這群女子訓練成一支鐵軍我就信你。妃子們嘻嘻哈哈不聽號令，孫子馬上把領頭的兩個吳王最寵的妃子斬了，娘子軍即刻練成。

田穰苴斬莊賈，也是最典型的案例。

晉國、燕國都攻打齊國，齊國大敗。齊景公聽了晏嬰推薦，啟用田穰苴為大將。田穰苴打好主意，跟齊景公說：「我出身卑微，您把我從平民直接提拔為大將，大家不熟悉我，也不會服我，我壓不住陣。請您派一個您最親信的重臣來做監軍。」齊景公就派了莊賈。

田穰苴跟莊賈約定第二天正午出發。第二天，軍隊集結好了，莊賈卻和送行的大臣們喝到太陽落山才來。田穰苴叫來軍法官，按軍法，出征遲到，斬首！即刻把他斬了。齊景公接到要斬莊賈的報告，急忙派使臣來救。田穰苴又治了使臣在軍營中鞭馬疾馳的死罪。念是君王使臣，免死，斬了車夫和左邊一匹馬。

這一斬，先是威震敵國，晉國軍隊聽說來了這麼個狠角色，沒等交戰，嚇得立馬撤軍跑了。燕軍也撤退，田穰苴乘勝追擊，收復全部失地。

大軍凱旋，齊景公率百官郊迎，哪還記得莊賈！封田穰苴為大司馬，田穰苴就成了著名的司馬穰苴。

司馬穰苴的套路，在歷史上被不斷地抄襲拷貝，但每次都有不讀書不曉事的，把自己的人頭送上門去。

秦末，陳勝、吳廣起義，項梁、項羽也起兵了，他們都攻占了一些郡縣，玩得風生水起。天下野心勃勃的年輕人，個個都蠢蠢欲動。彭越的一些小兄弟找到他，說你帶我們起兵吧，他們行，我們也一定行。彭越不同意，說現在兩虎相爭，形勢如何發展都不清楚，我不想參與你們的事。

年輕人們不依不撓，糾集了一百多人，一定要跟彭大哥打天下。彭越被纏得沒辦法，說好吧，既然大家要幹，就明天日出的時候開第一次軍事會議。既然要成軍，就要立軍法，遲到的斬首！

第二天中午彭越等著，小伙子們稀稀拉拉地來了，遲到了十幾個人。彭越說，軍法是遲到者斬首，可是遲到的太多了，也不能把你們都斬了，就斬最後一個到的吧！大家嘻嘻哈哈地說有必要嗎，下次知道了。彭越不說話，一步上前，親自斬了最後一位。眾人嚇得發抖，都不敢抬眼看他。彭越就立土壇，以那人頭祭奠，成為一方豪傑，後投靠劉邦，成為西漢開國功臣。

這三個案例，算是「十殺其一」，有「十殺其三」的嗎？古代的不知道，近現代史可是大有特有，就是史達林的大清洗。

據蘇共第二十次黨代會前蘇聯內政部的統計數目，僅在一九三七年至一九三八年一年中，史達林本人就簽署了六十八萬一千六百九十二人的處決命令。但是被害人的總數至今不明。有人說史達林把紅軍能打仗的將領都殺完了，以至於希特勒打進來時紅軍都沒有能指揮的將領。這個說法不對，史達林並沒有輸掉第二次世界大戰，恰恰相反，他是二戰的大贏家。

內部清洗，在理論上就是保持組織強大的手段，因為這能讓「士畏我而不畏敵」。所以如果沒有選舉機制，就必然過一段時間就要清洗一回。

今天講反腐，有所謂「不反腐要亡國，反腐要亡黨」的說法，那是不想反腐的人說的。不反腐才會亡黨。把貪官都抓完了，黨不會沒有官用的，只會更加強大和更有生命力。

張預注解說：「恩不可以專用，罰不可以獨行。專用恩，則卒如驕子而不能使。獨行罰，則士不親附而不可用。王者之兵，亦德刑參任而恩威並行矣。」只有恩，兵就成了驕子，沒法用。只有罰，士卒不親附你，也不可用。

《尉繚子》說：「不愛悅其心者，不我用也。不嚴畏其心者，不我舉也。」所以有愛，才樂於效命，有畏，才不敢不出死力。

將馭之道，就是愛與畏，賞與罰。

畏的本質，在於「畏我者不畏敵，畏敵者不畏我。」怕上級的，他就不怕敵人不怕死。不怕上級的，就一定怕敵人怕死。**所以畏的標準，就是上級要比敵人更可怕。**

李世民的知己知彼觀：沒本事知道別人，一定要知道自己

只要能知道自己，也不會失敗。而人們的毛病都不在於不知道別人，而在於不知道自己。

原文

知吾卒之可以擊，而不知敵之不可擊，勝之半也；知敵之可擊，而不知吾卒之不可以擊，勝

之半也；知敵之可擊，知吾卒之可以擊，而不知地形之不可以戰，勝之半也。
故知兵者，動而不迷，舉而不窮。故曰：知彼知己，勝乃不殆；知天知地，勝乃可全。

華杉詳解

知吾卒之可以擊，而不知敵之不可擊，勝之半也。

這是知己，不知彼。知道我軍能打，不知道敵軍也很強大，不一定打得下來，那勝算只有一半。

知敵之可擊，而不知吾卒之不可以擊，勝之半也。

知道敵人有懈可擊，卻不知道我們自己的部隊不行，不一定能拿下來，這是知彼，不知己，勝算還是只有一半。

所以知己不知彼，或知彼不知己，都不能決勝。

唐太宗說：「吾嘗臨陣，先料敵之心與己之心孰審，然後彼可得而知焉。察敵氣與己之氣孰治，然後我可得而知焉。是以知己知彼，兵家大要。今之大臣，雖未知彼，苟能知己，則安有失利者哉。」

李世民說，他每次臨陣對敵，總是先分析敵人的作戰企圖，和我方的作戰企圖，到底誰更審慎周密，這樣就可以知彼了。然後再查看敵軍的士氣，和我軍的士氣，誰更旺盛，這樣就可以知己了。所以知己知彼是兵家大要。今天的大臣，就算不能判斷敵人，但只要對自己有判斷，有清醒認識，也不會輕易失敗。

李世民能看透敵人，也能認清自己，而且能動態地把握、駕馭敵我軍情、軍心的變化，製造必勝的時機。他說如果你們沒有我這個水平，不用把敵人看透，只要能認清自己，也不至於失敗。

這是李世民的知己知彼觀，**你沒本事知道別人，但一定要知道自己**。我很認同這一點，我們學習知己知彼的時候，關注的都是怎麼知道別人，自以為對自己當然很了解。實際上，人的毛病，都是不能正確認識自己，而不是不能認識別人。做企業也是，別老研究所謂的競爭對手，知道別人在幹啥，沒多大用。要知道顧客需要啥，知道自己能幹啥。

知敵之可擊，知吾卒之可以擊，而不知地形之不可以戰，勝之半也。

知道敵人可以打，也知道我軍能打，但不知道地形不可以打，還是只有一半勝算。

這是說知己知彼還不夠，還要知地形。

故知兵者，動而不迷，舉而不窮。

所以懂得軍事的人，行動不會迷惑，措施變化無窮。

行動之前都看透了，想透了，所以不會迷惑。知己知彼、知天時地利，所以有任何變化都了然於胸，隨時應對，不會窮困而無計可施。

張預注：「不妄動，故動則不誤；不輕舉，故舉而不困。識彼我之虛實，得地形之便利，而後戰也。」

故曰：知彼知己，勝乃不殆；知天知地，勝乃可全。

所以知己知彼，勝利就沒有危險；懂得天時地利，勝利就有完全的保障。

附錄：《地形篇》全文

孫子曰：地形有通者，有掛者，有支者，有隘者，有險者，有遠者。我可以往，彼可以來，曰通。通形者，先居高陽，利糧道，以戰則利。可以往，難以返，曰掛。掛形者，敵無備，出而勝之；敵若有備，出而不勝，難以返，不利。我出而不利，彼出而不利，曰支。支形者，敵雖利我，我無出也，引而去之，令敵半出而擊之，利。隘形者，我先居之，必盈之以待敵；若敵先居之，盈而勿從，不盈而從之。險形者，我先居之，必居高陽以待敵；若敵先居之，引而去之，勿從也。遠形者，勢均，難以挑戰，戰而不利。凡此六者，地之道也，將之至任，不可不察也。

故兵有走者，有弛者，有陷者，有崩者，有亂者，有北者。凡此六者，非天之災，將之過也。夫勢均，以一擊十，曰走；卒強吏弱，曰弛，吏強卒弱，曰陷；大吏怒而不服，遇敵懟而自戰，將不知其能，曰崩；將弱不嚴，教道不明，吏卒無常，陳兵縱橫，曰亂；將不能料敵，以少合眾，以弱擊強，兵無選鋒，曰北。凡此六者，敗之道也；將之至任，不可不察也。

夫地形者，兵之助也。料敵制勝，計險阨遠近，上將之道也。知此而用戰者必勝，不知此而用戰者必敗。

故戰道必勝，主曰無戰，必戰可也；戰道不勝，主曰必戰，無戰可也。故進不求名，退不避罪，唯人是保，而利合於主，國之寶也。

視卒如嬰兒，故可與之赴深谿；視卒如愛子，故可與之俱死。厚而不能使，愛而不能令，亂而不能治，譬若驕子，不可用也。

知吾卒之可以擊，而不知敵之不可擊，勝之半也；知敵之可擊，而不知吾卒之不可以擊，勝之半也；知敵之可擊，知吾卒之可以擊，而不知地形之不可以戰，勝之半也。故知兵者，動而不迷，舉而不窮。故曰：知彼知己，勝乃不殆；知天知地，勝乃可全。

第十一章

九地第十一

九種地勢的作戰方法（一）：治氣、選鋒和分戰法

原文

九地篇

孫子曰：用兵之法，有散地，有輕地，有爭地，有交地，有衢地，有重地，有圮地，有圍地，有死地。諸侯自戰其地，為散地；入人之地不深者，為輕地；我得則利，彼得亦利者，為爭地；我可以往，彼可以來者，為交地；諸侯之地三屬，先至而得天下眾者，為衢地；入人之地深，背城邑多者，為重地；行山林、險阻、沮澤，凡難行之道者，為圮地；所由入者隘，所從歸者迂，彼寡可以擊吾之眾者，為圍地；疾戰則存，不疾戰則亡者，為死地。是故散地則無戰，輕地則無止，爭地則無攻，交地則無絕，衢地則交合，重地則掠，圮地則行，圍地則謀，死地則戰。

華杉詳解

「九地」，曹操注：「欲戰之地有九。」

張預注：「用兵之地，其勢有九。此論地勢，故次地形。」

上一章是地形，這一章是地勢，戰地的形勢，主要是進入敵國的深淺、周邊國家關係、敵我心理及綜合支持的差異，以及在不同地勢下的戰略行動方針。

用兵之法，有散地，有輕地，有爭地，有交地，有衢地，有重地，有圮地，有圍地，有死地。

曹操注：「此九地之名也。」

根據用兵的規律，在戰略上有九種地區對作戰有重大影響，分別是散地、輕地、爭地、交地、衢地、重地、圮地、圍地、死地。

一、散地

諸侯自戰其地，為散地……是故散地則無戰。

諸侯在本國境內作戰的，叫散地。

為什麼在本國境內叫「散」呢？曹操注：「士卒戀土，道近易散。」就在自己家附近，管不好就溜回家了，軍心容易散，士卒容易潰散。

李筌注：「卒恃土，懷妻子，急則散，是為散地也。」

杜牧注：「士卒近家，進無必死之心，退有歸投之處。」

在散地的作戰原則是什麼呢？孫子說：「散地則無戰。」不要輕易作戰。賈林注：「不可數戰。」不要打太多次，要戰，一次搞定。

吳王問孫子：「散地不可戰，則必固守不出。若敵攻我小城，掠吾田野，禁吾樵采，塞吾要道，待吾空虛而來急攻，則如之何？」

不戰，那必然就是固守大城不出。但如果敵人攻打我其他的小城池，在我的鄉村燒殺搶掠，不讓我們出城砍柴，阻塞了我的要道，等我空虛，再來攻打，怎麼辦呢？

孫子回答說：「敵人深入，專志輕鬥。吾兵安土，陳則不堅，戰則不勝，當積人聚穀，保城備險，輕兵絕其糧道。彼挑戰不得，轉輸不至，野無所掠，三軍困餒。因而誘之，可以有功。若欲野戰，則必因勢，依險設伏；無險則隱於陰晦，出其不意，擊其懈怠。」

敵人深入我國國境，一心一意就要求戰。而我軍士卒離家太近，戰鬥欲不強，列好陣勢，一衝就容易散亂逃回家了，所以戰鬥不容易取勝。應該把人都撤進城裡，把糧食也全搬進城裡，把守城池和險要的地方，這叫堅壁清野。之後再派輕兵阻絕對方的運輸線，絕其糧道。這樣他挑戰不得，給養又跟不上，搶掠又沒東西，必然三軍困餒。這時候觀察他的狀態，再設計誘他，可以成功。如果一定要野戰，則必須依靠地勢，依險設伏。沒有險要地勢，則依靠天氣陰晦、昏霧，總之要隱蔽，出其不意，攻其無備。

歷代北方民族打下來搶掠，若長城被攻破，基本都是這個辦法。全縮進北京城，他在周邊搶掠一陣，沒多少收穫，四處勤王軍隊又在向京城集結，他就退走了。若皇上覺得沒面子，一定要軍隊出城作戰，多半是災難。

明代土木堡之變，明英宗親征也先，二十萬大軍在土木堡全軍覆沒，英宗被俘。于謙臨危受命，先令百官在通州支取俸祿，把通州的糧食搬空了，讓也先搶不到糧食。也先勢若破竹，攻到北京城下。于謙親自披甲持銳，率二十二萬大軍守城。先後在德勝門、西直門大敗也先，也先的弟弟也戰死了。也先攻不進北京城，又搶不到東西，連續失敗，士氣低落，加之各地勤王軍隊正向北京集結。也先坐不住了，拔營撤退。于謙擊其惰歸，以火炮追擊，先後在「我愛北京天安門正南五十公里」的固安，和溫泉之鄉霸州，兩次大敗也先，生擒了他十八員大將。

二、輕地

入人之地不深者，為輕地……輕地則無止。

進入別人國境不深的地區，叫輕地。

曹操注：「士卒皆輕返也。」

李筌注：「輕於退也。」

梅堯臣注：「入敵未遠，道近輕返。」

輕地和散地差不多。散地是在家門口，一沒鬥志就回家了。輕地是在別人家門口，離自己家也不遠。往前進吧，害怕，不知道前面有啥危險；往後退呢，很容易，一退回本國就安全了。所以在輕地，士卒的戰鬥意志也不強。

在輕地怎麼辦呢？「輕地則無止」，不要停留。

杜牧注：「兵法之所謂輕地者，出軍行師，始入敵境，未背險要，士卒思還，難進易退，以入為難，故曰輕地也。當必選精騎，密有所伏，敵人卒至，擊之勿疑，若是不至，踰之速去。」「輕地」，是剛剛進入敵境，又沒有背靠險要。士卒的心理，都希望回家，前進很困難，後退卻很容易。這種情況，要選精銳騎兵，在側翼埋伏策應。如果與敵人遭遇，不要猶豫，即刻攻擊。因為這時候敵人是在「散地」，戰鬥意志比我軍還要差呢！如果敵人沒來，則迅速通過，不要在輕地停留，讓士卒們快快拋棄離家的愁緒，死了回家的心。

吳王問孫子：「士卒思還，難進易退，未背險阻，三軍恐懼，則如之何？」

孫子回答：「軍至輕地，士卒未專，以入為務，無以戰為，故無近其名城，無由其通路，設疑佯惑，示若將去。乃選精騎，銜枚先入，掠其牛馬六畜，三軍見得，進乃不懼。分吾良卒，密有所伏，敵人若來，擊之勿疑；若其不至，舍之而去。」

軍隊剛剛進入敵境的時候，士卒還沒進入狀態，非常恐懼。這時候最好不要打硬仗，不要啃硬骨頭，不攻城，也不走他防守的大路。出疑兵迷惑敵人，然後由精銳的選鋒軍穿插進去，揀軟柿子捏，到鄉下搶掠一番。其他士卒一看，我軍打勝仗了！就振奮了，不害怕了。同時分奇兵埋伏，敵人如果來，馬上痛擊他。敵若不來，迅速通過，不要停留。

對輕地的戰術安排處理，體現了我們前面學過的《孫子兵法》的三個思想：一是治氣，關注士卒的心理狀態，製造一次小勝利來鼓舞士卒，給大家壯膽；二是選鋒，普通士卒怕，選鋒軍不怕，派選鋒軍去完成打勝仗、搶東西、鼓士氣的任務；三是分戰法，以正合，以奇勝，大部隊快速行軍通過，先鋒先插進去揀軟柿子捏打勝仗，另外還有一支奇兵埋伏策應，以防與敵人遭遇。

九種地勢的作戰方法（二）：力量的關鍵是意志力

從散地、輕地、爭地的戰法，我們看到，始終圍繞的都是心理因素，是雙方精神力量的消長，是治氣。

力量的關鍵是意志力。

原文

我得則利，彼得亦利者，為爭地……爭地則無攻。

華杉詳解

三、爭地

「爭地」，就是大家最熟悉的那句話：兵家必爭之地。

「我得則利，彼得亦利者，為爭地」。誰先占了，就對誰有利。為什麼呢，曹操注：「可以少勝眾，弱擊強。」只要占了這地勢，少可以勝眾，弱可以擊強。所以對方占了爭地，你不要去硬攻。

李筌注：「此阨喉守險地，先居者勝，是為爭地也。」

杜牧講了一個戰例。淝水之戰前，苻堅遣大將呂光征伐西域，呂光平定了西域，載了大批財貨東歸。這時苻堅卻在淝水大敗。苻堅一倒台，前秦手握兵權的各方大將都各自有了想法。呂光軍抵宜禾（新疆安西南方），前秦涼州刺史梁熙欲關閉境內通道，拒絕呂光入境。

時高昌太守楊翰對梁熙說：「呂光新破西域，兵強氣銳，聞中原喪亂，必有異圖。河西地方萬里，帶甲十萬，足以自保。若光出流沙，其勢難敵。高梧谷口險阻之要，宜先守之而奪其水；彼既窮渴，可以坐制。如以為遠，伊吾關亦可拒也。地有所必爭，此其機也。度此二阨，雖有子房之策，無所施矣。」但卻遭到梁熙的拒絕。

這就是爭地的本質，高梧口、伊吾關，是兩個可以擋住呂光的爭地。呂光聽到諜報楊翰的計策，非常擔心。部下杜進對呂光說：「梁熙文雅有餘，機變不足，他不會聽的。咱們利在速進，不必遲疑。如果梁熙能聽從楊翰的計策，我把頭砍給您。」

梁熙果然嫌二關太遠，派五萬人在酒泉阻截。呂光長驅大進，楊翰第一個舉郡投降，敦煌太守、晉昌太守也相繼降了。呂光最後擒斬梁熙，建立了後涼帝國。

所以不管哪個陣營，都不缺明白人，只是主公聽不懂，就沒辦法。韓信井陘之戰，廣武君李左車給陳餘獻計說把住井陘口，陳餘不聽。韓信攻破趙軍，斬了陳余，俘虜了李左車，給李左車行禮說，如果用先生您的計策，我可到不了這裡。李左車就投到漢軍營中為韓信效力。楊翰也一樣，一見主公言不聽、計不從，知道大勢已去，呂光大軍一來，他第一個降了。

吳王問孫子：「敵若先至，據要保利，簡兵練卒，或出或守，以備我奇，則如之何？」

如果爭地被敵人先占了怎麼辦？

孫子回答說：「爭地之法，先據為利，敵得其所處，慎勿攻之，引而佯走，建旗鳴鼓，趣其所愛，曳柴揚塵，惑其耳目，分吾良卒，密有所伏；敵必出救，人欲我與，人棄我取。此爭先之道也。若我先至，而敵用此術，則選吾銳卒，固守其所，輕兵追之，分伏險阻；敵人還鬥，伏兵旁起。此全勝之道。」

孫子把正反兩種情況都講解得很清楚了。

如果敵人先占了爭地，我們不要攻打他。引兵而去，大張旗鼓，車馬後面拖上樹枝，揚起高高的塵土，假裝大軍撤退。然後分兵「趣其所愛」，他哪兒心疼咱們去打哪，攻其必救，把他引出來。他必然離開爭地來救。我們事先埋伏，他一出來，我們就把那地方占了。這就是爭先之道。反過來，如果是我們先占了爭地，敵人用上面說的辦法來對付我們呢？我們首先選精銳固守爭地。然後派輕兵追擊他，一路追擊，一路設下埋伏。他若回師來戰，我正好伏兵等著他。這就是全勝之道了。

李世民破竇建德的虎牢關之戰，就演繹了孫子的爭地理論。

隋末之亂，群雄逐鹿，王世充在洛陽稱帝，國號鄭。竇建德在河北稱帝，國號夏。李世民率三萬多唐軍包圍王世充的洛陽城，雙方鏖戰八個月，王世充非常頑強，雙方都筋疲力盡。這時，竇建德率十萬大軍來救王世充。竇建德也是能征慣戰的英雄豪傑，李世民若撤兵而去，另圖再舉，也沒什麼好說的。但這一走，已經要到手的洛陽前功盡棄，鄭、夏兩國合兵卻可打到他的家門口。另一方面，他也看到了一舉消滅兩大豪傑的機會，也看到了這一戰的爭地——虎牢關。

李世民留李元吉圍洛陽城，自己只率了三千五百騎兵，晝夜兼程，直奔虎牢關，並僅僅趕在竇建德之前到達。當李世民入駐虎牢關時，竇建德已僅僅距關三十里。

入關的第二天，李世民就給竇建德的夏軍打了一個小規模的伏擊戰，挫挫夏軍銳氣。他率五百騎兵出關，命秦叔寶、程咬金布下埋伏，自己和尉遲敬德僅帶四個騎兵去夏營挑戰，把敵人引了數千騎出來，殺了個人仰馬翻，俘虜了夏軍兩員大將。

就像前面散地、輕地時說的，說起來是不同的地勢，實際上都是心理戰，是「治氣」，治自己的士氣，治對方的士氣。竇建德十萬大軍，氣勢如虹而來，唐軍三千五百人要滅掉對方，難免人人忐忑。李世民一天都不耽擱，乘對方立足未穩，馬上親自上陣，去打一個勝仗。這樣自己的士氣就雄起了，對方的心情就鬱悶了。

李世民就這麼跟竇建德耗，一夫當關，萬夫莫開，在虎牢關擋了他十萬大軍一個多月。時不時輕兵出去斬殺一通，夏軍就是攻不進虎牢關。

李世民廣派斥候，抓住機會，又派騎兵一千人去劫了夏軍糧道，繳獲全部糧草輜重。糧草輜重一失，形勢急轉直下，夏軍士氣越來越低落。

折騰了一個多月，李世民覺得差不多了，放出煙幕彈，說唐軍要牧馬，馬都放出去吃草了，騎兵沒馬用。竇建德全軍出動，抓住這機會來決戰。夏軍清晨列陣，一直熬到中午還沒開戰，士卒都又餓又疲。李世民召回戰馬，突然發起總攻，三千五百人一舉衝垮了夏軍十萬，直接生擒了竇建德。把竇建德押囚車裡推到洛陽城下，喊王世充來看：「你的救兵來了！」王世充一看崩潰了，出城投降了。

李世民問竇建德：「我打王世充，關你什麼事，你大老遠跑來犯我兵鋒？」

竇建德討好說：「我如果不自己送上門來，怕有勞您遠取。」這氣勢一點點都沒有了，哪裡是一個稱王稱帝的英雄豪傑說的話！

所以從散地、輕地、爭地的戰法，我們看到，始終圍繞的都是心理因素，是雙方精神力量的消長，是治氣。

力量的關鍵是意志力。

九種地勢的作戰方法（三）：與第三方結盟

原文

我可以往，彼可以來者，為交地；（……交地則無絕。）諸侯之地三屬，先至而得天下眾者，為衢地；（……衢地則交合。）入人之地深，背城邑多者，為重地；（……重地則掠。）

華杉詳解

四、交地

我可以往，彼可以來者，為交地。

曹操注：「道正相交錯也。」

杜牧注：「川廣地平，可來可往，足以交戰對壘。」

杜佑注：「交地，有數道往來，交相無可絕。」

何氏注：「交地，平原交通也，交通四遠，不可遏絕。」

交地，就是平原無險，道路四通八達。甚至沒有道路也可暢行無阻，我來得，敵人也來得，誰也擋不住誰。

在交地的作戰原則是什麼呢？孫子說：「交地則無絕。」

曹操注：「相及屬也。」就是你的部隊要首尾相接，中間不要有空檔，有空檔，就容易被人截斷，吃掉了你的尾巴，或分割，分別包圍了，讓你首尾不能相應。

杜牧注：「川廣地平，四面交戰，須車騎步伍，首尾聯屬，不可使之斷絕，恐敵人乘我。」

王皙注：「利糧道也，交相往來之地，亦謂之通地。居高陽以待敵，宜無絕糧道。」

王皙提出了糧道的問題。交相往來之地，叫交地，也叫通地。在這樣的地勢，部隊要集結，居高陽之地以待敵，並保障糧道的安全。

所以部隊不要分割，也不是絕對的。孫子說「交地則無絕」，是不要斷絕，並不是絕對的首尾相屬在一起，一點也不分開。比如要保障糧道，就要分兵去保糧道。要占高陽之地，也可能分兵一部，另據地形，成犄角之勢。主動的分兵，並不叫「絕」，而是要你注意行軍布陣不要有空檔，要能相互策應，保持聯繫，不能讓敵人乘虛而入。

吳王問孫子：「交地吾將絕敵，使不得來，必令吾邊城修其守備，深絕通道，固其隘塞。若不先圖之，敵人已備，彼可得而來，吾不得而往，眾寡又均，則如之何？」

在交地這樣的地勢，我要斷絕敵人，不讓他來，一定是讓我國邊城加強守備，修築工事，把守要道。但如果沒有事先準備，被敵人搶了先，他可以來，我則去不了，兵力上又沒有優勢，該怎麼辦呢？

孫子回答說：「既我不可以往，彼可以來，則分卒匿之，守而易怠，示其不能。敵人且至，設伏隱廬，出其不意。」

既然我軍去不了，敵人卻可以來，我就分兵埋伏，向敵軍示弱，等他長驅大進，我再出伏兵擊他。

五、衢地

諸侯之地三屬，先至而得天下眾者，為衢地。

衢地好理解，諸侯之地三屬，就是三國交界之地。我們說某地「雞鳴三省」，早上公雞叫，三個省的人都聽見，這就是衢地。浙江省衢州市，比三省還多一省，閩浙贛皖四省交界，是四省邊際的交通樞紐和物資集散地，這是超級衢地，所以乾脆以衢為名，叫衢州了，素有「四省通衢、五路總頭」之稱。

那衢地為什麼「先至而得天下眾」呢？天下，就是諸侯。在敵我之旁，還有第三國，我們誰先到了，和第三國結交，得到第三國之助，那就形成二打一的形勢，我們勝算就大了。所以「衢地則交合」，在衢地的戰略方針，是搞好外交，和第三國結盟。

梅堯臣注：「彼我相當，有旁國三面之會，先至則得諸侯之助也。」

吳王又問孫子了：「衢地必先，若吾道遠發後，雖馳車驟馬，至不能先，則如之何？」

衢地必先，我懂了，但如果我隔得遠，軍隊出發得遲了，就算快馬加鞭，也沒法先到，怎麼辦呢？

孫子說：「諸侯參屬，其道四通。我與敵相當，而旁有他國，所謂先者，必先重幣輕使，約和旁國，交親結恩，兵雖後至，眾已屬矣。我有眾助，彼失其黨，諸國犄角，震鼓齊攻，敵人驚恐，莫知所當。」

先到，不等於軍隊先到，是外交使者先到，帶著重幣厚禮，先定盟約。軍隊雖然後到，盟約已成。兩國合攻，敵人莫之能擋。這就是《謀攻篇》說的「上兵伐謀，其次伐交」的道理。

六、重地

入人之地深，背城邑多者，為重地……重地則掠。

華杉詳解

曹操注：「難返之地也。」重地和輕地相反，深入重地，進入敵境很深，背後好多敵國城邑，很難返回本國了。

李筌注：「堅志也。」回國很難，也就死了心，不想回國的事，心意專一，志氣堅定了。白起攻楚，樂毅伐齊，都屬於深入重地。

重地怎麼辦呢？重地則掠，搶東西，搶糧搶物資，因為本國的運不上來。

吳王問孫子：「吾引兵深入重地，多所逾越，糧道絕塞。設欲歸還，勢不可過；欲食於敵，持兵不失，則如之何？」如果我帶兵深入敵境，越過了很多敵人占領的城市和地盤，糧道斷絕，本國糧食運不上來。想揮師回國，又不是那麼容易。在這種情況下，我如何才能從敵人那裡獲得糧食物質，保全軍隊不受損失呢？

孫子說：「凡居重地，士卒輕勇，轉輸不通，則掠以繼食，下得粟帛，皆貢於上，多者有賞，士卒無歸意。若欲還出，即為戒備，深溝高壘，示敵且久。敵疑通途，私除要害之道，乃令輕車，銜枚而行。以牛馬為餌，敵人若出，鳴鼓隨之；陰伏吾士，與之中期，內外相應，其敗可知也。」凡是到了重地，士卒都很勇敢，因為也沒有其他想頭了，不勇不行。如果運輸線斷了，就靠搶掠維持部隊。所有士卒搶得東西都上繳，搶得多的有賞，士卒能發財，他也不想回國的事了。如果我們想回國，就深溝高壘戒備起來，給敵人看著，以為我們要長期駐守的樣子，他就以為我們後方交通暢順，以為我們有別的什麼交通線，就把他守備的地方放鬆了，甚至撤除了。道路障礙一除，我們馬上輕車疾進，銜枚而出，到前面埋伏。同時，放出牛馬，引誘敵人。敵人如果出動，大張旗鼓跟著他。「與之中期」，到了我們計畫好的時間地點，埋伏的部隊殺出來，內外夾擊，打敗敵人。

深入敵人重地，最重要的就是從敵人手裡獲得物資。不過敵人也都明白這一點，全都燒了，什麼也不給你留。拿破崙打進莫斯科，物資充裕，營房舒適，就等著沙皇投降。但俄國人一把火把莫斯科全燒了，法軍想滅火，消防工具已經事先全被破壞了。拿破崙的覆亡，莫斯科大火就是轉折點。

九種地勢的作戰方法（四）：險惡地形迅速通過

原文

行山林、險阻、沮澤，凡難行之道者，為圮地……圮地則行。

七、圮地

山林、險阻、水網、湖沼等難於通行的地區，就叫圮地。

賈林注：「經水所毀曰圮。」

曹操注：「少固也。」

何氏注：「圮地者，少固之地也，不可為城壘溝隍，宜速去之。」

圮地怎麼辦？「圮地則行」，下面都是水，沒法固定，沒法築城，沒法修築工事，沒法紮營，只能快速通過，不要停留。

吳王問孫子：「吾入圮地，山川險阻，難從之道，行久卒勞，敵在吾前，而伏吾後；營在吾左，而守吾右；良車驍騎，要吾隘道，則如之何？」

我軍進入圮地，山川地形險惡，道路難以行走。行軍時間太長，士卒疲勞。前有強敵，後有伏兵。左有敵營，右有敵陣，敵軍再以輕車驍騎，在隘道口截擊我們，怎麼辦？

孫子說：「先進輕車，去軍十里，與敵相候，接期險阻。或分而左，或分而右；大將四觀，擇空而取，皆會中道，倦而乃止。」

先派出輕車，前進到我軍前面十里左右，尋找險要的地方，瞻望候敵，和他接戰。後面的部隊左右迂迴，大將四面觀察，尋找敵人空隙突破，之後與前鋒在合適的地方會合。到了疲倦的時候，就停止進攻，固守修整。因為圮地行動不便，消耗太大，要注意保存體力。

九種地勢的作戰方法（五）：突圍要靠奇謀

原文

所由入者隘，所從歸者迂，彼寡可以擊吾之眾者，為圍地……圍地則謀。

華杉詳解

八、圍地

「圍地」的「圍」，不是「十則圍之」的「圍」，不是敵軍把我們包圍了，是地形把我們包圍了。「所由入者隘」，進去的道路很狹窄。而「所從歸者迂」，要想回來，道路則迂迴、曲折、遙遠。困在這樣的地形裡，敵人用很少的兵力就可以擊敗我們。這就叫圍地。

李筌注：「舉動難也。」

杜牧注：「出入艱難。」

就是說不僅進得去，出不來，而且作戰也施展不開。

這怎麼辦呢？孫子的忠告是：「圍地則謀。」就是說：要想辦法！可見真是沒辦法！沒有奇謀詭計，就出不來了。

吳王問孫子：「吾入圍地，前有強敵，後有險難，敵絕我糧道，利我走勢，敵鼓噪不進，以觀吾能，則如之何？」

我們被敵人困在圍地了。前有強敵，後有險阻，敵人斷絕了我軍糧道，引誘我退軍。他擂鼓吶喊，但是又不進攻，觀察我們的反應，這時候應該怎麼辦呢？

孫子回答：「圍地之宜，必塞其闕，示無所往，則以軍為家，萬人同心，三軍齊力。並炊數日，無見火煙，故為毀亂寡弱之形。敵人見我，備之必輕。則告勵士卒，令其奮怒，陳伏良卒，左右險阻，擊鼓而出，敵人若當，急擊務突。我則前鬥後拓，左右掎角也。」

進了圍地，首先阻塞隘口，不讓敵人攻進來，也顯示我們並不準備衝出去。向敵我雙方都展示出堅守的意志，這樣我們的士卒也能「賓至如歸」，以軍為家，萬眾一心，安心禦敵。一次把幾天的飯做好，敵人看不見我們的炊煙，以為我們沒糧食了。

故意裝出毀亂寡弱之形。比如前面《行軍篇》說的「杖而立者，飢也；汲而先飲者，渴也；旌旗動者，亂也；吏怒者，倦也；諄諄翕翕，徐與人言者，失眾也……」，我們可以一條一條表演給他的斥候看。

這樣敵人以為我們快不行了，準備收取勝利果實了，心情放鬆了，戒備不嚴了。

這時我們召開決戰動員大會，告勵士卒，激起敵我仇恨，令其人人奮勇，個個憤怒。依托左右險阻地形，精銳盡出，一鼓作氣，衝鋒前進。敵人如果來擋，即刻強攻，務必突圍出去。前鋒猛鬥，後軍擴大戰果，左右兩軍策應，傾巢突圍，一鼓而下。

吳王又問：「敵在吾圍，伏而深謀，示我以利，縈我以旗，紛紜若亂，不知所之，奈何？」

反過來，敵人在圍地，潛伏很深，計謀也很深。用小利來引誘我們。像上面說的一樣，演戲給我們看——「旌旗動者，亂也」——旗舞得亂七八糟的，好像他們已經亂了。判斷不了他們要幹什麼，也不知道我們該幹什麼，怎麼辦？

孫子回答：「千人操旌，分塞要道，輕兵進挑，陳而勿搏，交而勿去，此敗謀之法。」

孫子說，派出軍隊，多持旌旗，分別把守各個要道，顯得到處都很多兵力的樣子。然後派出輕兵挑戰，主力嚴陣以待，不和他相互衝擊交叉肉搏，接戰穩住陣腳而不撤退。這樣看看他要幹什麼，可破解他的計謀。

「置之死地而後生」，是九死一生

要學的是怎麼不進入死地。進入死地之後，不能追求生，而是追求必死，但死得夠本，多撈幾個墊背的，這樣或許有生的可能。所有的冒險都不是用來學習的，只是逼到那份上之後，看你的命硬不硬。

原文

疾戰則存，不疾戰則亡者，為死地……死地則戰。

九、死地

死地和圍地的區別是，圍地等得，死地等不得。死地怎麼辦？死地則戰，必須馬上作戰，因為疾戰則存，不疾戰則亡。

這一點很重要！因為大多數情況下，都是可以等的。但是將領以為不能等，以為「疾戰則存，不疾戰則亡」，最後成了「不作死，就不會死」的結局。

其實死地不是疾戰就一定能存。如果快快作戰就能生存，那就不叫死地，叫「快活地」了。死地，就是基本都會死，生的希望已經沒有了，所以不求得生，但求死得夠本，撈幾個墊背的一起死！這就是亡命徒，戰鬥力就可怕了。

各家怎麼講死地呢？

曹操注：「前有高山，後有大水，進則不得，退則有礙。」

李筌注：「阻山，背水，食盡，利速不利緩也。」

李靖說得比較全：「或有進軍行師，不因鄉導，陷於危敗，為敵所制。左谷右山，束馬懸車之徑；前窮後絕，雁行魚貫之岩；兵陳未整，而強敵忽臨，進無所憑，退無所固，求戰不得，自守莫安。駐則日月稽留，動則首尾受敵。野無水草，軍乏資糧，馬困人疲，智窮力極。一人守隘，萬夫莫向，如彼要害，敵先據之，如此之利，我已失守，縱有驍兵利器，亦何以施其用乎？若此死地，疾戰則存，不疾戰則亡。當須上下同心，並氣一力，抽腸濺血，一死於前，因敗為功，轉禍為福。」

李靖講了七種死地的情況：

一、「進軍行師，不因鄉導，陷於危敗，為敵所制」

進軍行師，沒找嚮導，自己盲目前進，迷了路，陷入危險的敗局，為敵人所制。

所以我們學習死地，重點不是學習到了死地怎麼作戰，而是學習怎麼不被逼入死地，陷於絕境。李靖的第一條，就是地圖一定要研究清楚，行軍一定要有嚮導，才不會陷入死地。歷代名將，都是把地圖看得滾瓜爛熟，沒事就看地圖。劉邦入關破秦，美女金帛無所取，蕭何先去國家檔案館把天下地圖全收了。林彪、粟裕打仗不打仗，都是成天對著地圖發呆，胸中百萬雄兵在那地圖上來回演習。

二、「左谷右山，束馬懸車之徑」

左有深谷，右有高山，馬得牽著，車輪子都有一半懸空的線路。敵人來了都不用打，擠一下我們就全掉下去了。

三、「前窮後絕，雁行魚貫之岩」

前後都沒路，只能雁行魚貫一個跟一個通過的懸崖。

四、「兵陳未整，而強敵忽臨，進無所憑，退無所固」

剛抵達戰場，兵形未整，既沒有構築工事，也沒有來得及列陣，敵人就衝過來了。這時候要前進，沒有策應，形不成衝擊力；要後退，沒有掩護，一退就成了潰退。

這種情況怎麼辦，兵法前面已經講了，先處戰地者勝，後處戰地者敗，以虞待不虞者勝。所以別人早準備好了，我們則亂哄哄的才到，沒組織起來。所以基本就是個敗局，沒辦法，只能一團混戰，看自己平時訓練，將士戰鬥力如何，有沒有能力挽狂瀾的英雄，殺出一線生機。

如果活出來，記住下回，一定要先到戰場，先準備好。如果敵軍已經先到了。咱就不到那兒去，隔三五十里紮營布陣，引他來。「兵陳未整，而強敵忽臨，進無所憑，退無所固」的就是他了。趙奢破秦軍，離敵營五十里下寨，引他來，留五十里路給他走，就是這招。

五、「求戰不得，自守莫安，駐則日月稽留，動則首尾受敵」

求戰，則打不著敵人；自守，又無險可守。駐紮則曠日持久，沒有轉機；行動則前後受敵，動彈不得。

六、「野無水草，軍乏資糧，馬困人疲，智窮力極」

比如進了戈壁沙漠，人無水，馬無草，軍無食，馬困人疲，力量到了極限，窮途末路，無計可施。

七、「一人守隘，萬夫莫向，若彼要害，敵先據之。如此之利，我已失守，縱有驍兵利器，亦何以施其用乎」

一夫當關萬夫莫開的要害之地，被敵人先占了，卡住了我們的脖子，再有驍兵利器，也發揮不出來了。

遇到這七種死地，疾戰則存，不疾戰則亡。當須上下同心，並氣一力，抽腸濺血，一死於前，因敗為功，轉禍為福。

吳王問孫子：「吾師出境，軍於敵人之地。敵人大至，圍我數重，欲突以出，四塞不通。欲勵士激眾，使之投命潰圍，則如之何？」

我軍被包圍在死地，如何激勵士卒突圍？

孫子回答：「深溝高壘，示為守備。安靜勿動，以隱吾能。告令三軍，示不得已。殺牛燔車，以饗吾士。燒盡糧食，填夷井竈，割髮捐冠，絕去生慮。將無餘謀，士有死志。於是，砥甲礪刃，並氣一力，或攻兩旁，震鼓疾噪，敵人亦懼，莫知所當。銳卒分行，疾攻其後。此是失道而求生。故曰，『困而不謀者窮，窮而不戰者亡。』」

深溝高壘，向敵人顯示我們要堅守，安靜勿動，敵人不知道我們在幹什麼。然後開動員大會，告訴士卒們危急的形勢，把牛殺了，車燒了，大家吃一頓大餐，準備做個飽死鬼。把糧食燒了，水井填了，灶平了，不準備做下一頓飯了。大家都剃光頭，帽子扔了，頭都不要了，留帽子有何用？

這樣通過各種發狠的儀式，把大家都激勵起來，以必死之心，衝出去。

「置之死地而後生」，是九死一生，存活率太低，不能學。要學的是怎麼不進入死地。**進入死地之後，不能追求生，而是追求必死**，但死得夠本，多撈幾個墊背的，這樣或許有生的可能。韓國電影《鳴梁：怒海交鋒》裡，面對強大的日軍，將士們都很害怕，紛紛問主將李舜臣怎麼辦。李舜臣說了一句話：「你們還想活呀？明天我們都會死！」置之死地而後生，不是教你求生的辦法。是教你接受死亡！

所有的冒險都不是用來學習的，只是逼到那份上之後，看你的命硬不硬。千萬不要學韓信，自己把軍隊列水邊，背水一戰。韓信的背水一戰，只是故事的一部分，他還有兩千人在後面策應。他的置之死地而後生，根本就是假的。如果他其他什麼兵都沒有，就那一萬人，全部在水邊死地，而他居然活出來了，那才叫置之死地而後生。

人們都喜歡誇大，都喜歡添油加醋，誇大才有戲劇性，而每個人都偏好戲劇性，寫正史的人，也偏好戲劇性，正史裡調味料也加得不少。但事實都是冰冷的。所以我們讀史，不要自己陷入戲劇性偏好的陷阱裡去，以為自己可以把那戲碼再演一遍，你去演的時候，就會發現現實的劇本根本不是那樣的。

現實的劇本是：進入死地的都死了，所以才叫死地。

吳王問：「若吾圍敵，則如之何？」

如果是我們把敵人圍在死地呢？

孫子答：「山峻谷險，難以逾越，謂之窮寇。擊之之法，伏卒隱廬，開其去道，示其走路。求生透出，必無鬥意，因而擊之，雖眾必破。」

兵法說：「若敵人在死地，士卒勇氣，欲擊之法，順而勿抗，陰守其利，必開去道，以精騎分塞要路，輕兵進而誘之，陳而勿戰，敗謀之法也。」

那就別圍死了，一定給他開一條生路，讓他跑。人一旦有了生路，就不想死，戰鬥意志就弱了，一心想逃亡求生。這時候在他逃跑的路上埋伏精騎，跑一段吃掉一截，再跑一段再吃掉一截，一路追殺，不僅更能保障全勝，而且保證我軍不受損失。

比如你圍了一千人，如果圍得水洩不通，務求全殲，你可能要付出八百人的代價，因為那是一千亡命徒啊。如果放一條路給他們跑，然後沿途一截一截地吃，可能跑掉二十個，但我軍的傷亡可以在十人以下。

臨戰指揮的藝術，首要是擾亂敵人

原文

所謂古之善用兵者，能使敵人前後不相及，眾寡不相恃，貴賤不相救，上下不相收，卒離而不集，兵合而不齊。合於利而動，不合於利而止。敢問：「敵眾整而將來，待之若何？」曰：「先奪其所愛，則聽矣。」

華杉詳解

古代善於用兵的人，有如下幾條指揮藝術：

能使敵人前後不相及。

讓敵軍前後部隊不能相互策應。

梅堯臣注：「設奇衝掩。」埋伏奇兵，衝散他、掩殺他，讓他首尾不能相應。

眾寡不相恃。

能使敵軍主力和小部隊不能相互依靠。梅堯臣注：「驚擾之也。」

貴賤不相救，上下不相收。

官兵之間不能相互救應，上下不能收容，散亂、倉皇，都找不到組織了。

卒離而不集，兵合而不齊。

士卒散亂不能集合起來，集合起來也不能形成整齊的陣列。

杜牧注：「多設變詐，以亂敵人，或衝前掩後，或驚東擊西，或立偽形，或張奇勢，我則無形以合戰，敵則必備而眾分。使其意慴離散，上下驚擾，不能和合，不得齊集。此善用兵也。」

軍隊，組織起來才是軍隊，如果沒有組織，一百萬人也是待宰的羔羊而已。所以指揮作戰的藝術，就是打亂敵人的組織。歷史上所有的以少勝多，都是人數多的一方組織動員能力差，或指揮系統被打亂了。

合於利而動，不合於利而止。

能夠造成有利於我軍的局面，就行動；不能造成有利於我軍的局面，就停止。

曹操注：「暴之使離，亂之使不齊，動兵而戰。」

李筌注：「撓之令見利乃動，不動則止。」

就是擾亂他，他亂了，有機可乘，就攻擊。如果他沒亂，就不要進攻。

敢問：「敵眾整而將來，待之若何？」

曰：「先奪其所愛，則聽矣。」

指揮的藝術是先擾亂敵人。但是，如果敵軍不亂，而且人數眾多，陣型整齊地向我進攻，怎麼辦呢？

答：那就先奪其所愛。

曹操注：「先奪其所恃之利。若先據利地，則我所欲必得也。」

曹操說「敵軍所愛」是什麼呢，就是他依恃的有利條件。我們先占了地利，我們就主動了。

張預注：「敵所愛者，便地與糧食耳，我先奪之，則無不從我之計。」敵人「愛」的，一是有利地形，二是糧食。把這兩樣給他奪了，他就慌了、亂了，就沒法雄赳赳、氣昂昂地向我們衝殺了。

前面學的李世民破竇建德的戰例，就是三千五百人先奪了虎牢關，把竇建德十萬大軍擋在關外。然後又尋機滅了竇建德的運糧部隊，奪了糧食，竇建德自然就亂了。

養兵千日，用兵一時

原文

兵之情主速，乘人之不及，由不虞之道，攻其所不戒也。

凡為客之道：深入則專，主人不克；掠於饒野，三軍足食；謹養而勿勞，並氣積力，運兵計謀，為不可測。投之無所往，死且不北。死焉不得，士人盡力。兵士甚陷則不懼，無所往則固，深入則拘，不得已則鬥。是故其兵不修而戒，不求而得，不約而親，不令而信。禁祥去疑，至死無所之。吾士無餘財，非惡貨也；無餘命，非惡壽也。令發之日，士卒坐者涕霑襟，偃臥者涕交頤。投之無所往者，諸、劌之勇也。

華杉詳解

凡為客之道：深入則專，主人不克。

「為客」，侵入別國，客場作戰。

「深入則專」，深入重地，士卒不敢逃亡，只能心志專一，拚命作戰。

「主人不克」，敵軍抵擋不住。因為我軍在重地，敵軍在散地。前面說了，散地則無戰，他的戰鬥意志不如我們。

杜牧注：「言大凡為攻伐之道，若深入敵人之境，士卒有必死之志，其心專一，主人不能勝我也。克者，勝也。」

掠於饒野，三軍足食。

「重地則掠，因糧於敵」。在敵國富饒的田野上搶掠，三軍人馬吃飽。

謹養而勿勞，並氣積力，運兵計謀，為不可測。

注意休養士卒，積蓄銳氣，集中力量，用兵設謀，讓敵人無法猜度。

曹操注：「養士並氣，運兵為不可測度之計。」

杜牧注：「斯言深入敵人之境，須掠田野，使我足食，然後閉壁養之，勿使勞苦，氣全力盛，一發取勝，動用變化，使敵人不能測我也。」

深入敵境，搶掠田野，豐衣足食。然後呢？然後閉壁養之，深溝堅壁，養精蓄銳，氣全力盛，然後一戰而定。

王翦滅楚，就是這個戰法。王翦率六十萬秦軍滅楚，到了楚國，安營紮寨，深溝高壘，養精蓄銳，每日只是在軍營裡開運動會，讓士兵們投石為戲。楚軍挑戰，王翦就是閉壁不與他戰。秦軍人多，楚軍也不敢攻進來。這一養，就養了一年！楚人嚴陣以待了一年，姿勢都僵了，開始活動活動，移動軍隊。楚軍一移動，王翦即刻揮師決戰掩殺，一戰而定，楚國滅亡。

「謹養而勿勞，並氣積力」，這句話信息量很大。人們看戰爭，關注的都是戰鬥本身。而戰鬥本身，只是戰爭的一部分，甚至可能不是最重要的部分。孫子說「先勝而後戰」，等到開始戰鬥的時候，那是已經勝了才戰的，是勝而戰之，不是戰而勝之。戰前我們要具備什麼條件，又等到敵軍的什麼條件出現再發動，這才是戰爭的祕密所在。

曾國藩帶湘軍，沒有那麼多奇謀巧計，就是扎扎實實，步步為營。在曾國藩的日記裡，當士兵曠日持久駐營圍敵，他關注的都是肉食夠不夠，蔬菜有沒有，最後下令：每一營，一定要種菜養豬。這樣自己有新鮮蔬菜肉食，搞好生活，又能勤勞動，以養精蓄銳。

俗話說：「養兵千日，用兵一時。」一般用來告誡士卒，國家養你，你要到戰場上報效祖國。不過這話原意並非講這個，出處是《南史．陳暄傳》：「兵可千日而不用，不可一日而不備。」三層意思。一是養兵千日，兵養著，謹養而勿勞，並氣積力，你不用，這氣力都在。一用，就用掉了。

二是用兵一時，所以一定要等到那關鍵的一時，敵人有不及、不虞、不戒的時候，迅雷不及掩耳一把用出去，才能制勝。就像兩個人拿著刺刀決鬥，你刺刀在手裡拿著，沒刺出去，氣力都在。你一把刺出去，沒刺著對方，刺刀又沒收回來，這時候你就門戶大開，氣力全無，幾乎是不設防的狀態，對方一抓住這機會，你就完了。

所以刺刀的力量在於沒刺出去的時候，刺出去就得有結果，如果刺出去沒結果，恐怕就要被別人結果了。

第三層意思，是上一節說的，防備一刻不能鬆懈，一鬆懈，就被敵人端了。

投之無所往，死且不北。

把部隊投到無路可走的地方，士卒寧願戰死，也不會逃跑。因為「無所往」，也沒地方逃。

死焉不得，士人盡力。

「死焉不得」，士卒敢於拚死，焉有不得勝之理。曹操注：「士死，安不得也。」

「士人盡力」，士兵到了這種境地，就不得不盡力了。曹操注：「在難地，心並也」，必須齊心並力。

《尉繚子》說：「一賊仗劍擊於市，萬人無不避之者，非一人之獨勇，萬人皆不肖也，必死與必生固不侔也。」

一個強盜拿著劍在街上砍，萬人皆避之。不是說這一個人勇敢，萬人都懦弱。是因為他有必死之心，而其他人都想活。所以他是恐怖分子，很恐怖啊。

兵士甚陷則不懼。

陷於危亡之地，人人持有必死之志，他就不怕敵人了。已經死了，有什麼可怕的？最可怕不就是死嗎？

無所往則固，深入則拘，不得已則鬥。

曹操注：「拘，縛也。」捆起來。俗話說：「咱們是一根繩上的螞蚱。」士卒深入敵境，到了無路可去的地方，就像被捆在了一起，必須齊心兵力死戰。

杜牧注：「不得已者，皆疑陷在死地，必不生，以死救死，盡不得已也，則人皆悉力而鬥也。」「以死救死」，這四個字很關鍵，不是拚死求生，一有了生念，就不容易拚死了，可能投降了，可能想辦法逃跑了。而是沒有生念，就是死，多撈幾個墊背的。這才有生機。

是故其兵不修而戒，不求而得，不約而親，不令而信。

這樣的軍隊，不用整頓告誡，都懂得戒備；不要上級要求，都懂得出力；不要約束鼓勵，都能親密團結；不用三令五申，都會遵守紀律。

張預注解說：「所謂同舟而濟，則吳越何患乎異心也。」

張預說的，是一個成語：吳越同舟。春秋時，吳越兩國世代交戰，兩國是敵國、仇國。一天在一條渡船上，兩國百姓都有，相互敵視。船到江心，天氣突變，風雨大作，船眼看要顛覆，必須馬上爬上桅杆把帆降下來。這時船上的人，無論吳人越人，都爭先恐後往上衝，同心協力，降下了船帆。這就叫風雨同舟，不用人做「團結就是力量」的思想工作，仇人也能變親人，形勢比人強。

禁祥去疑，至死無所之。

禁止迷信活動，消除部屬的疑惑，戰鬥至死，也不逃走。

曹操注：「禁妖祥之言，去疑惑之計。」

杜牧注：「黃石公曰，『禁巫祝不得為吏士卜問軍之吉凶，恐亂軍士之心。』言既去疑惑之路，則士卒至死無有異志也。」禁止巫婆神漢為士卒卜算吉凶，以防亂了軍心，則士卒專心致志，誓死作戰。

當然也有反其道而行之的，將領裝神弄鬼，給軍隊卜算一個大吉大利，讓大家奮勇作戰。田單守即墨，就用這辦法，讓一個士兵扮成神仙，向他行禮，侍奉他，每發令，都說是神仙的意思。

吾士無餘財，非惡貨也；無餘命，非惡壽也。

我們的士兵沒有多餘的錢財，不是他們不愛財貨，是要錢就不能要命；我們的士兵沒有貪生怕死的人，不是他們不想長命，是不拚命就不能保命。

曹操注：「皆燒焚財物，非惡貨之多也；棄財致死者，不得已也。」

杜牧注：「若有財貨，恐士卒顧戀，有苟生之意，無必死之心也。」

張預注：「貨與壽，人之所愛也，所以燒擲財寶、割棄性命者，非憎惡之也，不得已也。」

令發之日，士卒坐者涕霑襟，偃臥者涕交頤。投之無所往者，諸、劌之勇也。

當作戰命令下達的時候，士兵們坐著的淚濕衣襟，躺著的淚流滿面。但當你把他們投到除了向前拚命以外無路可走的地方，他們個個都像專諸和曹劌一樣勇敢。

專諸有多勇敢呢？他受吳公子光（就是後來的吳王闔閭）的命令去刺殺吳王僚。公子光請吳王僚來家吃飯，專諸去上菜，上一條魚，匕首藏在魚肚子裡面。當專諸從魚肚子裡抽出匕首刺向吳王僚的時候，吳王僚衛士的長矛已刺進他的背上。但他還是拚盡最後一口氣，把吳王僚刺死了。

曹劌的勇敢呢？曹劌就是魯國大夫，前面講過的，在長勺之戰，讓齊軍一鼓作氣、再而衰、三而竭的曹劌。曹劌曾跟隨魯莊公與齊桓公在東阿相會，用匕首挾持齊桓公，定下盟約，收復失地。

把所有人綁上戰車，誰也下不來

原文

故善用兵者，譬如率然。率然者，常山之蛇也。擊其首則尾至，擊其尾則首至，擊其中則首尾俱至。敢問：「兵可使如率然乎？」曰：「可。」夫吳人與越人相惡也，當其同舟而濟，遇風，其相救也如左右手。是故方馬埋輪，未足恃也；齊勇若一，政之道也；剛柔皆得，地之理也。故善用兵者，攜手若使一人，不得已也。

華杉詳解

善於用兵的人，就像「率然」一樣，率然，是常山上的一種蛇。你打他的頭，尾巴就來救應；你打他的尾，頭就來救應；你打他中間，首尾一起來救應。

我們能不能讓軍隊像率然那樣呢？回答是肯定的。吳國人和越國人是世仇，但是當他們同舟共濟，遇到暴風雨，他們都能像左手救右手一樣協調的相互救援，軍隊何嘗不能呢？

是故方馬埋輪，未足恃也。

「方馬」，拴住馬；「埋輪」，把車輪埋起來。所以用把馬拴起來、把車輪埋起來的辦法來防止士卒逃跑，是靠不住的。

曹操注：「方馬，縛馬也。埋輪，示不動也。此言專難不如權巧。」你強迫士卒，不如利用權變之巧，造成他不得不死戰的形勢。

縛馬為什麼叫「方」呢？杜牧注：「縛馬使為方陣。」不是把馬縛在拴馬樁上，是前馬後馬左馬右馬拴在一起，拴成方陣，不讓他跑！

齊勇若一，政之道也。

杜牧注：「齊正勇敢，三軍如一，此皆在於為政者也。」
陳皞注：「政令嚴明，則勇者不能獨進，怯者不能獨退，三軍之士如一也。」
張預注：「既置之危地，又使之相救，則三軍之眾，齊力同勇如一夫，是軍政得其道也。」

剛柔皆得，地之理也。

曹操注：「強弱一勢也。」讓強者和弱者都能發揮作用，主要在於適當利用地形，使我軍處於有利態勢。

張預注：「得地利，則柔弱之卒亦可以克敵，況剛強之兵乎？剛柔俱獲其用者，地勢使之然也。」

手下的兵有強有弱，要讓強者弱者，都能並獲其用。比如李世民三千五百人破竇建德十萬大軍的戰例。三千五百人怎麼用呢？三千人守著虎牢關，那一夫當關萬夫莫開，敵人也攻不進來。他帶五百最強的出關挑戰，讓程咬金和秦叔寶率領，在路旁埋伏。然後他帶著這五百強裡最強的六個人，其中兩個超級牛人，他本人和尉遲敬德，去挑戰。李世民說：「有我這張弓，和你那把長矛，千軍萬馬也近不了我們身！」他兩個，帶四個騎兵，就直挑竇建德大營，引了幾千敵軍到伏擊地點，打了一個大勝仗。這勝仗開局一打，守關的三千人士氣大振。這就是強弱並用，剛柔皆得。

故善用兵者，攜手若使一人，不得已也。

所以善於用兵的人，能使全軍攜手作戰，團結如一人，因為他能造成那不得不服從的情勢，人人勢不得已，只能聽他的，除此無路可走，都被他綁在了戰車上。

李筌注：「理眾如理寡也。」這和前面《勢篇》說的「治眾如治寡，鬥眾如鬥寡」是一個道理，掌握軍政之道的人，指揮多少人，都和一個人一樣自如，同進同退，齊心協力。

作為領導者，不是風風火火、忙忙碌碌，而應該鎮靜平和、不緊不慢

我們想成功，想得到成功，總是在動中得，通過自己的動，去把捉，去抓取。而往往東抓西抓，卻空勞把捉，什麼也沒抓住。能不能靜下來，認真思考，踏實積累，不是在動中抓，而是讓成果在靜中來。這是兵家的思想，也是佛家的思想，是軍事思想，也是人生智慧。

原文

將軍之事，靜以幽，正以治。能愚士卒之耳目，使之無知。易其事，革其謀，使人無識；易其居，迂其途，使人不得慮。帥與之期，如登高而去其梯；帥與之深入諸侯之地，而發其機，焚舟破釜，若驅群羊，驅而往，驅而來，莫知所之。聚三軍之眾，投之於險，此謂將軍之事也。

華杉詳解

將軍之事，靜以幽，正以治。

曹操注：「謂清淨，幽深，平正。」

杜牧注：「清淨簡易，幽深難測，平正無偏，故能致治。」

作為領導者，不是風風火火，忙忙碌碌，咋咋呼呼，而是鎮靜平和，不緊不慢，有充分的時間思考，有條有理，舉止適度，一切盡在掌握。

我們想成功，想得到成功，總是在動中得，通過自己的動，去把捉，去抓取。**而往往東抓西抓，卻空勞一場，什麼也沒抓住。能不能靜下來，認真思考，踏實積累，不是在動中抓，而是讓成果在靜中來。**這是兵家的思想，也是佛家的思想，是軍事思想，也是人生智慧。所以有人說，太忙的人不會成功。

我們想管住別人，對別人很多的規矩，很多的要求，卻沒有想正人先正己，用自己的正，帶來整支軍隊的正。所謂正人先正己，儒家說：「正心誠意修身齊家治國平天下」，兵家也有正身以齊軍的道理。曾國藩的將道，突出一個「廉」字。他說士兵不懂兵法，也不知道誰本事大，但是在銀錢上，個個都十分在意。若將領貪腐，他必不服你；若將領在銀錢上特別清楚廉潔，他就認你。再能獎懲明白，還能讓大家都得點好處，就個個都願意跟你作戰。

能愚士卒之耳目，使之無知。

這不是愚民，是保密。不能讓士卒知道作戰意圖。每個人只知道自己的任務，不知道整體的作戰意圖和計畫。這是軍事保密的需要。

曹操注：「民可與樂成，不可與慮始。」領導者的責任是讓大家滿懷信心地跟你幹，不能讓士兵跟你一起操心怎麼辦。孔子說：「民可使由之，不可使知之。」也是這個道理，每個人只知道自己的任務，為將者掌握全局。

易其事，革其謀，使人無識。

行動經常變化，計謀不斷更新，別人無法識破機關。

杜牧注：「所為之事，所有之謀，不使之其造意之端，識其所源之本也。」讓大家都知其然而不知其所以然，則沒人能推測你下一步的行動。

張預注：「前所行之事，舊所發之謀，皆變易之，使人不可知也。」總是變來變去，誰也不知道你下一步要做什麼。因為軍隊裡，不只是有你的兄弟父子兵，還有敵軍間諜，還有不知道自己在不知不覺洩密的自己人。所以不能讓任何人可以推測你的下一步行動，就要打亂一切讓別人看起來有規律可循的東西。

另一方面，你反覆無常，又怎能讓大家都聽你的呢？這又需要耍些手段。張預講了唐朝名將裴行儉的一個故事，他剛讓大家紮好營盤，突然下令移營到山上重新紮營。大家都非常不情願，十分不滿。到了晚上，突然下大暴雨，先前紮營的地方都被淹了，水深丈餘。大家都驚嘆，問您怎麼知道要下雨呢？裴行儉說：「以後我叫你們幹啥就幹啥，別問我知道什麼，為什麼知道。」

裴行儉這一手很高，他若跟大家說可能要下雨，結果又沒下，那他以後說什麼大家就不信了。

他啥也不說，如果晚上沒下雨，也沒人會和他的命令聯繫起來，無損他的威信；下雨了，他就成了料事如神，威信更高了。

易其居，迂其途，使人不得慮。

駐軍經常變換地方，行軍多繞彎路，誰也不知道要去哪。要讓手下人保密，最好的方法就是他不知道那祕密，那敵人派多少間諜進來，也是白搭。

帥與之期，如登高而去其梯。

主帥交給部屬任務，就像派他登上樓，然後抽掉梯子，他只能上，不能退。

帥與之深入諸侯之地，而發其機，焚舟破釜，若驅群羊，驅而往，驅而來，莫知所之。

主帥率領軍隊深入敵境，就像拔弩機而射出箭一樣，只可往而不可返；把船燒了，把飯鍋砸了，就在今日決一死戰。將帥指揮士兵，就像驅趕羊群一樣，趕過去，趕過來，大家只知道跟著走，而不知道要去哪裡。

李筌注：「還師者，皆焚舟梁，堅其志，既不知其謀，又無返顧之心，是以如驅羊也。」船燒了，橋沒了，死了撤退回去的心了，也不知道主帥打的啥主意，只能拚命跟著走，這就跟驅使牛羊一樣。

聚三軍之眾，投之於險，此謂將軍之事也。

聚三軍之眾，投之於險難而取勝，這就是將軍的責任。

我突然想起巴頓將軍的名言：

I want you to remember that no bastard ever won a war by dying for his country. He won it by making the other poor dumb bastard die for his country.

「我要你們記住，沒有哪個雜種是靠『為國捐軀』來贏得一場戰爭的。要贏得戰爭，靠的是讓敵國那些可憐的雜種為他們的國家捐軀。」

「聚三軍之眾，投之於險」，但你有責任讓他們活著回來。用曾國藩的話說，你帶他出來，當他戰後回到家，回到父母兄弟身邊，還是一個樸實的，只是更成熟的青年，而不是吃喝嫖賭抽五毒俱全，不要帶他學壞。

這就是仁者、儒將了。

成功是靠日拱一卒

原文

九地之變，屈伸之力，人情之理，不可不察。

華杉詳解

進入九種不同地區的機變，能屈能伸地應對形勢的發展，以及對各種人員心理人情的掌握，都是為將者必須具備的能力。這是總結九地，為下文張目。

這裡專門提出「人情」，就是對治氣的強調，掌握心理人情，才能駕馭士氣。不僅駕馭我軍的士氣，而且能駕馭敵軍的士氣。

儒家講天理、國法、人情，兵法也講人情。關於人情兵法，前面治氣的戰例裡都有，就是注意士卒的心理，心理決定士氣，士氣決定戰鬥力。

曾國藩說讀書，講兩條，一是每日堅持，堅持讀一頁一行都行，只要每日都讀，精進就快，這叫不疾而速。最怕鼓起勁來就大幹一場會戰，過了勁又撂下不管，那就很難完成。**日拱一卒，是完成任何工作、實現任何目標理想的關鍵。成功都靠拱卒，不靠出車，因為沒有那麼多車可以出。**但很多人只喜歡出車，你跟他說拱卒的事，他就是不愛聽。

曾國藩說讀書的第二條，是一本未讀完，不動下一本。這樣你就不會留下一大堆半途而廢沒讀的書。

這算是讀書兵法吧。

進入敵境後就要萬眾一心

原文

凡為客之道：深則專，淺則散。去國越境而師者，絕地也；四達者，衢地也；入深者，重地也；入淺者，輕地也；背固前隘者，圍地也；無所往者，死地也。是故散地，吾將一其志；輕地，吾將使之屬；爭地，吾將趨其後；交地，吾將謹其守；衢地，吾將固其結；重地，吾將繼其食；圮地，吾將進其塗；圍地，吾將塞其闕；死地，吾將示之以不活。

華杉詳解

凡為客之道：深則專，淺則散。

侵入別國，客場作戰，深入敵境則士卒專心致志；入境未深則士卒軍心渙散。

梅堯臣注：「深則專固，淺則散歸。」這是前面說的重地、輕地、淺地的區別。

去國越境而師者，絕地也；四達者，衢地也；入深者，重地也；入淺者，輕地也；背固前隘者，圍地也；無所往者，死地也。

這裡多出一個「絕地」，梅堯臣注：「進不及輕，退不及散，在二地之間也。」就是剛剛越境進入敵國，已經不是散地了，但還沒到輕地。

四面通達的是衢地，深入敵境的是重地，入境未深的是淺地，背負險固，前有阨塞的是圍地，走投無路的是死地。

這些不同的地勢，分別怎麼應對呢？

是故散地，吾將一其志。

李筌注：「一卒之心。」讓大家萬眾一心，一心一意。

杜牧注：「守則志一，戰則易散。」在城中固守，則大家一心一意不讓敵人攻進來；出城作戰，有人就想借機逃跑回家。所以前文說「散地則無戰」，宜守不宜戰。

輕地，吾將使之屬。

「屬」，曹操注：「使相及屬。」進入輕地，讓部伍營壘密近連屬，一來防止敵人來攻，可以相互救助；二來也防止士卒逃跑。

只問自己學到什麼，不要糾結字面原意

讀古文，一個經驗，只問自己學到了什麼，理解他思想的原意，別糾結他字面的原意。

原文

爭地，吾將趨其後；交地，吾將謹其守；衢地，吾將固其結；重地，吾將繼其食；圮地，吾將進其塗；圍地，吾將塞其闕；死地，吾將示之以不活。

華杉詳解

爭地，吾將趨其後。

這句有點麻煩，各家注解都不太一樣。

曹操注：「利地在前，當速進其後也。」曹操等於沒解，和孫子說的一樣，他明白，別人還是不明白。這「後」，是什麼「後」，抄到敵人後面？

杜牧注：「必爭之地，我若已後，當疾趨而爭，況其不後哉？」對於爭地，如果我們已經落後，當急行軍去爭。

陳皡說杜牧注得不對。他注道：「二說皆非也。若敵據地利，我後爭之，不亦後據戰地而趨戰之勞乎？所謂爭地必趨其後者，若地利在前，先分精銳而據之，若彼恃眾來爭，我以大眾趨其後，無不剋者。」

陳皡說，如果敵人已經據了地利，我後趨而爭，那不就成了後趨戰地者敗了嗎？不過他這樣說前人不對，理由也不成立。杜牧說的是，如果敵人跑前面了，我們要追上去趕在他前面，搶先到達爭地，並沒有說敵人已經把爭地占了。

陳皡的注解是，若地利在前，我們先分精銳去占了，如果敵人恃眾來爭，我們再大部隊抄他後路。這樣解，似乎又想多了。爭地，爭到了就是爭到了，孫子應該沒有說爭到之後再去抄敵人後路的意思。

杜佑注：「利地在前，當進其後。爭地，先據者勝，不得者負。故從其後，使相及也。」杜佑前面說得對，爭地的性質，就是先據者勝，不得者敗，這才叫爭地嘛，所以不存在爭到了之後再抄敵人後路的問題。不過他後一句「故從其後，使相及也」，又不明白了，是要後面的部隊跟上，前後相及，不要掉隊？

張預強化了杜佑的觀點：「爭地貴速，若前驅而後不及，則未可。故當疾進其後，使首尾俱至。」所以他說這個「後」，不是敵後，是自己的「後」。不要先頭部隊到了，後面的還沒跟上，所以後軍也要疾進，首尾一起到。

我估計孫子沒那麼複雜的意思。

張預還提供了另一個解釋：「趨其後，謂後發先至也。」那麼這「後」，是敵人先出發，我們後出發的「後」了。我想孫子更沒有這個意思了，幹嘛說要後發先至呢？反正是要先至，孫子沒管你是先發還是後發。

總結一下，我們不要想那麼複雜，簡單點，直接點，「爭地，吾將趨其後」，意思就是，對於爭地，我們當疾進，抄到敵人後面，搶先到達。

讀古書，一個經驗，只問自己學到了什麼，理解他思想的原意，別糾結他字面的原意。他的思想在他的上下文裡，在他的整本書裡，你學到了，就是學到了。如果去糾結、爭論、訓詁某一句話、某幾個字是什麼意思，實在是徒事講說，意義不大。特別是不要有勝心，不要一心想另立一說，另創新解，來勝過前人。

交地，吾將謹其守。

「我可以往，彼可以來者」，為交地。在交地，就要謹守壁壘，斷其通道。

杜牧注：「嚴壁壘也。」敵人四面都可能來，我們就要修築工事，深溝高壘，嚴密把守。

衢地，吾將固其結。

衢地交合，結交諸侯，使之牢固，不要讓敵人搶先和鄰國結盟，也不可讓他破壞了我們的盟約。

王皙注：「固以德禮威信，且示以利害之計。」

張預注：「財幣以利之，盟誓以要之，堅固不渝，則必為我助。」

重地，吾將繼其食。

重地的關鍵是給養，是糧草，是物資。因為我們深入敵境，後勤跟不上，就要因糧於敵，就地解決給養和物資。曹操注：「掠彼也。」搶掠敵國。

第二次世界大戰，為什麼說中國作出了巨大犧牲和貢獻？就是因為中國堅持不投降，日本就無法獲得中國的全部資源以投入戰爭，反而要消耗巨大的資源在中國戰場。

圮地，吾將進其塗。

到了圮地，山林、險阻、沼澤，就要快速通過。

曹操注：「疾過去也。」

李筌注：「不可留也。」

總之快速通過，不可耽擱。一耽擱，被人堵裡面，就麻煩了。

圍地，吾將塞其闕。

進入圍地，被人包圍了，自己把那缺口堵上。

就一個缺口能出去，為什麼還要自己堵上呢？兵法云，「圍師必闕」，敵人包圍我們，怕我們死戰，就要留個缺口給我們，給我們一條生路，我們的士兵就沒有死戰的意志，就往人家給安排好的路上跑，我們一跑，他就擊其惰歸，圍追堵截，最後把我們一截一截全吃掉了。所以咱們自己堵上缺口，告訴士卒們我們無路可逃了，只有對著敵人衝殺，這樣反而可能擊垮敵人。而且那缺口就是敵人留給我們跑的地方，他的伏兵全在那裡。我把缺口堵死了，他就不知道我從哪個方向突圍了。

北齊神武帝高歡當初在河北起兵的時候，曾經與爾朱兆、爾朱天光、爾朱度律、爾朱仲遠等四將聯軍在鄴南會戰。當時爾朱兆等兵強馬壯，號稱二十萬大軍，將高歡騎兵二千、步卒三萬，包圍在南陵山。爾朱兆等圍而不合，留一條生路給高歡跑，準備殲滅他。高歡把牛、驢集中起來，全拴在一起，把那路口堵死了，讓大家看見無路可逃。於是將士死戰，四面奮擊，大破爾朱兆等。

死地，吾將示之以不活。

到了死地，就要向大家展示必死的決心。

曹操注：「勵志也。」

杜牧注：「示之必死，令其自奮，以求生也。」

張預注：「焚輜重，棄糧食，塞井夷竈，示以無活，勵之使死戰也。」

輜重燒了，糧食也燒了，井填了，灶砸了，不活了，跟丫拚了！

王霸之道，打鐵關鍵是自身硬

原文

故兵之情：圍則禦，不得已則鬥，過則從。

是故不知諸侯之謀者，不能預交；不知山林、險阻、沮澤之形者，不能行軍；不用鄉導者，不能得地利。四五者，不知一，非霸王之兵也。夫霸王之兵，伐大國，則其眾不得聚；威加於敵，則其交不得合。是故不爭天下之交，不養天下之權，信（音義同「伸」）己之私，威加於敵，故其城可拔，其國可隳。

華杉詳解

故兵之情：圍則禦，不得已則鬥，過則從。

所以士兵的心理，被包圍就會抵抗，迫不得已就會奮勇戰鬥，陷於危急的境地，就會聽從指揮。這就是前面說「九地之變，屈伸之利，人情之理，不可不察」的「人情之理」。要掌握士兵的心理，因為心理決定戰鬥意志，戰鬥意志決定戰鬥力。

圍則禦。

曹操注：「相持禦也。」

杜牧注：「言兵在圍地，始乃人人有禦敵持勝之心，相禦持也。窮則同心守禦。」

「不得已則鬥」，曹操注：「勢有不得已也。」

「過則從」，曹操注：「陷之甚過，則從計也。」

孟氏注：「甚陷，則無所不從。」他沒辦法了，只能是你說咋辦就咋辦。

張預講了一個戰例，就是我們前面在「上兵伐謀，其次伐交」那一段學過的：班超伐交。

班超出使西域，在鄯善。鄯善王開始很熱情，後來突然冷淡了。班超打聽到，是匈奴使者來了。鄯善是跟漢朝，還是跟匈奴？如果鄯善和匈奴結盟，可能就先把班超一行人斬了作見面禮。班超一共三十六人，這就是甚陷於危急之地了。

班超把三十六人全部召集起來，提出了一個驚人的計畫，直接攻打匈奴使者，把匈奴使團全殺了，鄯善王交代不了，就只能跟漢朝結盟了。

在千里之外的他國首都，三十六人要幹這樣大的事，班超有這個膽，其他人有沒有呢？班超請大家喝酒，說明了危急的情況，問大家是要被鄯善送給匈奴，骸骨為豺狼食物，還是建不世之功，求富貴功名。眾人都說：「今在危亡之地，死生從司馬。」把自己的命運都交給他了。於是乘夜突襲，火攻匈奴使團營地，殺了使者，第二天把使者頭顱提去見鄯善王。鄯善王嚇破了膽，把兒子送到漢朝做人質，和漢朝交好。

是故不知諸侯之謀者，不能預交；不知山林、險阻、沮澤之形者，不能行軍；不用鄉導者，不能得地利。

所以不知道其他國家的意圖和計謀，就不能設計外交政策。就像班超這個例子，如果不知道鄯善所處的形勢和匈奴的動作，就不可能作出那樣的決斷。

不知道山林、險阻、沼澤的地形，就不能行軍。

不用嚮導，就不能得到地利。

曹操注：「上已陳此三事，而復云者，力惡不能用兵，故復言之。」這三條前面已經說過了，在這裡又重複強調一遍。

四五者，不知一，非霸王之兵也。

以上這幾方面，必須都掌握了解，如果有一條不知道的，就不是「霸王之兵」。

「四五者」怎麼解，曹操注：「謂九地之利害。或曰：上四五事也。」四加五等於九，四五就是九地。也有人說，不是九地，就是泛指上面說的幾條原則。

「霸王之兵」，不是霸王的兵，是霸的兵和王的兵。「霸」，是稱霸諸侯；「王」，是號令天下，地位、境界、層次不一樣。「霸」是大家都怕他，服他，都聽他的，是老大，是大哥；「王」是天下共奉之主，是君父，是爸爸。

夫霸王之兵，伐大國，則其眾不得聚；威加於敵，則其交不得合。

以霸、王之兵，去征伐大國，則敵國將內部分化，無法充分動員集結。威力加之於敵國，則他國不能與他敵國結交。

梅堯臣注：「伐大國，能分其眾，則權力有餘也；權力有餘，則威加敵；威加敵，則旁國懼，旁國懼，則敵交不得合也。」兵力強盛，排山倒海，敵國懼怕兵威，無法充分動員集結；威震天下，旁國人人自保，誰也不敢得罪我，所以沒有人會與敵國結交。

比如晉楚爭鄭，晉國戰勝，則鄭國附晉；楚國戰勝，則鄭國叛晉附楚。大國贏了，小國再依附他，則大國更強，霸道就是這樣形成的。

是故不爭天下之交，不養天下之權，信己之私，威加於敵，故其城可拔，其國可隳。

因此不必要爭著同哪一國結交，也不必要培養哪一國勢力，只要伸展自己的意圖，兵威加之於敵國，就可以拔取他的城池，毀滅他的國都。

杜牧注：「信，伸也。言不結鄰援，不蓄養機權之計，但逞兵威，加於敵國，貴伸己之私欲，若此者，則其城可拔，其國可隳。」

這裡「信」通「伸」；隳，毀滅的意思。

賈林注：「諸侯既懼，不得附聚，不敢合從，我之智謀威力有餘，諸侯自歸，何用養交也？」各國都怕我，不能動員集結，不敢結盟與我為敵，我的智謀威力強大有餘，各國自然依附於我，哪還需要我去花那麼多心思結交他們呢？

陳皞注：「智力既全，威權在我，但自養士卒，為不可勝之謀，天下諸侯無權可事也。仁智義謀，己之私有，用以濟眾，故曰：伸私，威振天下，德光四海，恩沾品物，信及豚魚，百姓歸心，無思不服。故攻城必拔，伐國必隳也。」

智力威權都在我這兒，靠我自己的實力，不可戰勝的軍隊，天下諸侯就沒有什麼權謀機變好玩的了，只能乖乖地聽我的。這樣就能伸展我的私心，我的私心是什麼？就是仁智義謀，匡濟天下，不僅澤被天下人，而且及於萬物豬魚，則百姓歸心，沒有一個不服的，那我自然「攻城必拔，伐國必隳」了。

陳皞說的是王道了。不僅施於人民，而且施之於天下萬物，施之於鳥獸豚魚。比如商湯網開三面的故事。

商湯在郊外看見一個獵人張網捕鳥，四面張網，念念有詞：

從天墜者，從地出者，從四方來者，皆入吾網。

天上掉下來的，地下冒出來的，四面八方飛來的，全部入我的網！

這是要一網打盡的節奏。

商湯上前說：「嘻，盡之矣！非桀其孰為此？」有夏桀這樣的暴君，才有這樣的獵人啊！於是教他撤掉三面網，只留一面，教他一個新歌訣：「昔蛛罣（蜘蛛）作網罟，今之人循序。欲左者左，欲右者右，欲高者高，欲下者下；吾取其犯命者。」

翻譯成現代文就是：

蜘蛛織網啊，

只織一面吧！

我也學蜘蛛，

織網捕鳥哈！
要左你就左，
要右你就右。
要高你就高，
要下你就下。
三面自由飛，
一面是我網。
非要撞上來，
是你命不好。
我取犯命者，
餘鳥您走好！

這個事情傳開去，其他國家人民聽到了，說：「湯之德及禽獸矣。」湯的德行已經及於禽獸了，何況人乎？於是四十國歸附了他。

所以四面織網，未必得鳥。湯去三面而置其一面，就一網網了四十國，他網的可不是鳥啊！

又一次，商湯蓋房子，工地上挖到一具死人的骸骨。眾人準備當垃圾扔了。商湯說：「這是我們的同胞啊！」把這具無名屍骸很有尊嚴地葬了。於是天下人又傳說：湯的德行已經及於死人了，何況活人乎？

於是百姓歸心，無思不服。無思不服的結果是什麼呢？當商湯開始征伐天下的時候，他往東打，西邊的人民就不願意了：湯怎麼往東打啊？怎麼不打我們啊？我們希望他來統治啊！他往西打，東邊的又不願意了：我們這邊還沒打完呢！怎麼又往西邊去了？他就這麼統一了天下。

所以說，王霸之道，打鐵關鍵是自身硬，你的政治、經濟、文化、軍事全面領先，你就可以行王道於天下，不需要去跟這個結盟那個結交，勾這個的心，鬥那個的角，那不是王霸之國幹的事兒。比如美國，當初也有行王道的心，也有點百姓歸心的意思。打伊拉克的時候，估計利比亞人也有不少盼著美軍來的。可惜不能負責到底。

歐巴馬不懂得一個最起碼的規矩，什麼叫領導世界？領導世界，就是要為世界犧牲自己。一點都不犧牲，哪有資格領導別人呢？今天想不流血犧牲，不靠自己力量，而是靠爭天下之交，養天下之權來治天下，那就只能為天下恥笑。

不疑不懼，才能勝利

原文

施無法之賞，懸無政之令，犯三軍之眾，若使一人。犯之以事，勿告以言；犯之以利，勿告以害。

華杉詳解

施無法之賞，懸無政之令。

「無法」、「無政」，是打破常規。

賈林注：「欲拔城，隳國之時，故懸國外之賞罰，行政外之威令，故不守常法、常政，故曰：無法、無政。」

重賞之下必有勇夫，要攻城拔寨的時候，就要懸超越法定的獎賞。戰爭是非常時期，要頒布打破常規的號令。

這就是為了勝利，平時的一些規矩就不遵守了，有臨時的、特殊的規矩。

犯三軍之眾，若使一人。

曹操注：「犯，用也。言明賞罰，雖用眾，若使一人也。」

「犯」，就是用的意思，賞罰明確，指揮三軍，就像指揮一個人一樣方便整齊。

這就是前面多次說過的治眾如治寡，用眾如用寡。

犯之以事，勿告以言。

梅堯臣注：「但用以戰，不告以謀。」

王晳注：「情洩則謀乖。」

只管叫士卒去執行任務，不要說明為什麼。為什麼呢，知道為什麼的人多了，就容易洩密，被人推測你下一步要幹什麼。

張預注：「任用之於戰鬥，勿諭之以權謀，人知謀則疑也。」

這是第二個問題，你告訴士卒為什麼，他就要思考，要分析，一思考、分析，就難免要懷疑。他就不能堅定踏實地跟你幹。

前面說過那個戰例，士兵們剛紮好營，裴行儉就讓他們拔營遷到高處，而且不給任何理由。士卒們十分不願意。晚上下了大暴雨，之前紮營的地方全淹沒了，大家對裴將軍十分崇拜！

我們假設一下，裴行儉下命令的時候，加上說明理由：「晚上可能要下大暴雨，趕緊遷到高處。」那士兵們就要議論了，有人說要下，有人說不會下。若不會下，就該休息，不該折騰，話就多了。

到了晚上，下了，裴將軍英明。如果沒下，裴將軍下次要指揮人就難了。而不告訴大家原因，即使沒下雨，大家也沒法把遷不遷營和下不下雨聯繫起來，裴將軍想什麼，不是咱們能猜的，高深莫測，總有他的道理，咱們聽指揮就是了。

所以為將者，要讓士兵們對你深信不疑，但「深信」是原因，「不疑」才是目的。所以最好的方式，是不給他們信不信的機會，直接「不疑」就是。

孔子說：「民可使由之，不可使知之。」也是說這個，你不要跟大家一起分析，越分析他主意越多，顧慮越多，扯不清了。

犯之以利，勿告以害。

曹操注：「勿使知害。」

王晳注：「慮疑懼也。」

張預注：「人情見利則進，知害則避，故勿告以害也。」

前面「犯之以事，勿告以言」，是不要讓他思考，不要讓他判斷，不要讓他懷疑，只一心跟著幹。這裡「犯之以害，勿告以利」，是只告訴他們去多利，不要告訴他們有危險。因為人情都是趨利避害。要讓大家見利而亡命，不能見害而疑懼不敢進。

還是要人不疑，不懼。

置之死地而後生，誰真敢幹？

原文

投之亡地然後存，陷之死地然後生。夫眾陷於害，然後能為勝敗。

華杉詳解

把軍隊投放在亡地上，然後才能保存；把軍隊投放在死地上，反而才能得生。因為使士兵陷入危險的境地，反而才能操縱勝敗。

曹操注：「必殊死戰，在亡地無敗者。孫臏曰：兵恐不投之死地也。」

不到生死存亡的時候，士兵不能置生死於度外，專心致志、死心塌地地殊死作戰，因為他還有別的選擇。所以要把他們投放到亡地、死地、絕境，才能爆發出他們的小宇宙，打敗敵人。

「置之死地而後生」的戰例，當然又要說到韓信的背水一戰。不過韓信是把士兵們投到死地，但他自己卻另有安排，還有兩千奇兵在外面。所以士兵們在死地，他心裡明白外面還有一個活結。

另一位將軍，是真正把自己和大家都放在了死地，就是陳慶之渦陽之戰。

陳慶之，南朝梁國名將，人稱戰神，據說是毛澤東最推崇的古代將領，他的戰績輝煌到令人難以置信，所以現在對他的歷史是真是假還有爭論。

陳慶之攻渦陽城，就是今天的安徽蒙城，與北魏軍隊相持，自春至冬，打了數十百戰，師老氣衰，將士勞苦不堪。這時北魏援軍來，在梁軍背後築營，諸將怕腹背受敵，都想撤退。陳慶之說：「咱們來打了一年仗，錢糧靡費巨大，但大家卻沒有戰心，都想退縮。敵人來包圍我們，那太好了！我看只有置之死地而後生，等他們把我們都包圍死了，大家就死戰了，那才是勝利之時！」

歷來打仗，都怕被敵人「包了餃子」，陳慶之卻盼著敵人來包自己餃子，因為他認為只有被包了，將士們才會發狠咬出去。

果然，魏軍築了十三座營盤來包圍兩軍。陳慶之率眾銜枚夜出，端掉了他四座，渦陽戍主王緯投降。再挑選三十個俘虜放回魏營，傳遞魏軍敗訊。陳慶之同時率軍尾隨在降卒身後，乘勢攻擊，餘下九營全潰，魏軍全軍覆沒。

忠言逆耳利於行，百依百順有奸心

原文

故為兵之事，在於順詳敵之意，並敵一向，千里殺將，此謂巧能成事者也。是故政舉之日，夷關折符，無通其使；厲於廊廟之上，以誅其事。敵人開闔，必亟入之，先其所愛，微與之期。踐墨隨敵，以決戰事。是故始如處女，敵人開戶，後如脫兔，敵不及拒。

華杉詳解

故為兵之事，在於順詳敵之意。

曹操注：「佯，愚也。或曰：彼欲進，設伏而退；欲去，開而擊之。」這就是「將欲取之，必先予之」的意思。指揮作戰的事，在於順著敵人的意圖，讓他得志，讓他鬆懈，然後打他。

杜牧注：「夫順敵之意，蓋言我欲擊敵，未見其隙，則藏形閉跡，敵人之所為，順之勿驚。假如強以陵我，我則示怯而伏，且順其強，以驕其意，候其懈怠而攻之。假如欲退而歸，則開圍使去，以順其退，使無鬥心，遂因而擊之。皆順敵之旨也。」

我們要打敵人，又找不到他的空隙，那就把自己隱藏起來，敵人要做什麼，都順著他，別驚動他。

假如他強悍，要欺負我，我就示弱示怯，顯得很害怕，讓他逞強，讓他驕傲，等他懈怠，然後設埋伏打他。假如他想撤退回國，我就開圍一面，讓他退出，然後擊其惰歸。

害人的道理都一樣，就是順著他，讓他自己變壞。所以忠言逆耳，而奸臣對你都是百依百順。

並敵一向，千里殺將，此謂巧能成事者也。

「並敵一向」，是並兵向敵，朝著一個方向，就是集中兵力攻其一點。

曹操注：「並兵向敵，雖千里而能擒其將也。」

指揮作戰的事，在於假裝順從敵人的意圖，讓他得志鬆懈，然後悄悄集中兵力，朝著一個方向，一舉擊之，則長驅千里，擒敵殺將，這就是巧妙能成事。

戰例就是前面學過的，匈奴冒頓滅東胡的故事。冒頓殺了他父親頭曼單于繼位。東胡見他初立，欺負他，派使者來說：「頭曼的千里馬不錯，能不能送給我們？」朝臣們都說東胡無禮。冒頓說：「就一匹馬，怎麼不能給友邦呢？」給了。

東胡又來使者，說冒頓單于後宮美女那麼多，分一個給我吧。朝臣們激憤，認為這是奇恥大辱，要發兵攻打東胡。冒頓卻說：「一個女人，怎麼不能給兄弟呢？」給了。

這樣，不僅東胡認為冒頓軟弱可欺，冒頓自己的朝臣都覺得他沒出息。過了一陣子，東胡又來使者，說匈奴和東胡之間有一塊千里荒地，是無主之地，畫界歸我們東胡吧。

冒頓再召集朝臣會議。一些大臣心想你連老婆都可以送人，一塊荒地算什麼呀，再給唄，還問我們幹啥，於是說給。

冒頓大怒，說：「土地，是國家的根本，怎能給人！」殺了主張給地的大臣，即刻起兵，千里突襲東胡。東胡毫無防備，東胡王被殺，土地、人民、牛羊，全都歸了冒頓。

是故政舉之日，夷關折符，無通其使。

這是保密需要。曹操注：「謀定，則閉關以絕其符信，勿通其使。」決定戰爭行動之後，就要封鎖關口，銷毀通行符證，禁止兩邊百姓往來，也不許敵國使者進入。這樣防止軍情洩露，不讓敵人知道我們的情況。

厲於廊廟之上，以誅其事。

「厲」，嚴厲、嚴格、認真的意思。

「誅」，曹操注：「誅，治也。」商議決定。

在宗廟裡祕密、認真地謀畫軍國大事。

杜牧注：「言廊廟之上，誅治其事，成敗先定，然後興師。」

張預注：「兵者大事，不可輕議，當惕厲於廟堂之上，密治其事，貴謀不外洩也。」

所以這裡是兩層意思，一是謀定而後動，先勝後戰，贏了再打；二是計於廟堂之上，運籌帷幄之中，要絕對保密。

敵人開闔，必亟入之。

「開闔」，「闔」，是門扇。曹操注：「敵有間隙，當急入也。」

敵人一旦露出破綻，當急速乘隙而入。

不過有時失敗也在這裡，敵人露出那「破綻」，可能正是誘我們亟入的假象。

先其所愛，微與之期。

「先其所愛」，先占領敵人最心疼的戰略要地。比如李世民戰竇建德，先搶占了虎牢關，就把竇建德擋在關外了。曹操注：「據利便也。」

杜牧注：「凡是敵人所愛惜倚恃所為軍者，則先奪之也。」戰略要地也好，糧草輜重也好，凡是他愛惜的，倚仗的，就奪了他。

「微與之期」，這四個字怎麼解又費勁了。

曹操注：「後人發，先人至。」後發先至，他沒說「微與之期」四個字啥意思。

杜牧注：「微者，潛也，言以敵人所愛利便之處為期，將欲謀奪之，故潛往赴期，不令敵人知也。」

杜牧解釋了「微」，是潛，不讓人知道。這個說得通，所謂微行，微服私訪，就是潛行的意思。

杜牧解釋的「期」，是期待的地方，期待的目標。

所以「微與之期」，是祕密潛往我們期待的目標。但這「期」的主語就是我，不是「之」，不是敵人，所以還是不完全通。

陳皥、梅堯臣、王晳、張預四人的注意思一樣，都是受曹操「後人發，先人至」六個字的影響。

「微與之期」，與後發先至有什麼關係呢。他們說，「微」，是把消息微微洩露給敵人。因為我們先占了那裡，如果敵人不知道，所以他不來，怎麼辦呢？所以要微微把消息洩露給他，讓他跟來，我們才能打他。

我覺得這四位發揮太多了。這四位，加曹操、杜牧，六個人的解釋我都不滿意。找了中國人民解放軍軍事科學院副院長郭化若將軍的《〈孫子兵法〉譯注》。他的注解很簡單，「微與之期」，就是不要和敵人約期會戰。

再查，「微與」，就是「不應該這樣」的意思。《禮記・檀弓下》，那個大家都熟悉的嗟來之食的典故：

齊大飢，黔敖為食於路，以待餓者而食之。有餓者，蒙袂輯屨，貿貿然來。黔敖左奉食，右執飲，曰：「嗟！來食！」揚其目而視之，曰：「予唯不食嗟來之食，以至於斯也！」從而謝焉，終不食而死。曾子聞之，曰：「微與！其嗟也，可去，其謝也，可食。」

喊他「嗟！來食！」他說，我就是不吃嗟來之食，才餓成這樣的。

曾子聽聞後說：「微與，其嗟也可去，其謝也可食。」鄭玄注：「微，猶無也。無與，止其狷之辭。」孔穎達疏：「微與者，微，無也；與，語助。言餓者無得如是與！」

所以「微與」，就是不要。

「微」就是「無、非」，范仲淹在《岳陽樓記》中說：「微斯人，吾誰與歸」，意思就是：「不是這個人，我跟誰去呢？」

「微與之期」，戰爭不是決鬥，不要跟敵人約好時間地點按時打，而是隨時出其不意，攻其無備，這才符合上下文的意思。

踐墨隨敵，以決戰事。

「踐墨隨敵」，問題又來了。「墨」，是規矩。木工鋸木板打家具，先畫上墨線，然後照那個線鋸。問題在「踐」，這「踐」，是守規矩，還是不守規矩？

按理應該是守規矩，踐行嘛！但是古文「踐」同「剪」，滅除的意思，所以說是不守規矩，也對。

杜牧說是守規矩：「墨，規矩也，言我常須踐履規矩，深守法制，隨敵人之形，若有可乘之勢，則出而決戰也。」

賈林說是不守規矩：「剗，除也；墨，繩墨也。隨敵計以決戰事，惟勝是利，不可守以繩墨而為焉。」

曹操注：「行踐規矩無常也。」他沒說踐是守規矩，還是不守規矩。他說守規矩的時候不守常法。

郭化若將軍注：「實施作戰計畫時，要靈活地隨著敵情變化作相應修改，來決定軍事行動。」

這是正解。

是故始如處女，敵人開戶，後如脫兔，敵不及拒。

曹操注：「處女示弱，脫兔往疾也。」

開始時像處女一樣沉靜柔弱，一旦敵人露出破綻，則動如脫兔，讓敵人來不及抵抗。

附錄：《九地篇》全文

孫子曰：用兵之法，有散地，有輕地，有爭地，有交地，有衢地，有重地，有圮地，有圍地，有死地。諸侯自戰其地，為散地；入人之地不深者，為輕地；我得則利，彼得亦利者，為爭地；我可以往，彼可以來者，為交地；諸侯之地三屬，先至而得天下眾者，為衢地；入人之地深，背城邑多者，為重地；行山林、險阻、沮澤，凡難行之道者，為圮地；所由入者隘，所從歸者迂，彼寡可以擊吾之眾者，為圍地；疾戰則存，不疾戰則亡者，為死地。是故散地則無戰，輕地則無止，爭地則無攻，交地則無絕，衢地則交合，重地則掠，圮地則行，圍地則謀，死地則戰。

所謂古之善用兵者，能使敵人前後不相及，眾寡不相恃，貴賤不相救，上下不相收，卒離而不集，兵合而不齊。合於利而動，不合於利而止。敢問：「敵眾整而將來，待之若何？」曰：「先奪其所愛，則聽矣。」

兵之情主速，乘人之不及，由不虞之道，攻其所不戒也。

凡為客之道：深入則專，主人不克；掠於饒野，三軍足食；謹養而勿勞，並氣積力，運兵計謀，為不可測。投之無所往，死且不北。死焉不得，士人盡力。兵士甚陷則不懼，無所往則固，深入則拘，不得已則鬥。是故其兵不修而戒，不求而得，不約而親，不令而信。禁祥去疑，至死無所之。吾士無餘財，非惡貨也；無餘命，非惡壽也。令發之日，士卒坐者涕霑襟，偃臥者涕交頤。投之無所往者，諸、劌之勇也。

故善用兵者，譬如率然。率然者，常山之蛇也。擊其首則尾至，擊其尾則首至，擊其中則首尾俱至。敢問：「兵可使如率然乎？」曰：「可。」夫吳人與越人相惡也，當其同舟而濟，遇風，其相救也如左右手。是故方馬埋輪，未足恃也；齊勇若一，政之道也；剛柔皆得，地之理也。故善用兵者，攜手若使一人，不得已也。

將軍之事，靜以幽，正以治。能愚士卒之耳目，使之無知。易其事，革其謀，使人無識；易其居，迂其途，使人不得慮。帥與之期，如登高而去其梯；帥與之深入諸侯之地，而發其機，焚舟破釜，若驅群羊，驅而往，驅而來，莫知所之。聚三軍之眾，投之於險，此謂將軍之事也。九地之變，屈伸之利，人情之理，不可不察。

凡為客之道：深則專，淺則散。去國越境而師者，絕地也；四達者，衢地也；入深者，重地也；入淺者，輕地也；背固前隘者，圍地也；無所往者，死地也。

是故散地，吾將一其志；輕地，吾將使之屬；爭地，吾將趨其後；交地，吾將謹其守；衢地，吾將固其結；重地，吾將繼其食；圮地，吾將進其塗；圍地，吾將塞其闕；死地，吾將示之以不活。

故兵之情，圍則禦，不得已則鬥，過則從。是故不知諸侯之謀者，不能預交；不知山林、險阻、沮澤之形者，不能行軍；不用鄉導者，不能得地利。四五者，不知一，非霸王之兵也。夫霸王之兵，伐大國，則其眾不得聚；威加於敵，則其交不得合。是故不爭天下之交，不養天下之權，信己之私，威加於敵，故其城可拔，其國可隳。施無法之賞，懸無政之令，犯三軍之眾，若使一人。犯之以事，勿告以言；犯之以利，勿告以害。

投之亡地然後存，陷之死地然後生。夫眾陷於害，然後能為勝敗。

故為兵之事，在於順詳敵之意，並敵一向，千里殺將，此謂巧能成事者也。

是故政舉之日，夷關折符，無通其使；厲於廊廟之上，以誅其事。敵人開闔，必亟入之，先其所愛，微與之期。踐墨隨敵，以決戰事。是故始如處女，敵人開戶，後如脫兔，敵不及拒。

第十二章

火攻第十二

火攻的對象

原文

火攻篇

孫子曰：凡火攻有五，一曰火人，二曰火積，三曰火輜，四曰火庫，五曰火隊。

華杉詳解

火攻的對象有五個：火人、火積、火輜、火庫、火隊。

「火人」，是火燒敵人營盤，燒殺兵卒。劉備為關羽報仇，興兵伐吳，被陸遜火燒連營，大敗逃回，嘔血而死，就是「火人」。

火人，也不一定燒營盤，晚唐亂局，後來的梁太祖朱溫與天平軍節度使朱宣、朱瑾兄弟大戰，兩軍皆在草莽中列陣。開始時颳東南風，朱溫軍逆風，士兵們都有懼色。過了一陣子，突然轉了風向，西北風驟起。朱溫馬上下令縱火，煙焰漫天，向天平軍卷去。朱溫乘勢掩殺，天平軍大敗，朱宣被殺。

「火積」，是火燒敵人積聚的器材、糧草等。

楚漢爭霸，劉邦和項羽在成皋對峙。漢軍占了糧倉，不愁吃不愁喝。劉邦再派劉賈帶了兩萬步卒，數百騎兵，渡白馬津，進入楚地搞破壞，到處燒項羽的糧倉積聚，楚軍就更沒吃的了。

隋朝初年，高熲向隋文帝獻破南朝陳國之策，也是火積。他說，南方人都是茅草房，北方倉庫多是地窖，南方土濕，地窖存不了東西，倉庫也是木頭竹子架起來，最怕火。就派特種部隊去燒他。他重新建好，再燒，不停地騷擾，搞得陳國民窮財弊。

《孫子兵法》說：「軍無委積則亡。」火積，就是要讓敵人沒有委積。

「火輜」，是燒敵人的輜重；「火庫」，是燒敵人的倉庫。輜重和倉庫，東西是一樣的。在運輸途中叫輜重，運到了入倉，就是倉庫。

杜牧注：「器械、財貨及軍士衣裝，在車中上道未止曰輜，在城營壘已有止舍曰庫，其所藏二者皆同。」

官渡之戰，曹操就是燒了袁紹的倉庫，袁紹就敗了。

輜重、倉庫，重要的不僅是軍火糧草，財貨也很重要。曹操說：「軍無財，士不來。」發不出賞錢，也是很難打仗的。

「火隊」，又有不同解法。

李筌注：「焚其隊仗兵器。」

梅堯臣注：「焚其隊仗，以奪兵具。」

張預注：「焚其隊仗，使並無戰具。故曰，器械不利，則難以應敵也。」

把他的旗幟燒了，他沒法指揮了；把他的兵器燒了，他沒法作戰了。就像我們電影裡，看摸進敵人營房，乘他睡覺，把槍都偷走了。再一個人端槍進去，就一個連都投降了。

賈林和何氏注得不一樣，說「隊」同「隧」，是道路的意思，「火隊」，是燒絕他的糧道，破壞他的運輸線。

也有人說火隊是燒運輸隊，燒運輸設施。

到底孫子的原意，火隊是燒什麼呢？我傾向於燒隊仗兵器，不過郭化若將軍認為是燒糧道。孫子也沒法起來給我們標準答案了，上面各家建議燒的，我認為只要燒得著，都可以燒。燒了，就對了。燒不到，知道標準答案也沒用。

火攻，就是給敵人做艾灸

原文

行火必有因，煙火必素具。發火有時，起火有日。時者，天之燥也，日者，月在箕、壁、翼、軫也。凡此四宿者，風起之日也。

華杉詳解

行火必有因。

要火攻必須等有條件。

曹操注：「因奸人。」說這個因，是要有內應。

李筌也認為是內應：「因奸人而內應也。」陳皞注：「須得其便，不獨奸人。」關鍵是要具備條件，不一定只是指內應。

張預注：「凡火攻，皆因天時燥旱，營舍茅竹，積芻聚糧，居近草莽，因風而焚之。」要具備什麼條件呢？天氣要乾燥，敵方營房都是竹子茅草等易燃材料，積聚的糧食草料比較集中，或附近多有草叢灌木，那就順風燒他。

前面戰例裡講陸遜火燒連營破劉備，就是陸遜發現了蜀軍「營舍茅竹，積芻聚糧，居近草莽」的火攻條件。朱溫和朱宣、朱瑾兄弟作戰，雙方都在草莽中列陣，風向一轉，吹向朱宣兄弟軍隊，朱溫馬上縱火。

這兩個戰例，都不需要奸人內應。所以行火必有因，主要是指要具備條件，不一定是內應。需要內應的情況，通常是攻城。內應在城中放火，引起混亂，然後乘亂打開城門，放兵馬進去。所以守城如果遇上火災，先別忙著救火，守住城門是第一，因為那火，就是敵軍奸細放來引開我軍注意力的。

煙火必素具。

火攻器材必須平時就時刻預備著。

杜牧注：「艾蒿、荻葦、薪芻、膏油之屬，先須修事以備用。兵法有火箭、火鐮、火杏、火兵、火獸、火禽、火盜、火弩，凡此者皆可用也。」

火箭，是包一小瓢油在箭頭上，射上敵軍城樓或戰船，箭一撞上去，瓢撞破了，油濺出來，之後再射火箭上去點燃它；之後再射油箭上去給他「加油」，這就都給他燒光了。

火鐮，是一種取火器物，由於打造時把形狀做成酷似彎彎的鐮刀與火石撞擊能產生火星而得名。

火杏，也是古代火攻的一種戰具。攻城時將艾草點燃置於杏核內，繫在鳥足上，放飛，等鳥到了屋簷下，杏核燒破了，房子也點著了，敵城火焰四起。火杏裡面的艾草，就是咱們艾灸用的艾草，點燃了就緩慢地燃燒，燒盡前一直不會熄滅。軍隊要搞火攻，艾草是必備之物，火攻，就是給敵人做艾灸。

火禽和火杏是配套使用的，火禽就是利用禽鳥攜帶火種（火杏）進行火攻的一種方法。

火獸跟火禽一樣，還是用艾草做火種，抓了野豬麞鹿什麼的，點著了掛牠脖子上攆到敵營去。

春秋時也有火牛陣的戰例，燕國攻齊，拔了七十餘城。田單守即墨，集中千餘頭牛，角縛利刃，尾紮浸油蘆葦，披五彩龍紋外衣，點燃牛尾蘆葦，牛負痛狂奔燕營，五千精壯勇士緊隨於後，一舉衝破燕軍，盡復失地七十餘城。這算不算火獸呢？或可以說是火獸的一種用法，但不是原意，是創新。

火盜，就是派進去放火的奸細。

火兵是執行放火任務的騎兵部隊，帶著易燃之物和火種，直抵敵營放火。

官渡之戰，曹操親自率領步騎五千，冒用袁軍旗號，人銜枚馬縛口，各帶柴草一束，利用夜暗走小路偷襲烏巢，到達後立即圍攻放火。這就是典型的火兵。

火弩，就是火矢，張弩遠射，箭頭點火，數百箭半夜齊射敵營，焚燒他的糧草積聚，待他軍亂，乘亂便攻。

發火有時，起火有日。

梅堯臣注：「不妄發也。」

張預注：「不可偶然，當伺時日。」

放火要看天時，起火要看日子，不是想放就放，一定要條件完備，才可火攻。

時者，天之燥也，日者，月在箕、壁、翼、軫也。

天時，就是乾燥的時候。張預注：「天時旱燥，則火易燃。」要天乾物燥，才正好放火。挑日子，就是挑月亮在箕、壁、翼、軫四個方位的時候。箕、壁、翼、軫都是星宿名。中國古代測天以二十八宿為方位的標準。這二十八顆星都在赤道附近，所以天文學家用作天空的標誌。二十八宿的名稱，自西向東排列為：東方蒼龍七宿（角、亢、氐、房、心、尾、箕）；北方玄武七宿（斗、牛、女、虛、危、室、壁）；西方白虎七宿（奎、婁、胃、昴、畢、觜、參）；南方朱雀七宿（井、鬼、柳、星、張、翼、軫）。古人認為當月亮行經箕、壁、翼、軫四宿時多風。所以叫四星好風。西方也有類似傳說，如巴比倫稱軫星為風星。

凡此四宿者，風起之日也。

月亮經過箕、壁、翼、軫四宿，就是風起的時候，放火的好日子。

火攻的五種變化

原文

凡火攻，必因五火之變而應之。火發於內，則早應之於外。火發兵靜者，待而勿攻，極其火力，可從而從之，不可從而止。火可發於外，無待於內，以時發之。火發上風，無攻下風。晝風久，夜風止。凡軍必知有五火之變，以數守之。

故以火佐攻者明，以水佐攻者強。水可以絕，不可以奪。

華杉詳解

凡火攻，必因五火之變而應之。

梅堯臣注：「因火為變，以兵應之。」

凡用火攻，要根據五種火攻的變化使用，以兵勢配合火勢變化使用。

「五火」，就是前面說的火人、火積、火輜、火庫、火隊五種火攻方式。

兵勢和火勢怎麼配合呢？下面講了五條，所以把「五火之變」解成這五種變化也說得通：

一、「火發於內，則早應之於外」

在敵人內部放火，就要及時從外面派兵策應。

杜牧注：「凡火，乃使敵人驚亂，因而擊之，非謂空以火敗敵人也。聞火初作即攻之，若火闌眾定而攻之，當無益，故曰早也。」

放火，不是一定指望光靠那火燒死敵軍，而是要引起他的驚慌混亂，然後乘亂攻之。所以火一起，一聽到亂軍之聲，馬上從外面攻進去。如果等火被人撲滅了，敵軍也安定了，再發動進攻，就失去放火的意義了。所以要「早」應於外。

二、「火發兵靜者，待而勿攻，極其火力，可從而從之，不可從而止」

如果敵營起火後，敵軍非常鎮靜，沒有喧譁，沒有慌亂，那就表明敵將治軍嚴謹，敵軍訓練有素，而且早有準備。這時候就不要進攻，等待一下，加強火勢。能有機會就攻，沒有機會就算了。所以任何時候，都不是非打不可，不要覺得自己「白來一趟」。白來一趟，比大敗而歸強，如果大敗而不能歸，就更慘了。可以打就打，不可以打就不打，一定要知止。不甘心「白準備了」，不知止，非要幹一場，正是敗將的性格。

三、「火可發於外，無待於內，以時發之」

如果從外面放火，則不需要內應，只需要適時放火就行。

李筌注：「魏武破袁紹於官渡，用許攸計，燒輜重萬餘，則其義也。」官渡之戰，曹操燒袁紹輜重，就是從外面放火。

杜牧注：「上文云五火之變鬚髮於內，若敵居荒澤草穢，或營柵可焚之地，即須及時發火，不必更待內發作然後應之，恐敵人自燒野草，我起火無益。」

如果敵人在草叢中，或軍營柵欄有可燒之機，就不必等待內應，要及時縱火。否則，他自己把營地周圍的草叢先燒掉了，我們的火就燒不過去了。

漢朝李陵征討匈奴，匈奴於上風縱火。李陵就趕緊自己放火先把周圍的草燒掉，這樣敵人放的火就燒不過來了。這也是碰到草原火災的自救方法。

東漢末年，皇甫嵩與黃巾軍波才部作戰。皇甫嵩守長社（今河南省長葛縣東北）。波才率大兵包圍城。城中兵少，眾寡懸殊，軍中震恐。皇甫嵩說：「用兵有奇變，而不在兵多兵少。現在賊人依草結營，容易因風起火。如果乘黑夜放火焚燒，他們一定驚恐散亂，我出兵攻擊，田單火牛陣的功勞就可以實現。」天遂人願，當晚大風驟起。皇甫嵩命令將士紮好火把登上城牆，先派精銳潛出圍外，縱火大呼，然後城上點燃火把，與之呼應。皇甫嵩借此聲勢，鳴鼓衝出。黃巾軍驚亂敗走。

四、「火發上風，無攻下風」

在上風放火，不可從下風進攻。

曹操注：「不便也。」

杜牧注：「若是東，則焚敵之東，我亦隨之以攻其東；若火發東面，攻其西，則與敵同受也。」

如果颳東風，就從東邊放火，我軍也隨著從東邊進攻。如果從東邊放火，從西邊進攻，那我們和敵人一樣被火燒了。所以曹操說不方便。

其實比不方便更嚴重。張預注：「燒之必退，退而逆擊之，必死戰，故不便也。」他若後面有火，我們在前面擋他，他一定殊死作戰，我們非敗不可！你想想八十層高樓上著火，人都會跳樓，他還不敢跟攔住他的人拚命嗎？

所以，在上風放火，不能從下風進攻。可以順風進攻，也可以從左右擊之。王皙注：「或擊其左右可也。」

隋末天下大亂，劉元進是眾多起兵的英雄之一，也自稱天子，兵勢強盛。隋煬帝派王世充討伐他。王世充也打他不過。劉元進善用火攻，他的軍隊，人人拿著茅草，「火可發於外，無待於內，以時發之」，隨時就風放火。延陵一戰，王世充被他燒得心驚膽戰，將要棄營逃跑，風向突然轉了，朝劉元進軍燒過去，把劉元進軍營全燒了，王世充乘機掩殺，大破劉元進軍。之後劉元進一蹶不振，屢戰屢敗，最終被王世充斬殺。

火攻要注意，風向會變。

五、「晝風久，夜風止」

白天風吹的時間長了，晚上風就會停。這是經驗之談。曹操注：「數當然也。」老子《道德經》：「飄風不終朝，驟雨不終日。」飄風，就是暴風，暴風颳不完一個早上就會停止，暴雨不會下一整天，意思是來勢凶猛的，不會長久，「數當然也」。

上天的風雨，軍隊的士氣，人的警惕性，都有數，都不是無限的。兵法，就是研究、把握、調配、運用敵我雙方這些「數」的消長。

凡軍必知有五火之變，以數守之。

所以軍隊必須掌握五火之變，心中有數，靈活運用。

故以火佐攻者明，以水佐攻者強。水可以絕，不可以奪。

這是說水攻不如火攻。

「以火佐攻者明」，用火輔助進攻，很明顯容易取勝。

梅堯臣注：「明白易勝。」

「以水佐攻者強」，用水輔助進攻，攻勢可以加強。

所以火攻可以明白易勝，直接取勝，而水攻只能加強攻勢。為什麼呢——

水可以絕，不可以奪。水可以斷絕敵軍，不可以奪取積蓄。

這個「奪」，是奪什麼？十一家注都說是奪積蓄。

曹操注：「水佐者，但可以絕糧道，分敵軍，不可以奪敵積蓄。」水可以淹沒敵人的糧道，可以分割敵人，但不能把敵人的糧草輜重都燒光。

我想這「奪」，也包括奪命。火的殺傷力，是大大地大於水。很多人都會游水，沒聽說有人能「遊火」的。日本侵華，蔣介石炸花園口黃河大堤，讓人民付出那麼大代價，也不過稍微耽誤一下日軍而已。

很多水攻的故事，都很可疑，比如韓信水淹龍且，說韓信讓士兵拿一萬多個沙袋，在上游先把水憋起來。等龍且軍渡河走到河道中間，再把沙袋扒開，放水淹他。曾國藩專門研究了這個事，他說這辦不到。如果能辦到，他也想如法炮製了。築一個水壩，蓄上能淹死千軍萬馬的水，還說放就一下子能扒開把水放下來，怎麼可能？我們現在修水電站，要大壩合龍的時候，那都是好大工程，哪裡是一人拿一袋沙可以辦到的。即便辦到了，水壩築起來，那又沒法一下子把它全扒垮，古代沒炸藥啊。

總之火來得快，水來得慢。若是圍城，把河道引過來，淹他城池，倒是可以辦到。春秋時晉國智伯裹挾韓、魏兩家包圍趙家，就是引汾水淹了晉城。不過他最後也沒得手。趙家策反了韓、魏兩家，三家聯手，滅了智伯。最後才有三家分晉，晉國變成韓、魏、趙三國，在戰國七雄中居其三。

打得贏，關鍵還要贏得起

贏得起，和輸得起一樣重要。如果打贏了仗，卻「贏不起」，那就是巨大的災難。所以常勝將軍，反而要滅亡。一戰而定，關鍵在定。

原文

夫戰勝攻取，而不修其功者凶，命曰「費留」。故曰：明主慮之，良將修之。非利不動，非得不用，非危不戰。主不可以怒而興師，將不可以慍而致戰；合於利而動，不合於利而止。怒可以復喜，慍可以復悅，亡國不可以復存，死者不可以復生。故明君慎之，良將警之，此安國全軍之道也。

華杉詳解

夫戰勝攻取，而不修其功者凶，命曰「費留」。

對「不修其功」，對「費留」的解釋，十一家跟約好了似的，都解釋為戰勝之後，賞罰不及時，造成士卒不知道該幹嘛，於是財竭師老而不得歸。可能因為曹操第一個這麼說了，影響了後面各家的認識。

曹操注：「若水之留，不復還也。或曰：賞不以時，但費留也，賞善不踰日也。」他說了兩個意思，一說「費留」是指像覆水難收一樣，回不來了。或者說是獎賞不及時，造成「費留」，這不對，對功勞的獎賞要當天兌現。

李筌、賈林、杜牧、張預的解釋與曹操大同小異。後學者多有對這解釋不滿意的，我也不滿意。「戰勝攻取，而不修其功」，這裡要修的功，不是指獎賞有功之士，那只是修功的一小部分。這裡的修功，一是鞏固戰果，二是修明政治。

戰勝攻取，卻不能鞏固勝利、修明政治的，那是凶兆，要遭殃，這叫「費留」。

軍事勝利之後，必須有政治勝利，否則，軍事勝利反而會成為災難，你看現在戰爭的泥潭、戰後的黑洞，費財疲兵，留在那兒給拖死，這是巨大的災難。

費留的戰例，典型的是春秋時吳伐楚之戰，而這一戰，孫子本人也參與其中。

吳王闔閭殺吳王僚即位，銳意改革，軍事強盛，就開始伐楚爭霸。吳王闔閭三年，與伍子胥、伯嚭、孫子攻楚，獲得大勝，當時闔閭就想直取楚國國都郢都。孫子說，民眾疲勞，不能攻打郢都，要等待時機。闔閭才作罷。

吳王闔閭四年、六年，吳國又兩次大敗楚國，中間第五年還擊敗越國一次。到了第九年，闔閭憋不住了，問伍子胥和孫子，說當初你們都反對我打郢都，今天如何？這回二人都同意，說聯合唐、蔡兩國就行。於是吳軍再舉攻楚，一舉拿下了郢都，楚王逃亡，創造了春秋戰史上攻下大國都城的第一例。

連續九年都在打勝仗，怎麼樣呢？費留了。因為只有軍事，沒有政治，不僅占領楚國後政治沒怎麼弄，沒有能「修功」，自己本國政治也沒弄明白。闔閭在郢都「費留」，越國就乘虛而入攻打吳國。楚國向秦國求救，秦國也來攻打吳軍。吳軍和秦、越兩國作戰，都敗了，闔閭的弟弟夫概見他哥哥在郢都滯留不歸，他自己先逃回國去自立為王。

國內亂了，闔閭匆忙回師討伐夫概，楚國收復郢都，夫概逃亡投降楚國。闔閭這一仗，最後什麼也沒撈著。不過第二年，他又伐楚，打了一個大勝仗。

闔閭的吳軍一直很強大，威震華夏。不過，沒有六十年的江湖，吳王闔閭十九年，闔閭在和越國的戰爭中傷重而亡。他的兒子夫差即位。闔閭臨死告訴夫差，別忘了是勾踐殺了你爹！夫差和勾踐的故事大家都知道了，夫差的吳國後來為勾踐所滅，成為春秋時期比較早滅亡的大國。

「夫戰勝攻取，而不修其功者凶」，吳國，就是孫子時期的吳國，正是最典型案例。中國古代有「數勝必亡」的道理，百戰百勝，就要滅亡，這怪不怪？這典故就是評價吳國的。

魏文侯問於李克曰：「吳之所以亡者何也？」對曰：「數戰數勝。」文侯曰：「數戰數勝，國之福也。其所以亡何也？」李克曰：「數戰則民疲；數勝則主驕。以驕主治疲民，此其所以亡也。」

魏文侯問李克：「吳國為什麼會滅亡呢？」

李克說：「因為數戰數勝。」

百戰百勝，不是國家之福嗎？怎麼反而會滅亡呢？

百戰，打仗太多，則百姓疲於奔命；百勝，勝利太多，則國君驕傲自大。以驕傲自大的國君，去統治疲憊不堪的人民，那能不滅亡嗎？

吳起也有類似思想：

然戰勝易，守勝難。故曰，天下戰國，五勝者禍，四勝者弊，三勝者霸，二勝者王，一勝者帝。是以數勝得天下者稀，以亡者眾。

戰勝容易，守勝就難。所以說天下戰國，五戰五勝，那是國家的災禍；四戰四勝，那會出問題；三戰三勝，那是霸主；兩戰兩勝，可以稱王。一戰而定，那才是天下之主。百戰百勝而得天下的很少，滅亡的多。

項羽百戰百勝，劉邦只贏了垓下一仗。

戰勝易，守勝難。今天的美國就是這樣。打伊拉克，是摧枯拉朽，容易！但要守勝，在伊拉克守不住，在利比亞守不住，在哪兒都守不住。美國在伊拉克，就「費留」了。歐巴馬不願意費留，就會輸掉更多。找個女朋友也不是想甩就甩，何況攻下一國？始亂終棄，沒那麼容易！

故曰：明主慮之，良將修之。非利不動，非得不用，非危不戰。主不可以怒而興師，將不可以慍而致戰；合於利而動，不合於利而止。怒可以復喜，慍可以復悅，亡國不可以復存，死者不可以復生。故明君慎之，良將警之，此安國全軍之道也。

所以啊，英明的國君要慎重地考慮這些事，優秀的將領要認真地研究這些事。不是有利就不要行動，不能取勝就不要用兵，不到危迫不要作戰。國君不可以因為憤怒而興師，將領不可因為憤怒而作戰。對國家有利才行動，對國家不利就停止。憤怒可以恢復到喜悅，氣憤可以恢復到高興，但亡國不可復存，人死不能復生。明君要慎重，良將要警惕，這才是安國全軍之道啊！

附錄：《火攻篇》全文

孫子曰：凡火攻有五，一曰火人，二曰火積，三曰火輜，四曰火庫，五曰火隊。行火必有因，煙火必素具。發火有時，起火有日。時者，天之燥也，日者，月在箕、壁、翼、軫也。凡此四宿者，風起之日也。

凡火攻，必因五火之變而應之。火發於內，則早應之於外。火發兵靜者，待而勿攻，極其火力，可從而從之，不可從而止。火可發於外，無待於內，以時發之。火發上風，無攻下風。晝風久，夜風止。凡軍必知有五火之變，以數守之。

故以火佐攻者明，以水佐攻者強。水可以絕，不可以奪。夫戰勝攻取，而不修其功者凶，命曰「費留」。故曰：明主慮之，良將修之。非利不動，非得不用，非危不戰。主不可以怒而興師，將不可以慍而致戰；合於利而動，不合於利而止。怒可以復喜，慍可以復悅，亡國不可以復存，死者不可以復生。故明君慎之，良將警之，此安國全軍之道也。

第十三章

用間第十三

給別人錢，不是給對方定價，是給自己定價

原文

用間篇

孫子曰：凡興師十萬，出征千里，百姓之費，公家之奉，日費千金；內外騷動，怠於道路，不得操事者，七十萬家。相守數年，以爭一日之勝，而愛爵祿百金，不知敵之情者，不仁之至也，非人之將也，非主之佐也，非勝之主也。故明君賢將，所以動而勝人，成功出於眾者，先知也。先知者，不可取於鬼神，不可象於事，不可驗於度，必取於人，知敵之情者也。

華杉詳解

「用間」，曹操注：「戰者必用間諜，以知敵之情實也。」

凡興師十萬，出征千里，百姓之費，公家之奉，日費千金；內外騷動，怠於道路，不得操事者，七十萬家。

曹操注：「古者，八家為鄰，一家從軍，七家奉之。言十萬之師舉，不事耕稼者七十萬家。」為什麼是八家為鄰呢？杜牧注：「古者，一夫田一頃。夫九頃之地，中心一頃，鑿井樹廬，八家居之，是為井田。怠，疲也，言七十萬家，奉十萬之師，轉輸疲於道路也。」

杜牧說的「井田」，和我們中學歷史學的井田制說法不太一樣。歷史課本對井田制的解釋，是九宮格，每格一百畝，周邊八個格是私田，一格是一家人的；中間一格是公田。大家一起先幹完公田的活，才能幹私田的。私田的收成歸自己，公田的收成歸公家。這個「公家」，不是我們現在理解的天下為公的「公家」，而是公爵家，比如秦穆公家、宋襄公家。

杜牧說的有什麼不同呢？杜牧說的中間那一格，不是公田，而是住家的村子，八家人的房子、水井、公共設施，在中間那一格。

周朝的井田制，到底是不是周圍私田，中間公田那麼安排的，本身並不可考。我也比較懷疑，比如大家一起幹公田的活，有點跟人民公社一樣，誰出工誰出力，出了工，有沒有出力，都不好管理。另外，為何要中間的收成歸公家？如果私田收成都很好，公田收成不好，怎麼算？遠遠不如每家交稅來得簡單。

所以我比較傾向於井田制的井，不單是把土地畫格子畫成井字形，而是杜牧描述的那樣，周圍是田，中間是井，是住家。

八家一個井田，一家當兵，七家負責後勤運輸供奉，所以十萬之師，要七十萬家供養，這耗費太大了。

這個戰爭的耗費，孫子在第二篇《作戰篇》裡就詳細反覆地強調過，這裡再一次強調，我們可以看到孫子的價值觀，就是對戰爭的耗費、勝利的代價，非常的謹慎。不像我們現在有的人，隨口就喊「不惜一切代價」，那就像電視劇裡鄧小平說的：「空話太多了。」任何事情都有代價，做事最重要的計算，就是計算代價，有利則行，無利則止。

相守數年，以爭一日之勝，而愛爵祿百金，不知敵之情者，不仁之至也，非人之將也，非主之佐也，非勝之主也。

戰爭的耗費這麼大！相持數年，就爭那勝利的一天！在每天這麼大的耗費下，如果居然捨不得在間諜工作上花錢，因為不肯花錢而不知敵情，那這將領真是最不仁慈的人、最不負責的將領，不是國君的好輔佐，不是能勝利的好主帥。

「不仁之至也」，孫子對這種行為的批評，把「不仁」放在第一位，因為這是不體恤國家、不體恤人民的行為。**整部《孫子兵法》的價值觀，就是「用仁義，使權變」，在學習的時候一定要注意，仁義是本，權變是末。往往人們容易以為權變、詭道是兵法的核心，那就學不懂兵法了。**

楚漢相爭，劉邦就是最捨得花錢的，項羽就是最不捨得花錢的。楚漢戰爭到了最激烈的時刻，劉邦被項羽圍困在滎陽城內達一年之久，並被斷絕了外援和糧草通道。陳平獻計，讓劉邦從倉庫中撥出四萬斤黃金，買通楚軍的一些將領，施離間計，讓項羽疏遠了鍾離昧，攆走了范增。最終劉邦得以突圍而去。

白登之圍，劉邦被匈奴冒頓包圍，還是陳平用計，重金去賄賂冒頓單于的閼氏，讓冒頓放劉邦回去。

項羽在花錢的價值觀上和劉邦相反。他是在面對人民的時候，能做到愛民如子；面對人民幣的時候，更加愛人民幣如命。韓信說他說得很形象：「項王見人恭敬慈愛，言語嘔嘔，人有疾病，涕泣分食飲，至使人有功當封爵者，印刓敝，忍不能予，此所謂婦人之仁也。」

項王待人恭敬慈愛、言語溫和，有生病的人，心疼得流淚，將自己的飲食分給他，等到有的人立下戰功，該加封進爵時，刻好了大印，放在手裡磨嘰，玩磨得失去了稜角，還捨不得給人，這就是所說的婦人的仁慈啊。

凡事能花錢解決，都是代價最低的。在間諜上花錢最多，又是最節省的。張預注：「相持且久，七十萬家財力一困，不知恤此，而反靳惜爵賞之細，不以啖間求索知敵情者，不仁之甚也。」

每一天都有七十萬家在花錢，這錢他不心疼，反而心疼給間諜的爵祿賞賜，不花錢去了解敵情，離間敵人，這真是不仁到了極致了。

這個道理，書上看來，似乎很簡單。但實際工作中，就非常難了。實際上，這是最難的一部分。難在哪兒呢？這是人性之難，難在四個心態。

心態一：大錢花習慣了不知不覺，小錢是預算外的，刺眼得不得了，心疼得不行。

每天七十萬家在花錢，一家一塊錢也是七十萬，但這每天都像水一樣在流，他感覺不到。如果額外要花五萬塊賞錢，他就受不了。

心態二：算別人的帳，不算自己的帳。

他在處理這問題的時候，心裡不是算自己的帳，算自己一天這七十萬家要花多少錢。而是算別人的帳：「就算這樣，你憑什麼要拿我這麼多錢？你值嗎？你配嗎？」然後心裡就不服氣了，不平衡了，不願意了，寧願自己吃虧，也不讓對方占便宜了。項羽就是典型的這種心態，他覺得你們都是跟我混飯吃的，我打天下你們跟著混，還要我賞賜嗎？

對於這種心病，給一劑藥：**你給別人錢，不是給對方定價，是給自己定價。**需要給他很多錢，不是因為他身價高，是因為你身價高。不是因為他值錢，是因為你的事值錢。

這就像大公司花十億美金收購一些初創公司。那窮小子才搞了一年半載，甚至可能還沒收入的公司，他能值十億美元嗎？他要拿了十億美元，比我這個CEO還有錢了。但是，如果你今天不收購他，明天他可能成為你的競爭對手，顛覆你的市場，所以十億美元很便宜了！

心態三：我怎麼知道給他錢是對的呢？可能給了卻沒價值，甚至給錯了！

比如要買通敵將，錢給了，人卻沒買通，他吃裡扒外。比如要施離間計，卻反而中了別人的反間計。那不是花錢買倒楣嗎？

這種心態也很普遍，聽上去似乎也有道理，其實都是沒出息的道理。花了錢，卻上了當，這本來就是你應該考慮到的。如果花錢就百分之百解決，那世界豈不是太簡單太容易？

而且有時候，**花錢只是創造或排除一些可能性，從來就不是百分之百**。還拿上面的收購案為例，你不收購他，他說不定也幹不起來，也威脅不到你；或者你收了他，明天又冒出個別的。這都沒辦法，是因為你自己太值錢。

心態四：要把錢花在刀刃上。

對這種心態，有一劑特效藥：**多花冤枉錢，是把錢花在刀刃上的唯一方法**。

只有你花錢的面足夠寬，你才能提高錢花到刀刃上的概率。而一旦有一分錢花在刀刃上了，就百倍千倍萬倍地賺回來了，這跟做投資是一個道理。間諜工作，就包含長期大量的天使投資（提供創業基金）工作。

如果你想「把每一分錢都花在刀刃上」，那是一廂情願，是最沒出息的想法。

故明君賢將，所以動而勝人，成功出於眾者，先知也。

所以明君賢將，其動輒戰勝敵人，成功超出眾人者，就在於事先了解情況。

梅堯臣注：「主不妄動，動必勝人；將不苟功，功必出眾。所以者何也？在預知敵情也。」

北周名將韋孝寬，做驃騎大將軍，鎮守玉璧。他最能撫御人心，善用間諜。派入北齊工作的間諜，都能用命盡力。也有接受他金錢的北齊人為他通報消息，所以北齊有什麼動靜，北周朝廷都能隨時掌握。北周有一個大將，叫許盆，韋孝寬把他視為心腹，派他去鎮守一城，沒想到許盆卻舉城投降了北齊。韋孝寬大怒，派間諜去刺殺他，很快就把人頭送來了。韋孝寬的諜報工作，就這麼得心應手！

先知者，不可取於鬼神。

要想事先了解情況，不可占卜問鬼神。

不可象於事。

不能用相似的事情推測。

杜牧注：「象者，類也。言不可以他事比類而求。」這句話很重要，信息量很大！

歷代中國說客，要說服人的時候，都喜歡用打比方的方法。現在商家做廣告，也喜歡打比方。比如那牙膏廣告，用冬天把樹幹刷白來打比方，告訴人刷他的牙膏能防止蛀牙。這兩者之間有什麼關係呢？啥關係也沒有。能不能證明那牙膏就能防止蛀牙呢？完全不能證明。但是，聽上去就很有道理，看上去就印象深刻。這就是類比對人思維的影響。

所以，當我們真正要作出重大決策的時候，絕對要排除類比思維對自己的影響。開會的時候，要就事論事，禁止人打比方，打比方最能偷換概念，類比思維最能自欺欺人的。

不可驗於度。

這句話又有不同解法。

曹操注：「不可以事數度也。」不能用事物的一般規律、經驗來猜度，因為任何例外都可能發生。這個，曹操自己就犯過錯誤，赤壁之戰，他把戰船連在一起，別人提醒他防火攻，他以事數度之，說冬天不會颳東南風，結果就颳了。

李筌注：「度，數也。夫長短、闊狹、遠近、小大，即可驗之於度數；人之情偽，度不能知也。」把「度」解釋成數據。

其後各家注說得都差不多，但都沒說最關鍵的——「度數」是什麼？

後學者便有解釋，「度」，度數，指日月星辰運行的度數（位置）。不可驗於度，是指不能用證驗日月星辰運行位置的辦法去求知敵情。我們看《三國演義》，諸葛亮經常夜觀天象來預測吉凶。《孫子兵法》就告訴我們了，這靠不住。

所以古人什麼都明白，沒有一個迷信的，知道要了解敵情，「必取於人，知敵之情者也」。一定要有人實地在現場看過問過，才知道。

讀書，要有正確的讀書價值觀。從對「度」的解釋，我們看到有一般規律說、數據說、星象說，哪個是對的呢？其實哪個對，已經不重要。每一個，都給了我們一個看問題的角度，而且都是非常有價值的角度，引發我們的思考，讓我們學到更多。

很多人會去訓詁考證這個問題，但所有考證，無非在其他古書中翻到對「度」這個詞的一些用法，代入到這句話中來推演一下，不能說前人說的不對，提出一個新的「標準答案」。王陽明專門說過這個問題，**讀書要問自己的收穫，而不是去訓詁考證所謂正確的解釋。**

五種間諜的使用方法（一）：所有疑心，都是懷疑自己

原文

故用間有五：有因間，有內間，有反間，有死間，有生間。五間俱起，莫知其道，是謂神紀，人君之寶也。因間者，因其鄉人而用之。內間者，因其官人而用之。反間者，因其敵間而用之。死間者，為誑事於外，令吾間知之，而傳於敵間也。生間者，反報也。

華杉詳解

故用間有五：有因間，有內間，有反間，有死間，有生間。五間俱起，莫知其道，是謂神紀，人君之寶也。

間諜有五種：因間、內間、反間、死間、生間。五種間諜一起使用，敵人不知道消息是從哪兒洩露的，這就是神妙的道理，國君的法寶。

因間者，因其鄉人而用之。

因間，是誘使敵國鄉人做間諜。

「鄉人」，十一家注裡很簡單，沒有特別解釋，就是敵國當地人。如杜牧注為「敵鄉國之人」，梅堯臣注為：「因其國人，利而使之。」利用當地人，給他利益，利用他。賈林注：「讀『因間』為『鄉間』。」他說這裡「因」就讀「鄉」。

不過郭化若將軍對「鄉人」有特別解釋，他說鄉人是春秋時對敵方官鄉大夫的略稱，齊國叫「鄉良人」，宋國叫「鄉正」。《周禮．鄉大夫》說，鄉大夫的級別，是介於司徒和鄉吏之間。

郭將軍的解釋也有價值，總要有點身分、管點事，才能提供有價值的情報。

善用鄉人的例子，是大家熟悉的「聞雞起舞」的祖逖。祖逖家本是北方大族，五胡亂華，漢人南渡，西晉變東晉，祖逖就常懷恢復中原之志。祖逖生性豁達，輕財仗義，又發奮讀書，聞雞練武，練成文武雙全，智勇仁義俱備。

祖逖為人，最能愛人下士，叫人對他死心塌地。為了自己手下人，他可什麼「原則」都不管。手下賓客眾多，也不乏雞鳴狗盜之徒。揚州災荒時，有的賓客出去劫掠富戶，被官府捉拿，他利用自己勢力去把人撈出來，不僅不加責備，還說：「比附南塘一出不？」咱們要不要再去南塘幹一票？他來這一手，大家都覺得跟祖大人幹，死而無憾。

像祖逖這樣「上對下恩義相結，下對上人身依附」的「中國模式」，只能做豪強，做不了天子，也做不了國家柱石大臣。如果天子、宰相也是只認兄弟伙，只要你死心塌地跟我，違法亂紀我都罩著你，用縱容屬下貪腐來換取他們的忠誠，那是「以腐治國」，國家非敗亡不可，梁武帝就是例子。

祖逖後來受朝廷猜忌，憂憤而死。他那樣無法無天，能不被猜忌嗎？

回頭再說祖逖怎麼利用「因間」，和他對下人一樣，也是恩義相結，只要你跟我，一切我都保你。

祖逖任豫州刺史，和後趙石勒接壤。時逢亂世，河南是晉趙邊境地區，地方豪族皆結塢自保。那些塢主都有兒子在後趙做人質。祖逖則對他們放寬政策，任由他們兩面討好，對他們恩禮有加，讓他們提供情報，又時不時假裝去攻打一回，向後趙顯示這些塢堡和他沒有關係。如此這般，塢主們對祖逖都非常感戴，後趙有什麼風吹草動，都來彙報。祖逖能收復河南大片土地，這是很重要的因素。

內間者，因其官人而用之。

內間，是利用敵方的官吏。

杜牧講了七種人，可以發展為內間：

一、敵之官人，有賢而失職者；

二、有過而被刑者；

三、有寵嬖而貪財者；

四、有屈在下位者；

五、有不得任使者；

六、有欲因敗喪而展己之才能者；

七、有翻覆變詐、常持兩端之心者。

杜牧說：「如此之官，皆可潛通問遺，厚貺金帛而結之，因求其國中之情，察其謀我之事，復問其君臣，使不和同也。」

敵方的官吏，有本來賢達，但犯了錯誤，前程受影響的；有被刑罰，心懷怨恨的，或者父親受刑影響子孫前途的；有寵妾情婦或有特殊愛好又貪財的（不是說就怕領導沒愛好嗎？有愛好，就有弱點）；有對自己地位不滿的；有不得志才能得不到發揮的；有希望己方失敗自己才有機會的；有反覆無常，常持兩端之心的；這些人都可發展成內間。

不過你要用對方內間，對方也會演戲給你看。周瑜打黃蓋，就是打給曹操看。曹操認為黃蓋心懷怨恨，真心來降，不加防備，結果就被黃蓋火燒赤壁了。

行賄敵國有寵嬖貪財者，孫子本人就中了這一招。吳國夫差將越王勾踐五千殘兵敗將包圍在會稽山，眼看越國就要亡國了。這時候誰跟著吳王呢？三個重臣：伍子胥、孫子、伯嚭。勾踐來使要投降，伍子胥勸吳王不給他機會，徹底消滅越國。這時候勾踐就派文種帶了金錢美女去行賄伯嚭。說越國表面是投降吳王，實際是投降伯嚭先生您。以後越國的美女金帛，都先通過您再給吳王，越國的財富，就是伯嚭先生您的財富。這伯嚭就全力幫越國了。

奸臣總是有忠臣沒有的本事，伍子胥、孫子的話吳王都不聽，就聽伯嚭的。伯嚭後來還配合勾踐害死了伍子胥——伍子胥正是他當初落難時把他引薦給吳王的恩人。勾踐敢於親自去吳國做人質麻痹夫差，很大程度上是因為有伯嚭的保護。後來說服夫差放勾踐脫身回國，還是伯嚭。給夫差送上西施、鄭旦，是通過伯嚭。建議夫差重建姑蘇台，並給他送上越國最好的木料，幫他消耗吳國民力財力，還是通過伯嚭。

勾踐把用間方法，還有前面《計篇》裡「兵者，詭道也」說的，卑而驕之、佚而勞之、親而離之等等，一部《孫子兵法》都用盡了，孫子一點招都沒有，眼睜睜看著吳國滅亡。

前面學過的李世民滅竇建德之戰，也有內間的作用。

李世民包圍了王世充，竇建德來救。李世民搶先占了虎牢關，竇建德攻不進去，還總被他衝出來殺傷士卒。李世民有沒有軟肋呢？有。他最怕的，就是竇建德不在這兒跟他戰，轉頭去攻打他的後方。兵法不是說了嗎？當敵方占了爭地，不要去進攻，當引兵而去，趣其所愛，攻其必救，引他出來，再在路上埋伏打他。你不是占了虎牢關嗎？你自己占著吧。

這麼簡單的道理，竇建德帳下當然不會沒人知道，謀士凌敬進言說：「應當全軍渡過黃河北上，攻占懷州河陽，安排主將鎮守。再率領大隊人馬擊鼓舉旗，跨越太行山，開進上黨縣，虛張聲勢隱藏目的，不必麻煩作戰。加速趕到壺口，逐漸驚擾蒲津，奪取河東土地，這是上策。實行這個方針定有三條好處：一是到無人防守的地方，軍隊萬無一失；二是擴大地盤招募兵卒；三是唐軍對王世充的包圍自己就會解除。」

凌敬所言，既是爭地的標準戰法，也是圍魏救趙之計，可以說也沒多大奇妙，都是教科書似的戰略，竇建德覺得有理，準備聽從。如果這樣做，李世民就麻煩了。

這時候，誰幫了李世民的忙呢，是王世充自己。王世充被李世民圍得急了，怕竇建德撤兵而去，洛陽城就陷落了。王世充的使者長孫安世私下送金銀珠寶利誘各個將領，讓他們勸竇建德別走。各個將領全都勸諫說：「凌敬不過是個書生，怎能跟他談打仗呢？」竇建德耳朵根子軟，一個書生的意見，當然頂不過那麼多大將，於是他就反悔了，最終被李世民拖死在虎牢關下，被李世民生擒，送到長安斬了。

竇建德的大將們做了王世充的內間，害了自己，害了竇建德，也害了王世充。

這就是領導者的痛苦，人人都會向你進言，但有的人是忠心為國，有的人進言背後，則是為了自己的權位和利益，你怎麼分辨呢？連進言的人他自己都分辨不清！竇建德的案例，凌敬是就事論事，公忠體國，大將們則是都得了王世充好處。但他們為王世充說話的時候，也是理直氣壯的，並不認為自己是收了錢才這樣說，為什麼呢？這是古往今來只要是人都拿手的特長——自欺欺人——把自己先欺了，自己都相信自己說話是公允的了，就理直氣壯了，我十萬大軍，為何要躲避李氏小兒區區三千五百人呢？以他們的智商，根本認識不到戰局有多麼凶險！

內間的案例太多了，專門寫一本書都寫不完。內間們並不是都懷有叛國的目的，他也不知道自己進的讒言對國家有那麼大的危害。他只不過是嫉妒那有能力的人，不希望他建立功勳；或者想表達一點與眾不同的見解，找到一種存在感，這就被敵人拉下水了。

我們常哀嘆某某主君為小人所誤。那小人呢，並不都是伯嚭那樣的壞人，往往就是一些沒有見識的人，他自以為自己對主君忠心得很，主君也認為他是忠心的。往往這種人，最容易被發展成內間，因為他根本不知道自己在做內間，也不能識別發展他的人送他東西的目的。這種沒見識的小人哪，對國家的破壞，比真正的壞人還大！因為主君對他不設防，認為他沒壞心。

鴻門宴，劉邦得以逃生，關鍵在於買通了項羽的親叔父項伯。項伯認為自己在害項羽嗎？不認為。項伯知道自己的行為，是做了劉邦的內間嗎？不知道。他不過是個「老好人」，絕對「沒有壞心」，項羽絕對想不到防備他，而他確實在鴻門宴之前就跟劉邦約為婚姻，成了親家了。

所以國家不能用所謂「有德無才」的人，國家大事，只有有足夠才能的人，才能理解，才能參與討論。**真正德高者，其才也高，因為德就是最大的見識，這世上沒有「有德無才」這回事，「才」是「德」的前提。沒有才的人，不可能有德。**

「有欲因敗喪而展己之才能者」，這種情況也很普遍，很可怕呀！比如大家本來都是公忠體國，但是主君用了甲的計策，沒有用乙的計策。乙是希望這事情最後成功呢，還是失敗呢？很多人都會希望他失敗，以證明自己的正確。部分人就可能因此協助敵人搞破壞！

「有翻覆變詐、常持兩端之心者。」今天投降這個，明天投降那個的，各方都想爭取他，但各方都不信任他，隨時把他拋棄。三姓家奴呂布就是典型人物，為什麼叫三姓家奴呢？他本來姓呂，這是一姓。後來認丁原為義父，二姓丁。被董卓買通殺了丁原，又拜董卓為義父，三姓董，這就是三姓。不過三姓還不是結束，後來為了貂蟬，又殺了董卓。所以最後他要投降曹操，曹操就不敢留他，把他處死了。

孟達也是。他本是蜀將，投降了魏國，後來經不起諸葛亮引誘，又要降蜀。諸葛亮故意洩露孟達和蜀國交通的信息，讓司馬懿知道，這樣絕孟達的後路，催他下決心舉事。司馬懿也了解孟達首鼠兩端的性格，也寫信引誘他，把他穩住，然後卷甲急進，八天到孟達城下，把他斬了。司馬懿沒賠本，平了孟達之亂，穩住了城池，諸葛亮也有小賺，至少除了魏國一將，折騰了司馬懿一場。孟達就被拋棄了。

反間者，因其敵間而用之。

「反間」，就是誘使敵方間諜為我所用。怎麼誘他呢，杜牧說有兩種方式：「敵有間來窺我，我必先知之。或厚賂誘之，反為我用，或佯為不覺，示以偽情而縱之，則敵人之間反為我所用也。」要麼厚厚賄賂，讓他更願意跟我幹；要麼假裝不知道，故意演些假戲給他看，讓他回去誤導他的主君。

楚漢相爭，項羽就中了劉邦的反間計。劉邦想除去項羽的主心骨亞父范增，先用內間，讓陳平用了四萬兩黃金，買通項羽手下將領，散布謠言，說范增、鍾離昧等對項王封賞不滿，要和劉邦聯合滅項王呢！項羽本來封賞方面就不太大方，這話他雖然不敢相信，但也聽進去了，這就做好了鋪墊。等項羽使者到漢軍營中來，陳平先以太牢之具，高規格，好酒肉接待。席間話沒說兩句，便故作驚訝道：「什麼？你們是項王使者？我還以為是亞父使者呢？」馬上叫人撤去酒菜，降低接待規格和標準。使者回報，項羽大怒，就把范增攆走了。

這故事聽上去像哄小孩的一樣可笑，但項羽居然會上當。為什麼呢？一是陳平事先的謠言輿論作了很充分的鋪墊；二呢，還是在於項羽自己，他對跟他幹的人本身就不夠慷慨，所以他自己心裡就有鬼，就不踏實，就認為任何人要背叛他跟劉邦，都是完全可能的。

所有的疑心，都是懷疑自己。

項羽的疑心並沒有錯，他自己的親叔父項伯，在鴻門宴上保護劉邦的那個，就是劉邦的內間，在項羽抓了劉邦父親要殺時，也是他勸住的。劉邦得天下後，賜項伯姓劉，封射陽侯。

劉邦自己也中過反間計，中了誰的計呢，就是那個匈奴狠角色，冒頓單于。

韓王信叛亂，聯合匈奴，和漢朝作戰。劉邦想一舉端掉匈奴，派了十幾撥使臣去打探虛實。冒頓把精兵強馬都藏起來，盡給漢使看到一些殘兵弱馬。所以使者個個回來都說匈奴可擊，只有婁敬說這是匈奴反間計，故意誤導我們的。劉邦一心想打，信心百倍，罵婁敬惑亂軍心，把他關起來，說等我凱旋後再處置你。

結果劉邦在白登被冒頓四十萬大軍包圍，差點掛了。靠陳平設計買通冒頓的寵妃，才議和得歸。不過劉邦有個好處，馬上把婁敬放出來，封關內侯，食祿兩千戶。而其他十幾個說匈奴可擊的，全部處斬。

熟讀兵法，也做不到不中計，因為每一次情況都不一樣，都有各種可能。

五種間諜的使用方法（二）：生間和死間

原文

死間者，為誑事於外，令吾間知之，而傳於敵間也。生間者，反報也。

華杉詳解

死間者，為誑事於外，令吾間知之，而傳於敵間也。

死間是最悲慘的了，被派出去的時候，就已經被自己人出賣了。什麼叫死間呢，就是傳遞一些假消息給自己的間諜或使者，讓他帶給敵人。不知道自己掌握的消息是假的，當然一不可能洩密，二更能得到敵人信任，三呢，他當然也不知道保護自己。所以當真相敗露的時候，他一定會被敵人殺死，所以叫死間。

最著名的死間，就是酈食其了。劉邦派他去說降齊國。他憑三寸不爛之舌，真把齊王給說下來了，他還向齊王拍胸脯，說我要是騙你，你把我烹了。結果呢，他和齊王高高興興喝酒。韓信卻不願意一個書生耍嘴皮子比他打仗功勞還大，直接發兵攻打不設防的齊國。酈食其就稀里糊塗成了死間，被齊王架起鍋煮了，齊國也為韓信所滅。

春秋時有一個著名的死間案例。鄭武公想伐胡國，怎麼辦呢？先和胡國聯姻，讓他兒子娶胡女為妻。然後在朝會的時候，問群臣，我國要開疆拓土，往那邊發展合適呢？大夫關期思說：「胡可伐。」關期思的判斷是對的，但可悲的是，他不知道主公問這話的目的是找一個死間，他這算是第一個舉手報名了。鄭武公大怒，道：「胡，兄弟之國，子言伐之？何也？」把他推出去斬了。

胡國國君當然很快聽說了，非常感動！不設防備，鄭武公就起兵滅了胡國。

北宋和西夏作戰，還有一個死間的例子。派一個假僧人，吞蠟丸入西夏，被抓住拷問，招供肚子裡有蠟丸。取出來一看，蠟丸裡是給西夏謀臣的密信，西夏就把那謀臣殺了，假和尚當然也得死。

生間者，反報也。

死間是一去不復回；生間相反，是活著回來彙報的。

李筌注：「往來之使也。」按李筌說法，外交使節，廣義上都是生間，都是間諜。

杜牧注：「往來相通報也。生間者，必取內明外愚、形劣心壯、矯捷勁勇、閒於鄙事、能忍飢寒垢恥者為之。」

南北朝時期，東魏西魏爭戰，西魏的宇文泰派達奚武偵察東魏的高歡軍營。達奚武帶領三名騎兵，穿著敵人衣服。到傍晚，離敵營數百步，下馬偷聽，知道他們的軍中號令。於是上馬經過各軍營，好像夜間警戒一樣，遇到有不遵守法令的士兵，就拿鞭子抽打。這樣，達奚武全都了解敵軍的情況，並稟告宇文泰。

陳平這樣的人有什麼本事呢？就是有分豬肉的本事

> 分豬肉的本事，就是平衡各方利益的本事，調動各方積極性的本事，協調各方關係的本事，這就是做宰相的本事。

原文

故三軍之事，莫親於間，賞莫厚於間，事莫密於間。非聖智不能用間，非仁義不能使間，非微妙不能得間之實。微哉！微哉！無所不用間也。

華杉詳解

故三軍之事，莫親於間。

張預注：「三軍之士，然皆親撫，獨於間者以腹心相委，是最為親密也。」三軍將士都親，但間諜最親。

杜牧注：「受辭指縱，在於臥內。」

梅堯臣注：「入幄受辭，最為親近。」都進入到內室交代任務，所以是最親近的了。

杜佑注：「若不親撫，重以祿賞，則反為敵用，洩我情實。」每一個派出去的間諜，都可能被對方發展為反間。如果我不是親自領導，重重賞賜，恩義相結，就可能反為敵所用，出賣我方軍情了。

賞莫厚於間。

要肯花錢，在間諜工作上，花再大的錢，都是小錢，因為你一是在買天下，二是在買自己的生命，結局就是得到天下，和丟掉性命二選一。比如楚漢相爭，劉邦被項羽包圍，陳平申請說：「願出黃金四萬金，間楚君臣。」劉邦馬上給錢，都不問計畫，錢怎麼花，為什麼是四萬？為什麼不是三萬也不是五萬？

事莫密於間。

沒有什麼比間諜更祕密的事，間諜工作，就是地下工作，祕密工作。

杜牧注：「出口入耳也。密一作審。」

杜佑注：「間事不密，則為己害。」

就像陳平要買通項羽手下，散布謠言，如果事機不密，那就害死自己了。

非聖智不能用間。

杜牧注：「先量間者之性，誠實多智，然後可用之。厚貌深情，險於山川，非聖人莫能之。」知人知面不知心，你要知他的心，知他的智，知他的能，還要能駕馭他，這是只有聖智之人才能做到的事。

張預注：「聖智能知人。」

陳平是專給劉邦做間諜工作的，很多人都否定陳平的人品，最著名的傳言就是「盜嫂受金」。「盜嫂」，是說他哥哥對他特別好，他卻跟嫂嫂私通。這個沒有明確證據，但傳言很盛。「受金」，則是他跟劉邦當官後，收受下屬賄賂，這個是劉邦責問他時，他自己承認的，他說他剛來，沒錢，沒錢就辦不了事，所以才受賄。很多人都否定他，劉邦卻信任他，把最機密重大的諜報工作交給他負責。

陳平自己是不是聖智之人呢？他做諜報，用了哪些人，怎麼用，史籍沒有記載，但是記載了他年輕時的一件事蹟，每年社祭，鄉親們都願意陳平做社廟裡的社宰，主持祭社神，為大家分肉。因為他把肉一塊塊分得十分均勻。父老鄉親們紛紛讚揚他說：「善！陳孺子之為宰！」小陳宰肉宰得太好了！

陳平感慨地說：「嗟乎！使我能宰天下，亦如是肉也！」——假使我陳平能有機會治理天下，也能像分肉一樣恰當、稱職。

所以陳平這樣的人有什麼本事呢？就是有分豬肉的本事。分豬肉的本事，就是平衡各方利益的本事，調動各方積極性的本事，協調各方關係的本事，這就是做宰相的本事。

陳平之後不僅為劉邦六出奇計，奪取天下，而且在劉邦死後，保全自己，呂后死後，誅除諸呂，匡扶漢室，都立下安邦定國之功，成為漢朝宰相。

非仁義不能使間。

「仁義」怎麼解？

陳皞注：「仁者有恩及人，義者得宜而制事。主將者，既能仁結而義使，則間者盡心而覘察，樂為我用也。」

王晳注：「仁結其心，義激其節。仁義使人，有何不可？」

張預注：「仁則不愛爵賞，義則果決無疑。既啖以厚利，又待以至誠，則間者竭力。」

所以仁義，是一種領導力，既能與人心心相印，又能不吝嗇賞賜，決策斷事還能果決無疑。你的胸懷，你的人格，你的情義，你的慷慨，你的洞察，你的決斷，你的本事，都讓人服氣！讓人除了踏踏實實、死心塌地跟你幹之外，不作他想！

非微妙不能得間之實。

間諜工作太高深、太凶險了，我們的任何間諜，都可能被敵人策反，被敵人控制。駕馭間諜，既要推心置腹，恩義相結，又不能信任任何人。這推心置腹和不能信任之間的關係，太微妙了。這間者回來彙報，他說的是否是實情？或者他以為是實，而實際是敵人製造的假象來騙他的。這要非常微妙之間的思考，才能得到實情。劉邦這樣的用間大師，也會上這樣的當。比如他上冒頓的當，派出十幾撥使者，都看見匈奴的殘兵弱馬，每個人都說匈奴可擊，只有婁敬說肯定是裝出來麻痹我們的，引誘我們去擊他。以劉邦的智慧，竟然把婁敬關起來，相信了那十幾個說可擊的，結果差點回不來了。

就像所有的騙術一樣，冒頓的騙術是教科書似的，任何一本《騙術大全》上都寫得明明白白的，非常簡單的，甚至是拙劣的，是人都能想到的，一眼就能識破的。為什麼以劉邦的智慧，也會上當呢？因為這假象符合他的期望，而且他貪圖擊破匈奴之功利。你有所期待，有所貪心，就會上當。

人們會相信一些事情，只不過因為他們希望那是真的。

微哉！微哉！無所不用間也。

微妙，微妙啊！太微妙了！

要重視大人物身邊地位低的人，這些人最能幫你辦大事

原文

間事未發，而先聞者，間與所告者皆死。凡軍之所欲擊，城之所欲攻，人之所欲殺，必先知其守將、左右、謁者、門者、舍人之姓名，令吾間必索知之。

華杉詳解

間事未發，而先聞者，間與所告者皆死。

間諜工作還在進行，就事先告訴了別人，那麼間諜和他告訴了消息的人都要處死。處死間諜，是懲罰他洩密；處死知道祕密的人，是為了滅口。

梅堯臣注：「殺間者，惡其洩；殺告者，滅其言。」

所以做保密工作，組織紀律很嚴格，連家人也不能告訴一個字。搞兩彈一星（核彈、飛彈、人造衛星）的工作人員，離家一走好幾年，家人不知道他去哪，也不知道他什麼時候回來，也不能通信。這就是保密工作，要讓人保守祕密，最好的辦法就是不讓他知道。

司馬懿一生，兩次裝病。裝病賺曹爽，奪了魏國政權，那是第二次。之前還有一次，他在家韜光養晦，曹操讓他出來工作，他覺得還沒看清政治形勢，不想出山，怎麼辦，就裝病，說得了風痹。

曹操不信，派人夜裡去查探，他果然在那裡一動不動歪著，曹操就信了。所以這裝病也好，裝瘋也好，一定要人前人後一個樣，有人沒人一個樣，大意不得，因為隨時可能有探子在暗中察看。

有一天，司馬懿在內院歪著，院子裡呢，正在曬書，竹簡攤開了一片在那兒曬。突然，來了暴雨。讀書人哪，司馬懿一看書要澆濕了，忘了自己在裝病，騰身而起，就去收書。結果呢，就被自家一個婢女看見了。那婢女驚得張大了嘴巴。同時在內院的還有司馬懿的妻子張春華，張春華當機立斷，竟然親手格殺了那婢女。所以司馬懿狠哪，他老婆也是狠角色。

凡軍之所欲擊，城之所欲攻，人之所欲殺，必先知其守將、左右、謁者、門者、舍人之姓名，令吾間必索知之。

凡是要攻擊對方的軍隊，攻打對方的城池，殺掉對方的將領官員，一定要知道對方守將是誰，左右親信、掌管傳達通報的官員、守門官吏，和近侍官員的姓名，一定都要我們的間諜弄清楚。

這一段信息量很大，可以解釋好多事情。

先說要知道對方守將。這一句最好理解。打仗，是和對方主將作戰，主將的能力，決定了軍隊的戰鬥力。所謂兵熊熊一個，將熊熊一窩。羸兵弱旅到韓信手裡就是勁旅，因為他有「驅市人以戰」的本事，就是隨便在街上糾集一幫烏合之眾，他都有辦法讓他們殊死作戰。而四十萬大軍到了趙括手裡，就得任人宰割。所以長平之戰前，秦軍想方設法讓趙國調走廉頗，換上趙括。自己又悄悄地調白起為主帥，並嚴格保密，令：「有洩武安君為將者，斬！」

王齕對廉頗的棋局，悄悄換成了白起對趙括，趙軍就敗了。

劉邦遣韓信、曹參、灌嬰擊魏豹，問：「魏大將誰也？」對曰：「柏直。」劉邦說：「這小子還乳臭未乾，不是韓信的對手。」

又問：「騎兵將領是誰？」答：「馮敬。」劉邦說：「哦，那是秦將馮無擇的兒子，雖然也算不錯，但還是搞不過灌嬰。」

再問：「步卒將領是誰？」答：「項它。」劉邦說：「搞不過曹參。吾無憂矣！」

所以做主帥，不僅對自己手下人員要熟悉，對敵軍上下各個將領的人物背景、軍事能力、性格特徵，甚至個人愛好，都要熟悉了解。

上面是說要了解對方將領，那為什麼還要了解左右、謁者、門者、舍人呢？張預舉了一個例子，還是劉邦。劉邦戰敗脫逃，投奔韓信軍中，直接就到了韓信臥室，把韓信的印信收了，把韓信軍隊的指揮權抓到了手裡。他若不是之前有細緻的基礎工作，就算他是主帥，安能不驚動韓信，就能到他床邊？

還有一個衝到對方床上的例子，而且不是劉邦到韓信床上那樣的自家人，而是衝到敵軍主帥床上。戰例是春秋時楚宋交戰，楚軍圍了邯鄲差不多一年，城內到了人相食的地步，還誓死不投降。楚軍也疲憊不堪。宋國想把楚軍耗走。楚軍則開始建房子、耕田，顯示要長期占領，就在這兒安家了，不走了。在這種情況下，宋國執政華元夜裡親身潛入楚軍大營，直接就衝到楚軍主帥子反的床上，把子反劫持了。兩人在床上談判，楚國退軍，華元到楚國做人質，簽訂了和議。

如果華元事先沒有周密的間諜工作，把子反的左右、謁者、門者、舍人摸得一清二楚，甚至有所默契，他怎麼可能摸到子反床上？

還有一例，民國時鐵血鋤奸，戴笠要除掉偽上海市長傅筱庵。通過誰呢？通過他最親信的，跟了他幾十年的「兩代義僕」、廚師朱升源，乘他在虹口官邸熟睡之際，用菜刀把腦袋砍了下來。朱升源跟傅筱庵有義，但還有更大的國家大義。

所以要重視大人物身邊地位低的人，這些人最能幫你辦大事。

五種間諜，反間是關鍵

原文

必索敵人之間來間我者，因而利之，導而舍之，故反間可得而用也。因是而知之，故鄉間、內間可得而使也。因是而知之，故死間為誑事，可使告敵。因是而知之，故生間可使如期。五間之事，主必知之，知之必在於反間，故反間不可不厚也。

華杉詳解

這裡是強調五種間諜，反間最重要，是用間的關鍵。

必索敵人之間來間我者，因而利之，導而舍之，故反間可得而用也。

一定要把敵國派到我國的間諜找出來，重利收買他，把他留了下來，誘導他，這樣反間就可以為我所用。

這裡的「舍之」，曹操注：「舍，居止也。」讓他住下來，有點軟禁的意思。軟禁起來，再腐蝕他，誘導他，策反他。

張預注：「索，求也。求敵間之來窺我者，因以厚利，誘導而館舍之，使反為我間也。言舍之者，謂稽留其使也。淹延既久，論事必多，我因得察敵之情。」

扣留對方使者，拖延時日，以期能策反以為己用。漢朝與匈奴，頻繁相互派使者，大都有間諜任務，相互扣押使者，也是常事。其中蘇武被扣十九年不投降，留下了蘇武牧羊的千古傳奇。

因是而知之，故鄉間、內間可得而使也。

由反間了解了情況，則鄉間、內間就可以為我所用了。

梅堯臣注：「其國人可使者，其官人之可用者，皆因反間而知之。」

張預注：「因是反間，知彼鄉人之貪利者，官人之有隙者，誘而使之。」

通過和反間談話，知道敵國鄉人中貪利之徒，也知道朝廷大臣誰跟誰有矛盾，就可以安排下一步利用。

所以反間，也不一定完全是策反投降我們，就是把他留下來酒肉侍候著，不停地跟他聊，讓他言多必失。張預說：「淹留既久，論事必多，我因得察敵之情。」

因是而知之，故死間為誑事，可使告敵。

通過從反間那裡了解的情況，可以知道什麼樣的假情報可以對敵方起到顛覆性作用，就可以派出死間去傳遞。

因是而知之，故生間可使如期。

通過反間了解敵人的疏密，生間就可以按期回報敵情。

五間之事，主必知之，知之必在於反間，故反間不可不厚也。

所以五間之事，反間為本。用間要下大本錢，反間要下最大本錢！

「先勝後戰」的關鍵是不勝不戰

原文

昔殷之興也，伊摯在夏；周之興也，呂牙在殷。故惟明君賢將，能以上智為間者，必成大功。

此兵之要，三軍之所恃而動也。

華杉詳解

昔殷之興也，伊摯在夏。

殷商的興起，是依靠夏國的伊摯。

曹操注：「伊摯，伊尹也。」

「伊摯」，就是伊尹，這裡孫子把他作為間諜的第一個案例。伊尹的身分比較複雜，大概是廚師、家庭教師、帝王師、間諜、軍師、相國、聖人。

伊摯首先是個廚師，也是中國廚師的祖師，我們燒菜說關鍵是要掌握「火候」，這個火候論就是伊摯提出來的，伊摯提出五味調和說和火候論，他的廚藝是有理論的。

伊摯是夏朝有莘國國君的廚師和貴族子弟家庭教師，專研究兩件事：烹小鮮和治大國。所以我都懷疑老子說的「治大國如烹小鮮」，是不是受伊摯啟發。因為老子只是說，而伊摯在這兩方面，都堪稱中華始祖：烹飪，他被稱為中華廚祖；治國，他被封為「商元聖」。

商湯為了得到伊摯，娶了有莘國君的女兒，伊摯作為陪嫁來到商，《孟子》說：「湯之於伊尹，學焉而後臣之，故不勞而王。」湯尊伊摯為帝王師，教他堯舜之道。同時，商湯五次派伊摯作他的使者去晉見夏桀，包括結交夏桀的元妃妹喜，大量竊取夏國情報，為商滅夏發揮了關鍵作用。

周之興也，呂牙在殷。

孫子舉的第二個間諜案例，是姜子牙。周朝的興起，是依靠在殷商的姜子牙。姜子牙曾經為商紂王工作，周文王得到他，就了解了很多商紂王的內情。

孫子舉伊摯和姜子牙兩人為間諜的案例，引起很多後學的不解，甚至不滿。因為讀兵法的，特別是注兵法的，還是讀書人多、儒生多。伊摯和姜子牙都是儒家價值觀裡的聖人，孫子將他們說成間諜，而間諜再怎麼重要，在儒生心目中也不是「正人君子」的工作，再說這二人在商和周的建國大業裡發揮的核心作用，絕不是間諜的作用。

梅堯臣說：「伊尹、呂牙，非叛於國也，夏不能任而殷任之，殷不能用而周用之，其成大功者，為民也。」這兩位並非叛國間諜，而是良臣擇明主而事之，為天下蒼生謀福利。

張預也不滿意以伊尹、姜子牙為間諜例子，他說：「伊尹，夏臣也，後歸於殷；呂望，殷臣也，後歸於周。伊、呂相湯、武，以兵定天下者，順乎天而應乎人也。非同伯州犁之奔楚，苗賁皇之適晉。」伊尹是夏臣歸於殷，姜子牙是殷臣歸於周，二人分別輔佐湯、武平定天下，是順天命、救人民，和伯州犁、苗賁皇之流不是一回事。

伯州犁和苗賁皇，就是標準的叛國者了。

伯州犁，是晉國貴族，其父伯宗被「三郤」所迫害，奔楚，為楚國太宰。

苗賁皇，是楚國貴族，羋姓，斗氏，若敖氏之族，楚國令尹斗椒之子，楚莊王九年，斗椒作亂失敗，楚莊王滅若敖氏之族，賁皇逃到晉國。晉任之為謀主，為晉國八大良臣之一。

晉楚兩國鄢陵之戰，二人就分別站在國君旁邊，指點自己過去祖國軍隊的內情，給國君出主意。不過苗賁皇技高一籌，晉軍獲勝。

鄢陵之戰是春秋時期經典大戰役，史書對二位叛臣的表現記載非常生動：

伯州犁陪同楚共王觀察晉軍陣營。

楚王問：「晉兵正駕著兵車左右奔跑，這是在幹啥？」

伯州犁回答說：「在召集軍官。」
楚王：「那些人都到中軍集合了。」
伯州犁：「在開會商量。」
楚王：「搭起帳幕了。」
伯州犁：「在向先君卜吉凶。」
楚王：「撤去帳幕了。」
伯州犁：「快發布命令了。」
楚王說：「非常喧鬧，塵土飛揚。」
伯州犁：「這是準備填井平灶，擺開陣勢。」
楚王：「都登上了戰車，左右兩邊的人又拿著武器下車了。」
伯州犁：「這是聽取主帥發布誓師令。」
楚王問道：「要開戰了嗎？」
伯州犁：「還不知道。」
楚王：「又上了戰車，左右兩邊的人又都下來了。」
伯州犁說：「這是戰前向神祈禱。」
看這對話，就知道間諜多麼可怕！一舉一動都被對方了如指掌！
伯州犁還把晉厲公親兵的位置告訴了楚共王。這樣，楚軍就知道晉君的位置了。當然，晉厲公這邊有苗賁皇，彼此彼此，他也知道了楚共王親兵的位置。不過苗賁皇不像伯州犁那樣，說得詳細、生動，甚至還有點八卦，卻沒什麼實際用處，苗賁皇直接說了最關鍵的。他向晉厲公提出建議說：「楚國的精銳部隊是中軍，主要是那些楚王的親兵。如果分出一些精兵來攻擊牽制楚國的左右兩軍，再集中三軍主力攻打中軍楚王的親兵，一定能把他們打得大敗。」

晉厲公依計而行，楚軍敗退。

楚共王決定次日再戰。晉國的苗賁皇也通告全軍做好準備，次日再戰，並故意放鬆對楚國戰俘的看守，讓他們逃回楚營，報告晉軍備戰情況。楚共王得知晉軍已有準備後，立即召見子反討論對策，子反當晚醉酒，不能應召入見。楚共王無奈，引領軍隊趁著夜色撤退。鄢陵之戰，以晉軍的勝利而結束。

所以孫子強調間諜的重要，得到什麼人，都不如得到對方的人。而得到對方的人，還要得到對的人。得到的人不對，還是搞不贏別人。

故惟明君賢將，能以上智為間者，必成大功。此兵之要，三軍之所恃而動也。

所以明君賢將，以有大智慧的人做間諜的，必成大功。這是用兵的關鍵，整個軍隊都要依靠間諜情報來決定行動。

杜牧注：「不知敵情，軍不可以動，知敵之情，非間不可。故曰：三軍所恃而動。」

李筌注：「孫子論兵，始於計而終於間者，蓋不以攻為主，為將者可不慎之哉？」

整部《孫子兵法》，從《計篇》開始，以《用間篇》結束，並不以戰鬥、攻擊為主要內容，為將者，能不引起深思，慎重行事嗎？

李筌所論，正可作為本書的結語。《孫子兵法》的核心思想是什麼，就是四個字：

先勝後戰。

「計」，是為了先勝，有勝算而後舉兵；「間」，還是為了先勝，掌握敵情，知己知彼，然後出戰。

「先勝後戰」的關鍵又是什麼呢？是——

不勝不戰。

沒有勝算，沒有勝局，就不要動。兵法主要是研究不戰，不是研究戰，要能不戰而自保，一戰而能定，才能掌握《孫子兵法》開篇所言：「兵者，國之大事，死生之地，存亡之道，不可不察也。」

無論我們做什麼事，都要有先勝後戰的思想，謀定而後動。什麼也不做，沒關係，很多情況下，等待都是最佳策略。在所有對事物發展起作用的因素裡面，有一個終極決定性因素，叫時間，要懂得等待，善於忍耐，並能夠觀察和利用時間帶來的變化，並且能利用時間製造變化。時間帶走了毛主席，讓鄧小平改變中國。如果想對抗這時間有所作為，那就什麼都沒有了。

不要毛皮擦癢老想馬上做點啥。一些所謂「戰略舉措」，無非是決策者的焦慮情緒。不幹點啥，就覺得自己在「不作為」。或者主將認為不能動，國君在後方覺得他「不作為」，焦慮得不得了，非要有所動作，情緒才能緩解一下，一動，就成了「不作死，就不會死」。

附錄：《用間篇》全文

孫子曰：凡興師十萬，出征千里，百姓之費，公家之奉，日費千金；內外騷動，怠於道路，不得操事者，七十萬家。相守數年，以爭一日之勝，而愛爵祿百金，不知敵之情者，不仁之至也，非人之將也，非主之佐也，非勝之主也。故明君賢將，所以動而勝人，成功出於眾者，先知也。先知者，不可取於鬼神，不可象於事，不可驗於度，必取於人，知敵之情者也。

故用間有五：有因間，有內間，有反間，有死間，有生間。五間俱起，莫知其道，是謂神紀，人君之寶也。因間者，因其鄉人而用之。內間者，因其官人而用之。反間者，因其敵間而用之。死間者，為誑事於外，令吾間知之，而傳於敵間也。生間者，反報也。

故三軍之事，莫親於間，賞莫厚於間，事莫密於間。非聖智不能用間，非仁義不能使間，非微妙不能得間之實。微哉！微哉！無所不用間也。間事未發，而先聞者，間與所告者皆死。

凡軍之所欲擊，城之所欲攻，人之所欲殺，必先知其守將、左右、謁者、門者、舍人之姓名，令吾間必索知之。

必索敵人之間來間我者，因而利之，導而舍之，故反間可得而用也。因是而知之，故鄉間、內間可得而使也。因是而知之，故死間為誑事，可使告敵。因是而知之，故生間可使如期。五間之事，主必知之，知之必在於反間，故反間不可不厚也。

昔殷之興也，伊摯在夏；周之興也，呂牙在殷。故惟明君賢將，能以上智為間者，必成大功。此兵之要，三軍之所恃而動也。

後記

最後總結：《孫子兵法》的九條思想精要

一部《孫子兵法》講完了，你會發現，它不像傳說中的那麼神祕，不是什麼祕笈，而是簡單平凡的道理，平正通達的大道。聖人之道，本來就簡單。**我們不能偉大，因為我們不甘於平凡。我們總是把事情搞得很複雜，因為我們不相信簡單。**

最後總結一下《孫子兵法》，思想精要是這麼九條：

一、《孫子兵法》是講以強勝弱，不是講以弱勝強

《孫子兵法》第一篇講「計」，不是奇謀巧計，是計算的計，是現代的SWOT分析（優劣勢分析法）：優勢、劣勢、威脅、機會。廟算，就是在決定是否開戰之前，在家裡衡量計算雙方政治、經濟、軍事實力對比，「五事七計」，從五個方面、七個科目，進行打分。分多的勝，分少的敗。打完分，就能知勝，叫「多算勝，少算不勝」。

知勝，算下來能贏，而後可以興師動眾，打。

算下來自己分數沒別人高，就不要戰。所以孫子是不相信以弱勝強，那是小概率事件。「兵者，國之大事，死生之地，存亡之道，不可不察也」，孫子不會拿國家民族的命運，去賭小概率事件。

二、打得贏，也要算代價

行動必有代價，戰爭代價極大。不要光想著戰勝，要算帳，值不值得。李克說魏文侯「數勝必亡」，勝仗打多了，國家反而要滅亡。因為數戰則民疲，數勝則主驕。以驕傲之主，率領疲憊之民，這國家就要亡了。

漢武大帝，就演繹了主驕民疲的一生，「明犯強漢者，雖遠必誅。」何其霸氣！漢武帝一生開疆拓土，武功赫赫，結果呢？中國從政府到民間，全部破產，國家差點都給他搞亡國了，晚年迫於巨大政治壓力，下輪台罪己詔，批評自己「朕即位以來，所為狂悖，使天下愁苦，不可追悔」。

三、先勝後戰，贏了再打

《孫子兵法》主要是自強之法，首先是修煉自己，而不是惦記打敗別人。孫子說：「善戰者，先為不可勝，以待敵之可勝。不可勝在己，可勝在敵」，「勝可知，而不可為」。又說「善戰者先勝而後戰」，要勝中求戰，不要戰中求勝。

先修煉自己的筋骨，讓自己成為不可戰勝的，讓自己沒漏洞，然後等敵人出漏洞。如果敵人不比我們弱小，或者和我們強弱差不多，而且他沒失誤，沒漏洞，就不能打。「可勝在敵」，就在於他什麼時候失誤。

敵人不失誤，我們就沒法贏。

所以勝負可以預知，可以判斷，但不能強求。勝機一現，抓住機會就打。不能反過來，衝上去就打，在打的過程中找勝機，那就危險了。

四、要能等待，能忍耐

現在人們常說「不作死，就不會死」。《孫子兵法》講得最多就是這個。戰爭這東西，收益和代價極不對等。打贏了，殺敵一千，自傷八百，不一定有多大利益。打輸了，則可能國破家亡，命都沒了。所以關鍵是要能等，不能因為焦慮，就頻頻動作。哥舒翰守潼關，知道不能打，他能等，但唐明皇焦慮，不能等，逼他出關作戰，就全軍覆沒了。秦國王翦伐楚，他就能等，又能安撫秦始皇，讓秦始皇也不著急，他就把六十萬大軍開到楚國境內，紮營練兵，天天開運動會，等得楚國人焦慮了，動作了，露出破綻了，他一舉就把楚國滅了。

等待在很多情況下都是最好的戰略。但人們往往認為等待是不作為，是不可接受的。要有這個認識：**一輩子「不作為」也是可以接受的。因為「作為」的結果可能是死。**

比如日本德川家康，他是最能等待，最能忍耐，也最能妥協。織田信長在，他是小兄弟；豐臣秀吉在，他是大諸侯。他有沒有志在必得，一定要得天下呢？沒有。他可以等，等不來，他可以妥協，豐臣家族強，他可以一直做諸侯。結果大哥們都沒他命長，都先死了，沒人能攔住他了，他還在豐臣秀吉死後，又等了十七年，才穩穩當當奪了天下。他的家族，就統治了日本兩百多年。

五、一戰而定。勝而不定，則勝利無意義

勝利是手段，不是目的，目的是平定。如果打了勝仗，但不能平定。都百戰百勝了，還要接著打，那打那一百場勝仗幹什麼？打勝仗也要死人。就算死的是敵人的人，也不如他不要死，收服他，加入我們，才能勝敵而益強。孫子有很強的保全思想，保全自己，保全人民，保全城池，保全財產，最好也保全敵人，都收服了歸我所有。這才叫平定天下。

戰國時趙國李牧守邊，防禦匈奴，他就緊閉關門，只是練兵，數年不出戰，趙王不滿，換一個

將領去，上任一年多，烽火連天，天天打仗，打得邊境地區漢人無法耕種，匈奴無法放牧，雙方死傷慘重，冤冤相報，永無寧日。趙王無奈，再派李牧去，他又掛上免戰牌，隔絕接觸，邊境數年無事，匈奴也搶不到東西，漸漸懈怠了。李牧突然大舉進兵，一戰滅了匈奴十幾萬人，平定邊關，得十幾年安寧。

六、以正合，以奇勝，分戰法是基本戰術原則

「以正合，以奇勝」。這句《孫子兵法》最為人熟悉的話，前面書中詳細用多個戰例講了，那「奇」字，念「機」，不念「其」，是奇數偶數的奇，又稱餘奇，就是多出來的部分，就是預備隊，就是手裡捏著還沒打出去的牌，留到關鍵的時候，打出去，制勝。

這叫分戰法，是最基本的戰術原則，凡作戰，一定要分兵，有一百萬人，要分兵。項羽到了最後烏江邊，只剩二十八騎，也要分兵，首尾相顧，不能擠成一團打。韓信背水一戰，不是真的把所有部隊都布陣在水邊背水一戰，那就真給敵人攆河裡餵魚了。他先分了奇兵出去埋伏著，關鍵時候殺出來，這才獲勝。

人們老相信奇襲得勝，以少勝多，還是僥倖心理，老想使巧勁。孫子告訴你，兵法沒有僥倖，弄巧必成拙，必須要按軍事規律，按兵法套路來。

七、詭道不重要

「兵者，詭道也。」《孫子兵法》裡這句話，誤了好多人，以為《孫子兵法》就是三十六計，就是詭詐取勝。詭詐歸詭詐，但人家不上套，你再詭詐也沒用。詭詐在兵法裡，不是主要部分。現在好多出版社把《孫子兵法與三十六計》合成一本書，似乎兵法就是奇謀巧計，這是誤區。

八、知己知彼，關鍵是知己

「知己知彼，百戰不殆」。人們念著這句話，就老想去知彼，以為知己不是問題。我自己，我還不知道嗎？其實知己知彼，關鍵在於知己。因為不可勝在己，自己強大了，自己不失誤，別人就無奈你何。千方百計去知彼，可能還正著了別人的詭道。

《孫子兵法》，講來講去，都是練基本功，抓基本面，就是管好你自己，自己強了，再等待勝機出現，等最有把握的時候動手。先勝後戰，一戰而定。

自己不強，那就不要逞強。

九、孫子兵法不是教你打贏，首先是教你認輸。

為什麼人們都喜歡聽「永不服輸」，因為人們不愛聽壞消息，不願意聽到對自己不利的真相。「認輸才會贏！」這句話人們還勉強可以接受，因為結果還是贏嘛。

假如結果也沒有贏，還是輸呢？

你能不能接受失敗呢？

在你真正去學習《孫子兵法》之前，你可能以為那是一部勝戰祕笈。它當然也是，勝戰祕笈，全在這裡，不過如此。但是，如果你在這兵法中，學會了接受失敗，你才真正進入了智慧之門。

INK PUBLISHING

從前 28 華杉講透《孫子兵法》

作　　者　華杉
總 編 輯　初安民
責任編輯　施淑清
美術編輯　林麗華
校　　對　施淑清

發 行 人　張書銘
出　　版　INK印刻文學生活雜誌出版股份有限公司
新北市中和區建一路249號8樓
電話：02-22281626
傳真：02-22281598
e-mail：ink.book@msa.hinet.net
網　　址　舒讀網 http：//www.inksudu.com.tw

法律顧問　巨鼎博達法律事務所
施竣中律師
總 代 理　成陽出版股份有限公司
電話：03-3589000（代表號）
傳真：03-3556521
郵政劃撥　19785090 印刻文學生活雜誌出版股份有限公司
印　　刷　海王印刷事業股份有限公司

港澳總經銷　泛華發行代理有限公司
地　　址　香港新界將軍澳工業邨駿昌街7號2樓
電　　話　852-2798-2220
傳　　真　852-2796-5471
網　　址　www.gccd.com.hk

出版日期　2017年9月　初版
2021年3月10日　初版六刷
ISBN　978-986-387-193-4

定價　499元

國家圖書館出版品預行編目資料

華杉講透《孫子兵法》／華杉 著.
-- 初版 . -- 新北市：INK印刻文學，2017. 09
面；17×23 公分. --（從前；28）
ISBN 978-986-387-193-4（平裝）
1. 孫子兵法 2.研究考訂 3.謀略
592.092　106014637